Grundriß der Wildbachverbauung

Von

Ing. Georg Strele
Hofrat d. R., Innsbruck

Mit 150 Textabbildungen

Wien
Verlag von Julius Springer
1934

ISBN-13: 978-3-7091-9779-0 e-ISBN-13: 978-3-7091-5040-5
DOI: 10.1007/978-3-7091-5040-5

Softcover reprint of the hardcover 1st edition 1934

Dem Andenken
an die verdienstvollen Vorstände
des Departements für Wildbachverbauung im
ehemaligen k. k. Ackerbau-Ministerium in Wien

Herrn Ing. Ferdinand Edlen v. Wang,
k. k. Ministerialrat und o. ö. Professor an der Hochschule
für Bodenkultur in Wien,

und

Herrn Ing. Karl Offer,
k. k. Ministerialrat,

gewidmet vom Verfasser.

Vorwort.

Der mustergültige „Grundriß der Wildbachverbauung" von Prof. Wang wurde in den Jahren 1901 bis 1903 herausgegeben. In dem seither verstrichenen langen Zeitraume sind zahlreiche Erfahrungen gesammelt, neue Erkenntnisse gewonnen und neue Bauweisen zur Anwendung gebracht worden. Das vorgenannte Werk ist daher in mancher Beziehung überholt. Horatiis' umfangreiche „Istituzioni di Idronomia Montana" befaßt sich zwar wohl eingehend mit der Theorie, behandelt aber den praktischen Teil des Verbauungswesens nur sehr kurz; ein einschlägiges Buch in deutscher Sprache ist in der Zwischenzeit überhaupt nicht erschienen.

Aus diesem Grunde bin ich der von mehreren Seiten an mich ergangenen Aufforderung, den Stoff neu zu bearbeiten, nachgekommen und habe dabei das Hauptgewicht auf die praktische Seite des Verbauungswesens gelegt.

Da es bei der Ausführung von Wildbachverbauungen von größter Wichtigkeit ist, über die zum Abflusse kommenden Höchstwassermengen ein möglichst zutreffendes Bild zu gewinnen und die Vorgänge bei der Geschiebebildung richtig zu beurteilen, glaubte ich, die Beziehungen zwischen der Intensität und Dauer der Niederschläge und der Größe der überregneten Fläche, sowie das Verhältnis zwischen Niederschlag und Abfluß, ferner die Geschiebeerzeugung und ihre verschiedenen Ursachen an der Hand von Beispielen eingehend besprechen und diese Fragen ausführlicher behandeln zu sollen, als dies im eingangs genannten und in anderen einschlägigen Werken geschehen ist.

Die Maßnahmen zur Unschädlichmachung der Wildbäche können sich erstrecken auf die Verminderung der Hochwassermenge und auf die Einschränkung der Geschiebebildung. Beiden Zwecken dienen sowohl bauliche Vorkehrungen als auch kulturelle und wirtschaftliche Maßnahmen. Im Rahmen der ersteren gelangen verschiedene neuere Bautypen und Bauweisen zur Darstellung, im Rahmen der letzteren trachtete ich u. a. einen Beitrag zu bieten zur Lösung der Frage, welche Rolle dem Wald bei der Beruhigung der Wildbäche und der Verhütung der Hochwasserschäden zukommt.

Verschiedene Umstände zwingen aber dazu, der neuen Bearbeitung einen knappen Rahmen zu geben; es mußte deshalb von der Behandlung einiger Fragen abgesehen und mußten die Ausführungen über andere auf einen geringen Umfang beschränkt werden. Als solche Fragen kamen vor allem jene in Betracht, die in grundlegenden technischen Werken eingehend behandelt werden, wie die Statik und die Theorie der Wasser- und Geschiebebewegung; doch wurden die bei dieser Bewegung zu beobachtenden Erscheinungen kurz besprochen und die wichtigsten einschlägigen Formeln angeführt.

Wegen der außerordentlich großen Bedeutung, die der Erhaltung der Verbauungsanlagen zukommt, erschien es mir aber notwendig, derselben einen eigenen Abschnitt zu widmen und in einem weiteren Abschnitte auch die Frage zu streifen, durch welche Maßnahmen Hochwasserschäden verhütet oder doch wenigstens auf ein möglichst geringes Maß eingeschränkt werden können.

Der Quellennachweis umfaßt nur einen Teil der sehr zahlreichen Veröffentlichungen über die behandelten Fragen und macht keinen Anspruch auf Vollständigkeit.

Möge es der nun vorliegenden Arbeit beschieden sein, das Interesse an den Arbeiten der Wildbachverbauung und das Verständnis für ihre große Bedeutung zu heben und einige Anregungen für die Ausführung verschiedener Bauten zu geben! Dann ist ihr Zweck erfüllt.

Innsbruck, im März 1934.

Der Verfasser.

Inhaltsverzeichnis.

Berichtigung.

Seite 15, Zeile 11 von oben, lies: inner- statt: innerr.
„ 36, „ 21 „ unten, lies: ferne statt: Ferne.
„ 48, „ 5 „ oben, lies: Höhenunterschied statt: Eöhenunterschied.
„ 48, „ 6 „ „ lies: dem Sturzboden statt: des Sturzboden.
„ 84, „ 9 „ unten, lies: gelangen auf den Boden statt: betragen diese Prozentsätze.
„ 188, Bildunterschrift, lies: Tosbecken statt: Torbecken.
„ 260, Zeile 4 von unten, lies: kleinen statt: kleineren.

Erster Abschnitt.

Charakteristik der Wildbäche.

Begriff und Tätigkeit.

Unter einem Wildbache verstehen wir einen durch rasch eintretende und etwas langsamer verlaufende Anschwellungen ausgezeichneten Bach, der aus seinem Einzugsgebiete Geschiebe entnimmt, dieses mit sich führt und entweder am Unterlaufe ablagert oder einem anderen Gewässer überantwortet. Der Lauf der Wildbäche ist zumeist kurz, ihr Rinnsal in der Regel mit großem Gefälle ausgestattet, das sich aber im Unterlaufe meist sehr stark verflacht.

Das Hauptkennzeichen der Wildbäche ist sohin die Abfuhr großer Wasser- und Geschiebemengen innerhalb eines kurzen Zeitabschnittes, nach dessen Ablauf die Geschiebebewegung wieder aufhört und die Wassermenge auf ein vergleichsweise sehr kleines Maß zurückgeht oder der Bach auch ganz versiegt.

Jene Bäche, deren Anschwellungen zwar in der geschilderten Weise verlaufen, die aber kein oder nur wenig Geschiebe abführen, werden in der Regel nicht als Wildbäche, sondern als Gießbäche[1] bezeichnet. Wenn auch die starken Schwankungen der Wasserführung sehr nachteilig und gefährlich sind, so beruht die Schädlichkeit der Wildbäche doch in der Hauptsache nicht auf diesen Schwankungen und überhaupt der Wasserführung, sondern auf der Geschiebeführung. Die Größe der Wasserstandsschwankungen bildet weder ein Kennzeichen für den Wildbachcharakter, noch kann sie, entgegen den in dieser Hinsicht zum Ausdruck gebrachten Anschauungen, einen Maßstab für die Gefährlichkeit eines Baches abgeben.

Die Gießbäche stehen, was die Gefährlichkeit betrifft, weit hinter den geschiebeführenden Wildbächen zurück.

Das von den Bächen abgeführte Geschiebe rührt entweder von der Verwitterung der Felswände her oder die Wildbäche entnehmen es unmittelbar ihrem Bette, vertiefen und verbreitern dasselbe, zerstören das Seitengelände mit allem, was darauf steht und versetzen mitunter ausgedehnte Flächen in Abbruch.

Das aufgenommene Geschiebe führen die Wildbäche, solange ihre Schleppkraft hierzu ausreicht, weiter. Diese nimmt aber mit dem sinkenden Gefälle ab und infolgedessen lagert sich das Geschiebe oder ein Teil desselben zunächst im Bachbette ab. Wenn dieses die Wasser- und Geschiebemengen nicht mehr zu fassen vermag, bricht der Wildbach aus, verwüstet das benachbarte Gelände, zerstört, was ihm im Wege liegt, und verschüttet und vermurt die Grundstücke.

So erhöhte z. B. der Rellsbach in Vorarlberg im Jahre 1910 sein früher tief eingeschnittenes Bett, brach aus demselben nach beiden Seiten hin aus und übermurte den ganzen Schwemmkegel. An dessen Spitze erreichten die Schuttablagerungen eine Mächtigkeit bis zu 12 m über der alten Bachrinne; zahlreiche Wohn- und Wirtschaftsgebäude des Dorfes Vandans wurden teilweise zerstört, mehr oder minder be-

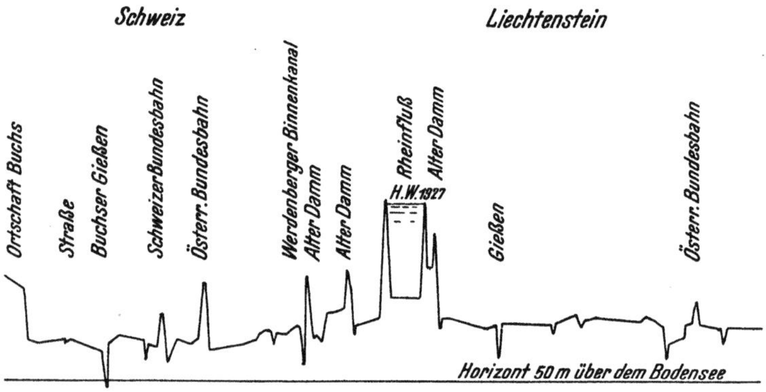

Abb. 1. Querprofil des Rheintales bei Buchs.
Maßstab: Längen 1:25.000, Höhen 1:500.

schädigt, teilweise aber verschüttet und ausgedehnte Kulturgründe verwüstet.

Reicht die Schleppkraft des Wildbaches hin, um das Geschiebe dem Vorfluter zuzuführen, so wird dieser belastet und hier Anlaß zu Sohlenhebungen u. dgl. gegeben. Es wiederholt sich hier dasselbe Spiel: solange das Wasser durch entsprechende Bauten zusammengehalten wird, hebt sich nur das Flußbett und dieses wächst allmählich über die benachbarten Grundstücke empor; kann sich der Fluß hingegen ausbreiten, so entstehen Verwilderungen des Laufes, Überflutungen, Versumpfungen, Versandungen und Verschotterungen des Geländes.

Abb. 1 zeigt z. B. das Querprofil des Rheintales zwischen der Eisenbahnstation Buchs und der dortigen Eisenbahnbrücke, woselbst das Hochwasser im September 1927 den rechtsseitigen Damm überflutete und durchbrach, so daß der ganze Fluß sein hochgelegenes Bett verließ, sich über die angrenzenden tiefer liegenden liechtensteinischen Grundstücke ergoß und sie übermurte[2].

Daß eine solche Hochlage des Flußbettes — auch abgesehen von der Ausbruchsgefahr — für die Talsohle äußerst nachteilig und gefährlich ist, erhellt ohne weiteres, wenn man an die Einführung der Zuflüsse und an die Entwässerung des Talbodens denkt, die um so schwieriger werden, je höher die Flußsohle sich hebt und der Wasserspiegel ansteigt. So mußte z. B. der Kalterer Abzugsgraben, der auch den Abfluß des dortigen Sees aufnimmt, infolge der fortschreitenden Sohlenhebung der Etsch bis auf 24 km verlängert werden, um die Talsohle nicht der Versumpfung anheimfallen zu lassen.

Einteilung der Wildbäche.

Nach ihren charakteristischen Eigenschaften lassen sich die Wildbäche in verschiedene Gruppen einteilen. Die Einteilung ist eine verschiedene, je nach den Gesichtspunkten, von denen man hierbei ausgeht[3]. Vom Standpunkte der Verbauung aus ist als der wichtigste Einteilungsgrundsatz der Ursprung des Geschiebes zu betrachten. Dieses stammt entweder von der Verwitterung, dem Schurfe der Lawinen und Gletscher her oder aber es wird durch die unterwühlende Tätigkeit des Wassers erzeugt, das sich in die dem Grundgebirge aufruhenden Schuttmassen eingräbt oder sie auf eine andere Weise in Bewegung setzt. Demnach unterscheidet man Bäche, die Witterschutt führen, Gletscherbäche und unterwühlende Wildbäche. Die ersteren nennt Suda Bäche der Schutthalden, doch ist dieser Name deshalb nicht bezeichnend, weil es in diesen Bächen häufig gar nicht zur Bildung von Schutthalden kommt, sondern ihnen der Schutt oft durch Runsen, Steinschläge, Lawinen u. dgl. unmittelbar zugeführt wird. Demontzey faßt die ersten beiden Gruppen zusammen, was deshalb seine Berechtigung hat, weil sich in ihnen die Geschiebeerzeugung in der Regel nicht bekämpfen läßt.

Eine weitere Einteilung ist die von Salzer stammende in Wildbäche der Alpen und solche der Berg- und Hügelländer. Sie geht von den Verhältnissen Altösterreichs aus und reiht in die zweite Gruppe hauptsächlich die Wildbäche der Karpathen, Beskiden und Sudeten ein, deren Charakter wohl mit jenem der Mittelgebirgsbäche anderer Länder ziemlich übereinstimmt.

Eine ähnliche Einteilung trifft Landolt[4], der Bäche des Hochgebirges, des Hügellandes und der Ebenen unterscheidet. Letztere können hier außer Betracht bleiben.

Die Alpenwildbäche besitzen meist einen nur kurzen Lauf, zeichnen sich aber durch besonders große Geschiebeführung und eine ziemlich scharfe Trennung der Geschiebeerzeugungs- und Ablagerungsstätten aus. Meist liegen die ersteren im Oberlaufe, die letzteren an der Ausmündung ins Haupttal, woselbst Schwemmkegel aufgeschüttet werden.

Die Bäche des Berg- und Hügellandes führen hingegen geringere Geschiebe-, aber zufolge ihres meist größeren Einzugsgebietes größere Wassermengen. Das Gefälle dieser Bäche ist außer in den Quellgebieten wesentlich geringer. Diese beherbergen die meisten Geschiebeherde; die Bachbetten des Mittel- und Unterlaufes sind mit Geschiebeablagerungen erfüllt, in denen das Wasser bald da, bald dort Geschiebe aufnimmt und wieder ablagert; der Bachlauf ist hier verwildert und zeigt eine große Wandelbarkeit der Schotterbänke, die sich häufig verlagern. Anbrüche finden sich hier nur stellenweise, Schwemmkegel fehlen.

Einen weiteren Gesichtspunkt für die Einteilung der Wildbäche bildet ihre Größe: man unterscheidet einfache und zusammengesetzte Wildbäche, sowie wildbachartige Flüsse. Die erstgenannten umfassen ungegliederte Wasserläufe, kleine Runsen, Wasserrisse und Regenschluchten, doch sind diese letzteren Gruppen eigentlich nicht als selbständige Bachindividuen anzusehen, sondern sie bilden nur Zubringer und Verzweigungen größerer Bäche. Ähnliches trifft auch für die sogenannten muschelförmigen Ausrisse zu; sie werden von Demontzey als „*combes*" den Bächen gegenübergestellt und sind zu den Anbrüchen zu rechnen.

Die wildbachartigen Flüsse bilden ein Zwischenglied zwischen den eigentlichen Wildbächen und den Flüssen, von welch' letzteren sie sich durch die rasch eintretenden und verlaufenden Hochwasserwellen, sowie durch die wesentlich größere Belastung mit Geschiebe unterscheiden; es sind Flüsse, deren Quell- oder Seitenbäche Wildbachcharakter besitzen. Eine scharfe Grenze zwischen den einzelnen Gruppen läßt sich nicht ziehen.

Weitere von verschiedenen Autoren vorgeschlagene Einteilungen, über die Wang eine gute Übersicht gibt, sind ohne praktische Bedeutung; auch die vorbesprochenen Einteilungen ermöglichen keine scharfe Abgrenzung zwischen den einzelnen Gruppen, es gibt vielmehr Übergänge zwischen ihnen und namentlich rührt bei größeren Wildbächen sehr oft das Geschiebe teils von der Unterwühlung, teils von der Verwitterung her, so daß die Einreihung nur nach der überwiegenden Herkunft des Geschiebes getroffen werden kann.

Horatiis[5] teilt die Wildbäche ein in: 1. unterwühlende *(torrenti di scavo)*, 2. verfrachtende *(torrenti di trasporto)* und 3. gemischte *(torrenti misti)*, welche beide Tätigkeiten vereinigen. Diese Einteilung berücksichtigt den Umstand, daß ein stark geschiebeführender Wildbach mitunter erst durch Vereinigung mit einem wasserreichen, aber geschiebearmen anderen Bache die erforderliche Schleppkraft zur Weiterbeförderung des Geschiebes erhält, das sich sonst schon weiter oben ablagern müßte. Aber auch diese Verhältnisse können sich ändern.

Ein Beispiel hierfür bildet die berüchtigte Gadriamure im Vinschgau. Sie umfaßt ausgedehnte, gefährliche Bruchflächen im Quellgebiete des Hauptbaches, in den nahe der Spitze des Schwemmkegels der wasserreiche Strimmbach einmündet; dieser war früher nahezu geschiebefrei und ermöglichte die Weiterführung der aus dem Hauptbache stammenden Muren bis in die Etsch. Seit etwa 20 Jahren haben sich auch im Strimmbache Anbrüche entwickelt und dieser führt nunmehr ebenfalls Geschiebe. Es ermöglicht also auch diese Einteilung keine scharfe und namentlich keine unabänderliche Abgrenzung der einzelnen Gruppen.

Bei den wildbachartigen Flüssen verteilt sich die Wühl- und Transportarbeit auf die einzelnen Quellbäche und den Hauptbach.

Gliederung des Gebietes.

Entsprechend der in den einzelnen Teilen ihres Laufes verschiedenen Tätigkeit der Wildbäche lassen sich in deren Gebiet verschiedene Teile unterscheiden: 1. das Sammelgebiet oder Aufnahmsbecken, d. i. der obere Teil, woselbst die Geschiebeerzeugung, der Materialabtrag, stattfindet, 2. das Ablagerungsgebiet oder Ausgußbett, das jene Örtlichkeiten umfaßt, woselbst das mitgeführte Geschiebe zur Ablagerung kommt, und 3. die zwischen beiden Gebieten liegende Strecke, in welcher die Kraft des Wassers gerade ausreicht, um das mitgerissene Geschiebe weiterzubefördern, wo also in der Regel weder Materialauftrag noch -abtrag stattfindet. Dieser Teil heißt Tobel, Schlucht, Klamm, Hals oder Abzugskanal.

Talseits des Schwemmkegels schließt sich bei größeren, besonders bei den zusammengesetzten Wildbächen mitunter noch eine 4., die Strecke des Tallaufes, an.

Unter der Bezeichnung Sammelgebiet wird manchmal die ganze Fläche des Niederschlags- oder Einzugsgebietes, manchmal aber nur jener Teil desselben verstanden, aus dem die Geschiebemengen hauptsächlich herstammen, also mit Ausschluß jenes anderen Teiles, woselbst weder durch Verwitterung noch durch die Wühlarbeit des Wassers Geschiebe in größerer Menge erzeugt wird. Das Sammelgebiet in diesem engeren Sinne bezeichnet Landolt als Erosions- oder Auswaschungsgebiet.

Die Schlucht ist bei vielen Wildbächen kaum entwickelt, sie kann auch ganz fehlen, wo Abtrags- und Ablagerungsgebiet unmittelbar aneinander grenzen.

Während jeder Wildbach ein Sammelgebiet aufweist, fehlt das Ablagerungsgebiet bei jenen Bächen, die, ohne einen Schwemmkegel zu besitzen, unmittelbar in ihren Vorfluter einmünden, der das Geschiebe übernimmt und weiterbefördert. Bei den übrigen Wildbächen aber wird sich im Unterlaufe, wo infolge der Gefällsverminderung und der Möglichkeit der Ausbreitung die Schleppkraft des Wassers erlahmt, das Geschiebe ablagern. Dies ist hauptsächlich unterhalb der Ausmündung der Wildbachschlucht in das Haupttal der Fall, wo bei genügender Talbreite der Aufbau eines den Namen von seiner ziemlich regelmäßigen Gestalt führenden Schutt- oder Schwemmkegels vor sich geht.

Diese Schwemmkegel erreichen bei manchen Wildbächen eine bedeutende Größe; so trägt jener der Schleinitz bei Lienz in Osttirol

Abb. 2. Gesamtansicht des Schesatobels bei Bludenz.

fünf Ortschaften und jener des Naifbaches bei Meran, dessen Niederschlagsgebiet nur 925 ha umfaßt, mißt 490 ha. Der Schwemmkegel der schon erwähnten Gadriamure hat die Etsch abgedämmt und Anlaß zur Bildung einer 150 m hohen Talstufe gegeben, die sich sogar in der Vegetation als Grenze der Verbreitung des Weinstockes und der Edelkastanie bemerkbar macht; der größte Höhenunterschied von der Kegelspitze bis zur Etsch beträgt rund 700 m.

Abtrag und Ablagerung halten ebenfalls keine unverrückbar festen Grenzen ein und es kann bei einem Elementarereignisse ein bestimmter Teil des Wildbachlaufes Abtragsgebiet sein, bei einem andern aber zum Ablagerungsgebiet werden oder umgekehrt. Wang hat es deshalb für angezeigter erachtet, das Wildbachgebiet überhaupt nur zu trennen in die Gebiete des vorherrschenden Abtrages und des vorherrschenden Auftrages.

Zweiter Abschnitt.

Die Ursachen der Wasserverheerungen.

Der Kürze und besseren Vergleichbarkeit halber werden in der Folge die nachstehenden einheitlichen Bezeichnungen angewendet:

Jahresregenhöhe	H in m
Tagesregenhöhe	h „ mm
Regenergiebigkeit = Regenhöhe in einer bestimmten Zeit	R „ „
Regendichte = Regenhöhe in einer Stunde	d „ „
Regenintensität = Regenhöhe in einer Minute	i „ „
Wasserspende	S $m^3/sek/km^2$
Regendauer	t in Minuten
Gesamte Abflußmenge	Q m^3/sek
Spezifische Abflußmenge	q $m^3/sek/km^2$
Abflußkoeffizient	α
Einzugsfläche	F in km^2
Einzugsfläche im Gebirge bzw. in der Ebene	F_g bzw. F_e in km^2
Regenzentrum = Stelle der größten Regendichte bzw. Intensität oder Gesamtregenmenge.	

Jedes Gerinne ist imstande, eine gewisse Wassermenge unschädlich abzuführen. Steigt letztere über dieses Maß hinaus, so beginnt sie Schaden anzurichten, und dieser wächst in erster Linie mit der Höhe des Wasserstandes, in zweiter Linie mit der Dauer der Hochflut. Der Schaden kann sich äußern in Angriffen des Wassers auf Sohle und Ufer, also einer Zerstörung des Geländes und einem Abtransporte von Geschiebe oder in einem Austreten des Baches aus seinem Bette, also einer Überflutung der benachbarten Grundstücke, auf denen unter Umständen auch Schlamm, Sand oder Geschiebe abgelagert wird. Der Schaden wird mithin einerseits durch das Wasser, andererseits durch das Geschiebe verursacht.

A. Die Hochwässer.

Die Hochwässer werden in der weitaus überwiegenden Mehrzahl der Fälle verursacht durch außergewöhnliche Elementarereignisse, nämlich durch besonders heftige Niederschläge, Platzregen und Wolkenbrüche oder durch ein- bis mehrtägige starke Landregen und Regenperioden.

Eine andere Ursache der Hochwässer ist die rasch verlaufende Schmelze großer Schneemengen; sie gibt namentlich in der Ebene oft Anlaß zu bedeutenden Hochwässern. Erfolgt sie nur unter dem Einflusse der Besonnung, so geht sie in den verschiedenen Lagen ungleich rasch vor sich und wird in den kühlen Nächten ganz unterbrochen oder wenigstens stark herabgesetzt, so daß sich der Abfluß einigermaßen ausgleicht. Wesentlich gefährlicher ist die durch Wind und Regen verursachte Schneeschmelze, die unglaublich rasch vor sich gehen kann. So gibt G. A. Koch[6] an, daß der Föhn innerhalb 12 Stunden eine Schneedecke von 75 cm zum Schmelzen bringen könne, deren Wasserwert er mit 75 mm ansetzt. Diese Ziffer entspricht einer Wasserhöhe von 10% der Schneehöhe, was für frisch gefallenen lockeren Schnee zutrifft; der Wasserwert des schon zusammengesunkenen Altschnees kann sich hingegen bis auf 40% der Schneehöhe steigern.

Abb. 3. Hochwasserverheerungen in Ebensee, Oberösterreich, im September 1899.

Trotz ihrer Raschheit verursacht die Schneeschmelze allein im Gebirge, mit Ausnahme der Gletscherbäche, nur selten größere Hochwässer, wohl aber trägt sie häufig zur starken Erhöhung der durch Regen verursachten Hochwässer bei; dies war z. B. der Fall bei den großen Katastrophen von 1868 im schweizerischen Rheingebiete, 1882 in Südtirol und in Kärnten, 1910 in Vorarlberg und 1930 in Südfrankreich.

In Flüssen sind auch die Eisabgänge (Eisstöße) sehr häufig der Anlaß zur Entstehung großer Hochwässer; in den Wildbächen tritt diese Gefahr vollständig zurück und auch in den wildbachartigen Flüssen und den Bächen des Hügellandes ist sie kaum zu fürchten.

In den Wildbächen können aber unabhängig von den meteorischen Ereignissen große Hochwässer entstehen infolge des Durchbruches natürlicher oder künstlicher Hindernisse, die den Abfluß des Wassers gehindert und dieses zu oft mächtigen Ansammlungen aufgestaut hatten, oder durch Seeausbrüche. Solche Hochwässer erreichen mitunter eine enorme Höhe und haben um so entsetzlichere Katastrophen zur Folge, als sie den ahnungslosen Menschen meist unvermutet überraschen.

Eine weitere Ursache von Hochwässern sind die Vulkanausbrüche unter dem Eise von Gletschern, wie solche in Island und in Zentralamerika wiederholt vorgekommen sind und bedeutende Schäden verursacht haben. Für das europäische Festland kommt diese Ursache nicht in Betracht.

1. Durch meteorische Ereignisse bedingte Hochwässer.

Die weitaus überwiegende Zahl der Hochwasserkatastrophen ist ausschließlich auf außergewöhnlich heftige Niederschläge zurückzuführen.

Die Durchschnittsdichte dieser letzteren nimmt sowohl mit der wachsenden Niederschlagsdauer, als auch mit der zunehmenden Größe der überregneten Fläche ab. Daraus erklärt es sich auch, daß die spezifische Hochwassermenge der Gewässer, d. i. die Abflußmenge pro km^2/sek mit abnehmender Größe der Einzugsgebiete wächst.

Wie aus Wasserstandsbeobachtungen bekannt ist, betragen die spezifischen Höchstwassermengen unserer Ströme 0,10 bis 0,15 m^3. So z. B. erreichte das Donau-Hochwasser bei Wien im Jahre 1787 das Maß von 0,11 m^3/sek/km^2; es wurde jedoch, wenn die bezüglichen Angaben zutreffen — was vielfach bestritten wird — noch von jenem des Jahres 1501 wesentlich übertroffen, dessen Menge sich auf 0,14 m^3/sek/km^2 berechnen würde[7].

Für alle wichtigeren Flüsse liegen Wasserstandsbeobachtungen und Abflußmessungen bzw. Berechnungen vor, die sich auf eine mehr oder weniger lange Reihe von Jahren erstrecken und sorgfältig fortgesetzt und ergänzt werden. Bei Flußregulierungen weiß man daher erfahrungsgemäß, wenigstens mit größerer oder geringerer Annäherung, mit welchen Wassermengen man zu rechnen hat. Bei den Wildbächen trifft dies im allgemeinen nicht zu, es liegen vielmehr für diese kleinen Wasserläufe nur verhältnismäßig wenige verläßliche Messungen und Berechnungen vor. Das ist zurückzuführen auf die nur lokale Bedeutung solcher Messungen und die Schwierigkeiten, die sich diesen und ihrer Auswertung entgegenstellen und begründet sind durch die Geschiebeführung, den meist unvermittelten Eintritt und raschen Ablauf der Hochwässer und die Veränderlichkeit der Profile.

Aus einigen vorliegenden Messungen und Berechnungen wissen wir aber, daß die spezifische Hochwassermenge in Wildbächen das Maß von 10 m^3 mitunter noch beträchtlich übersteigt.

a) Niederschlag.

Um sich ein annäherndes Bild von der Höchstwassermenge zu machen, die in einem Wildbache zum Abfluß gelangen kann, ist es von Wert, die Angaben über Dichte, Dauer und Ausdehnung der ergiebigsten Regenfälle zu Rate zu ziehen.

Die Niederschlagsmenge eines Ortes ist in erster Linie abhängig von der Nähe des Meeres oder großer Seen, von der Richtung und Stärke der Winde, sowie von der Höhe und dem Streichen der sich ihnen entgegenstellenden Gebirgszüge, an denen sich der Wasserdampf kondensiert.

Die Regenmenge nimmt im allgemeinen mit der Entfernung von der Küste ab. Die bezüglichen Verhältnisse hat Engler in einem Vortrage „Zur Waldklimafrage" eingehend besprochen[8]. Der Gebirgsrand erhält im allgemeinen mehr Niederschlag als die Täler im Inneren der Gebirgsländer

Daß die Niederschlagsmenge im Gebirge mit der Höhe zunimmt, ist bekannt, und zwar wächst sie, nicht nur, wie man früher glaubte, bis zu einem Höhengürtel von etwa 2000 m, sondern bis zu den Kämmen und Gipfeln der Alpen, wo sie z. B. in der Schweiz ein durchschnittliches Maximum von 3800 mm pro Jahr erreicht, in Ausnahmsfällen aber bis zu 5500 mm ansteigt. Nach Studnicka wächst z. B. die Jahresregenhöhe in Böhmen um durchschnittlich 69 mm auf je 100 m Erhebung[9]. Wenn auch das Maß wechselt, so trifft Ähnliches auch für die anderen Länder zu.

Tabelle 1. Messungsergebnisse einiger Sturz- und Platzregen.

Tag	Ort	Regen- höhe mm	Regen- dauer Min.	Regen- intensität mm/Min.	Wasserspende m³/sek/km²	Quellennachweis
28. 7. 1896	Basel, Schweiz	22,3	5	4,46	74,33	13
23. 5. 1911	Sauerlach, Bayern	24,5	5	4,90	81,67	12
25. 7. 1929	München (Osterwaldstraße)	54,0[1]	10	5,40	90,00	14
26. 7. 1895	Heiden b. St. Gallen	50,0	10	5,00	83,33	13
12. 6. 1913	Münsing, Bayern	45,6	15	3,04	50,67	12
7. 6. 1894	Wien (Schmelz)	37,3	15	2,49	41,50	15
2.— 3. 7. 1899	Jerichow, Sachsen	77,8[2]	15	5,19	86,50	12
5. 7. 1899	Weferlingen, Sachsen	78,0	16	4,88	81,33	12
5. 7. 1883	Bordeaux, Frankreich	88,5	20	4,42	73,17	12
7. 6. 1894	Wien	40,0	20	2,00	33,33	16
20. 9. 1867	Paris	41,0	20	2,05	34,17	16
7. 7. 1889	Curtea de Arges, Rumänien	204,6	20	10,23	170,50	18

Tag	Ort	Regen- höhe mm	Regen- dauer Min.	Regen- intensität mm/Min.	Wasserspende m³/sek/km²	Quellennachweis
17. 11. 1908	Riporto, Sizilien	150,0	25	6,00	100,00	12
9. 5. 1927	Mistelbach, Umgbg. ..	80,0	30	2,67	44,50	19
10. 8. 1898	Traunsteinfuß bei Gmunden	49,7	30	1,66	27,67	20
21. 7. 1902	Breitensee bei Wien...	50,0	30	1,67	27,83	21
8. 5. 1915	Unterzollhaus, Bayern .	63,0	35	1,80	30,0	12
10. 6. 1895	Uccle b. Brüssel	60,0	35	1,71	28,50	16
6. 8. 1897	Niedermarsberg, Westfalen	103,0	45	2,29	38,17	12
17. 5. 1911	Weilheim, Südbayern .	72,0	45	1,60	26,67	12
28. 5. 1904	Kreuzen b. Villach....	197,0	45	4,38	73,0	17
16. 8. 1897	Wartha, Preußisch-Schlesien	98,0[3]	45	2,18	35,10	12
1. 8. 1896	Laaerberg b. Wien ...	82,0	60	1,37	22,83	15
7. 9. 1886	Neustadt a. Haardt, Rheinebene.........	98,0[4]	60	1,63	27,17	12
27. 8. 1914	Schnaitsee b. Wasserburg	82,0	60	1,37	22,83	14
1. 9. 1913	Falleck, Saalach, Bayern	170,0	90	1,89	31,50	12
20. 5. 1868	Molity les Bains, Ostpyrenäen	313,0	90	3,48	58,00	17
13. 9. 1872	Marseille	240,0	120	2,00	33,33	17
10. 8. 1915	Schaueregg, Oststmk...	650,0	120	5,42	90,33	18
3. 7. 1914	Agawang, Bayern.....	165,0	120	1,37	22,83	12
7. 9. 1903	Eschenlohe, Bayern ...	126,0	180	0,70	11,67	12
16. 7. 1913	Stiftingtal b. Graz....	600,0[5] bis 670,0	180	3,32 bis 3,72	55,33 bis 62,00	17
1. 6. 1921	Lilienfeld, Niederösterr.	260,0	300	0,87	14,44	39
9. 11. 1896	Cattaro, Dalmatien ...	136,3	330	0,41	6,83	22
9. 11. 1896	Budua, Dalmatien	204,0	360	0,57	9,50	22
? 10. 1862	Montpellier, Frankr....	233,0[6]	420	0,55	9,16	23
8.—9. 11. 1896	Sutomore, Dalmatien..	236,5	655	0,36	6,00	22
10.—11. 10. 1827	Joyeuse, Frankreich...	792,0	1260	0,63	10,50	17

[1] Gesamtregenhöhe in 80 Minuten 81 mm.
[2] 14% der mittleren Jahresregenhöhe von 557 mm.
[3] 14% der Jahresregenhöhe von 711 mm.
[4] 16% der Jahresregenhöhe von 600 mm.
[5] Davon 240 bis 270 mm innerhalb 1 Stunde.
[6] Nahezu 33% der Jahresregenhöhe von 710 mm.

Eine ähnliche Wirkung wie die Gebirge übt auch eine von Norden vorstoßende Front kalter Luft: sie schiebt sich unter die von Süden kommenden warmen, feuchten Luftschichten ein, zwingt diese zum

Aufsteigen und gibt unter Umständen Anlaß zu Niederschlägen von großer Stärke. Auch das anderweitige Zusammentreffen verschiedener Luftströmungen kann ausgiebige Niederschläge auslösen.

Tabelle 2. Messungsergebnisse einiger eintägiger Landregen.

Tag	Ort	Regen- höhe mm	Regen- dichte mm/h	Wasserspende m³/sek/km²	Quellennachweis
1. 9. 1881	St. Gallen, Schweiz	250,0	10,42	2,89	13
31. 7. 1874	Gäbris, Schweiz	260,0	10,83	3,01	24
24. 9. 1924	Val Maggia und Centovalli, Schweiz	254,0	10,54	2,94	25
14. 6. 1910	Vitznau, Schweiz	233,0	9,71	2,69	10
27. 9. 1868	St. Gotthard, Schweiz	280,0	11,67	3,24	13
28. 9. 1868	Bernhardinpaß, Schweiz	253,9	10,54	2,94	26
14. 6. 1910	Ebnit, Vorarlberg	229,3	9,55	2,66	27
13. 9. 1899	München, Sternwarte	125,3	5,21	1,45	11
14. 6. 1910	Neuschwanstein, Bayern	173,0	7,21	2,00	27
15. 6. 1910	Urfeld-Walchensee, Bayern	197,9	8,25	2,29	11
31. 7. 1924	Grattenbach, Bayern	234,0	9,75	2,71	11
12. 9. 1899	Reichenhall, Bayern	241,9	10,08	2,80	27
9. 7. 1903	Rotwasser, Schlesien	240,2	10,01	2,78	27
2. 7. 1855	Wernigerode am Harz	248,0	10,33	2,87	28
? 7. 1903	Reihwiesen, Schlesien	222,0	9,25	2,57	29
29. 7. 1897	Neuwiese, Böhmen	345,1	14,37	4,00	30
4. 8. 1880	Roznau, Marchgebiet	200,0	8,33	2,31	27
21. 6. 1886	Weißenhof b. Klosterneuburg, NÖ.	175,0	7,29	2,03	15
12. 5. 1885	Hadersdorf bei Wien	195,0	8,12	2,26	28
12. 9. 1899	Vorderer Langbathsee, Ob.-Öst.	254,7	10,61	2,95	38
12. 9. 1899	Hallstätter Salzberg, Ob.-Öst.	224,8	9,37	2,60	31
12. 9. 1899	Mühlau bei Admont, Steiermark	287,5	11,98	3,33	27
13. 9. 1903	Waidegg, Kärnten	254,7	10,61	2,95	29
13. 9. 1903	Tarvis, Neuitalien	235,0	9,79	2,72	29
13. 9. 1903	Saifnitz, Neuitalien	238,5	9,94	2,76	29
? ? 1906	Crkvice, Dalmatien	440,0	18,33	5,09	17
15. 9. 1902	Metkovic, Dalmatien	264,8	11,03	3,06	27
1. 10. 1892	Fiume, Italien	268,0	11,17	3,10	18
23. 10. 1822	Genua, Italien	812,0	33,83	9,40	17
22. 9. 1890	Montpezas, Südfrankreich	412,0	17,16	4,77	17
20. 9. 1900	Vallerauge, Frankreich	950,0	39,58	10,95	23
23. 11. 1904	Feistritz, Savegebiet	247,2	10,30	2,86	27
15. 5. 1905	Folgaria, Etschgebiet	225,5	9,40	2,61	27
24. 10. 1895	Dol, Isonzogebiet	316,5	13,19	3,66	27

Die Niederschläge besitzen je nach ihrer Dauer ganz verschiedene Charaktere in bezug auf ihr zeitliches und örtliches Auftreten, ihre Ergiebigkeit, Dauer und Flächenausdehnung.

Tabelle 3. Messungsergebnisse einiger Regenperioden.

Tag	Ort	Regen- höhe mm	Regen- dauer Tage	Regen- dichte mm/h	Wasserspende m³/sek/km²	Quellennachweis
	Einzelmessungen:					
23.—24. 8. 1900	Borgnone, Kt. Tessin ..	408,0	2	8,50	2,36	32
27.—28. 9. 1868	Bernhardinberg, Schwz.	467,3	2	9,74	2,70	40
25.—27. 12. 1882	Höhenschwand, Schwarzwald	247,0[1]	3	3,43	0,95	33
25.—27. 12. 1882	Revier Barr, Elsaß....	383,0[2]	3	5,30	1,47	34
26.—29. 10. 1882	Raibl, Neuitalien	404,0	4	4,21	1,17	35
10.—13. 9. 1899	Altausseer Salzberg, Steiermark	553,7	4	5,77	1,60	36
25.—28. 9. 1885	Tröpolach, Kärnten ...	417,0	4	4,34	1,21	37
25.—28. 9. 1885	Raibl, Neuitalien	426,0	4	4,44	1,23	37
7.—10. 11. 1896	Crkvice, Dalmatien ...	582,6	4	6,07	1,69	22
9.—13. 9. 1899	Vorderer Langbathsee, Oberösterreich	560,3	5	4,67	1,30	38
19.—23. 9. 1890	Montpezas, Frankreich	971,0	5	8,09	2,25	17
8.—13. 9. 1899	Altausseer Salzberg, Steiermark	656,5	6	4,56	1,27	31
Juli 1903	Rauschbach, Schlesien.	367,5	6	2,55	0,71	29
„ 1903	Rotwasser, Schlesien .	374,5	6	2,60	0,72	29
„ 1903	Reihwiese, Schlesien ..	401,6	6	2,79	0,77	29
	Durchschnittswerte					
1.— 4. 3. 1930	Agoûtgebiet, Frankreich	180,0[3]	3	2,50	0,69	23
1.— 4. 3. 1930	Thorégebiet, Frankreich	250,0[4] bis 275,0	3	3,47 bis 3,82	0,96 bis 1,03	23
1.— 4. 3. 1930	Orbgebiet, Frankreich .	300,0[5]	3	4,17	1,16	23
1.— 4. 3. 1930	Tarngebiet, Frankreich.	155,0[6] bis 160,0	3	2,15 bis 2,22	0,59 bis 0,62	23
8.—13. 9. 1899	Einzugsgebiet des Traunsees, Oberöst. .	350,4[7]	6	2,58	0,72	31

[1] $^1/_5$ der mittleren Jahresregenhöhe.
[2] $^1/_4$ der mittleren Jahresregenhöhe.
[3] Gebietsgröße 3500 km².
[4] Gebietsgröße 568 km².
[5] Gebietsgröße 1250 km².
[6] Gebietsgröße 9724 km².
[7] Mittelwert aus 26 Stationen, Gebietsgröße 1411 km².

In den Tabellen 1 bis 3 sind einzelne Beispiele gemessener katastrophaler Niederschlagsmengen verzeichnet, und zwar in Tabelle 1 solche von kurzen, heftigen Platz- und Sturzregen, in Tabelle 2 und 3 solche von eintägigen Landregen bzw. längeren Regenperioden.

Die Dauer der Platz- und Sturzregen übersteigt namentlich außerhalb des Gebirges selten die Zeit von 3 Stunden, sehr starke Regen spielen sich meist innerhalb einer Stunde ab, doch kann es mitunter auch vorkommen, daß ein solcher Sturzregen in einen Landregen übergeht.

Das überregnete Gebiet ist bei den Platzregen in der Regel ein sehr beschränktes und die Regenintensität nimmt vom Zentrum gegen die Peripherie rasch ab. Häufig ist die Grenze des Niederschlags sehr scharf ausgeprägt, meist infolge horizontaler Begrenzung der Wind- und Wolkenzüge, im Gebirge, bei tief ziehenden Gewittern auch infolge vertikaler Begrenzung derselben.

Die Sturzregen bleiben selten an einer Stelle, sondern ziehen mit den Windströmungen weiter und namentlich der Regenkern bewegt sich mitunter mit bedeutender Geschwindigkeit vorwärts.

Die Intensität des Regens bleibt bei kräftigen Regen selten gleich, sondern wechselt, wie die Aufzeichnungen der Regenschreiber beweisen, mitunter sehr stark, doch nimmt die Durchschnittsintensität mit der Regendauer rasch ab.

Die Ergiebigkeit und Intensität der Platzregen sind unabhängig von den allgemeinen Gelände- und Klimaverhältnissen und der durchschnittlichen Jahresregenhöhe der betreffenden Örtlichkeit, ja gerade in Trockengebieten stellen sich mitunter Sturzregen von äußerster Ergiebigkeit ein. C. Hellmann[12,41] stellt für die durchschnittliche Regenintensität die Formel auf

$$i = \frac{3{,}522}{\sqrt[3]{t}} - 0{,}311.$$

Die Regenergiebigkeit berechnet sich hieraus nach der Formel

$$R = 3{,}522\, t^{2/3} - 0{,}311\, t.$$

Diese gilt nach Haeuser, wie aus gemachten Beobachtungen hervorgeht, nicht nur für Norddeutschland, sondern auch für Bayern einschließlich des Alpengebietes. Die sich aus ihr berechnenden Werte sind in Abb. 4 in Schaulinien dargestellt. Sie werden aber noch wesentlich übertroffen durch die wirklich auftretenden Höchstmengen. Die von Haeuser für Deutschland angegebenen Werte der sehr starken und nur selten auftretenden Regen, sowie die tatsächlich gemessenen Höchstwerte sind gleichfalls dieser Abbildung zu entnehmen.

Nach den Beobachtungen übersteigt die Ergiebigkeit der Platzregen innerhalb einer oder weniger Stunden mitunter wesentlich die eintägige Maximalregenmenge bei Landregen und erreicht in Orten mit relativ geringer mittlerer Jahresregenhöhe einen verhältnismäßig großen Bruchteil der letzteren. So sind z. B. in Neustadt am Haardt 16% der Jahresregenmenge binnen einer Stunde, in Montpellier 33% innerhalb 7 Stunden gefallen.

Wie sich aus den Tabellen 1 bis 3 ergibt, kommen in ganz vereinzelten Fällen auch in unseren Gegenden in den Niederschlagszentren noch Überschreitungen der in Deutschland gemessenen Höchstwerte vor. Es sei in dieser Hinsicht auf den am 28. Mai 1904 in Kreuzen bei Villach gemessenen Niederschlag von 197 mm innerr halb 45 Minuten und auf die katastrophalen Wolkenbrüche verwiesen, die sich am 10. August 1915 über Schaueregg und am 16. Juli 1913 über dem Stiftingtale in Oststeiermark entluden und die Gebiete mit geradezu unerhörten Wassermassen überschütteten[17, 42].

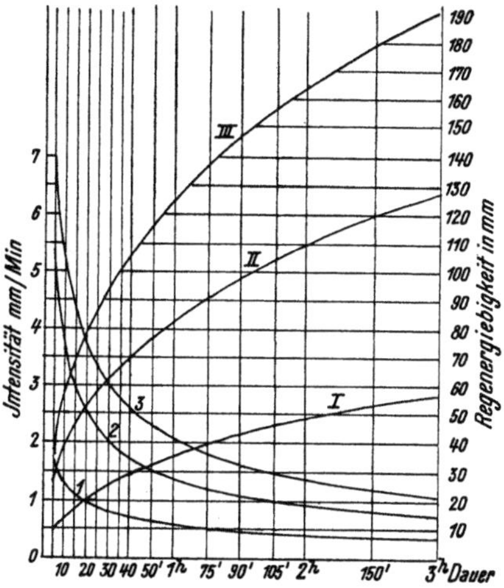

Abb. 4. Intensität und Ergiebigkeit der Platz- und Sturzregen.

I und 1 mittlere Werte nach Hellmann,
II und 2 starke und selten auftretende Werte nach Haeuser,
III und 3 größte in Deutschland beobachtete Werte nach Haeuser.

Bei zahlreichen Messungen ist es zudem keineswegs sicher, daß die größte Regendichte gerade in der Beobachtungsstation auftrat, besonders trifft dies für das Gebirge zu, wo zweifellos auf den Hängen der die Stationen überragenden Berge meist noch wesentlich größere Regenmengen fallen, als die in der Station tatsächlich gemessenen.

Einen wesentlich anderen Charakter als die vorerwähnten Sturz- und Platzregen besitzen die Landregen und längeren Regenperioden, die sich auf einen oder mehrere Tage erstrecken. Bei ihnen ist die Regendichte weit geringer als bei jenen, dafür aber außer ihrer Dauer auch die überregnete Gebietsfläche viel größer. Ihre Regenhöhe steht in unverkennbarer Beziehung zur durchschnittlichen Jahresregenhöhe.

Nach Hellmann berechnet sich das mittlere Tagesmaximum des Niederschlages aus der Formel

$$h = 21{,}38 + 21{,}1\,H$$

und das höchste Tagesmaximum beträgt

$$h_{\max} = 2{,}75\,h.$$

Diese Berechnung ergibt:

Für H =	500	750	1000	1250	1500	1750	2000
h	32	37,25	42,50	47,76	53,02	58,28	62,58
h_{max}	88	102,40	116,90	131,90	145,80	160,30	172,20

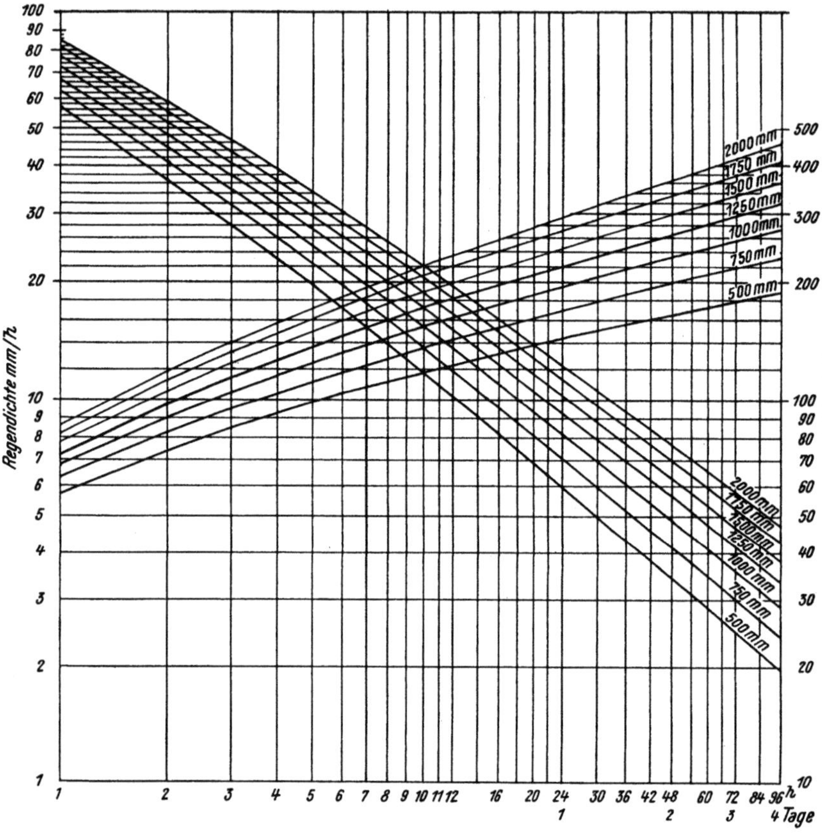

Abb. 5. Maximale Regenintensität und Ergiebigkeit für das Donaugebiet nach Ing. Bartosek.

Zu wesentlich höheren Zahlen kommt Oberingenieur G. Bartosek, der aus einem reichen Beobachtungsmaterial eine komplizierte Potenzialformel zur Berechnung der größten Regendichte und Ergiebigkeit für das Donaugebiet aus der Jahresregenhöhe ableitete[43]. Sie gilt für alle Regen mit Ausnahme der nur kleine Gebiete betreffenden Wolkenbrüche, die dieser Gesetzmäßigkeit nicht folgen. Nach dieser Formel berechnete Bartosek die Regendichten und Ergiebigkeiten für die mittleren Jahresregenmengen von 500, 750, 1000, 1250, 1500,

1750 und 2000 mm und für die Zeiten von 5 Minuten bis zu einem Jahr.

Für die Zeit von einer Stunde bis zu 4 Tagen sind die betreffenden Werte in Abb. 5 durch Schaulinien auf logarithmisch geteiltem Papier dargestellt. Diese Werte sind sehr hoch und werden wohl nur in den allerseltensten Fällen und nur in den Niederschlagszentren übertroffen.

Nach Horatiis[5] hat Fantoli auf Grund von Beobachtungen an den Abzugsgräben in Mailand für die Regenhöhe R innerhalb der Stundenzahl n die Formel aufgestellt

$$R = (a - b\,n)\sqrt{n}.$$

In dieser Formel gelten für Mailand $a = 48$, $b = {}^2/_3$.

Montanari[5] stellte die Formel auf

$$R = n^{\frac{1}{m}} \,.\, d,$$

in welcher R die Regenhöhe, n die Stundenzahl und d die maximale Regenhöhe in der Stunde bedeuten. Für die Emilia gibt er $d = 70$ und $\frac{1}{m}$ mit ${}^1/_3$ an. Aus beiden Formeln berechnen sich für das Alpengebiet und besonders für Sturzregen zu geringe Höhen.

Melli[44] gibt die Formel an:

$$R^2 = a \,.\, t,$$

in welcher a einen Beiwert bedeutet. Hieraus berechnet sich die Regenspende

$$S = 16{,}7\sqrt{\frac{a}{t}}.$$

Der Beiwert a wurde für St. Gallen angenommen mit 50, so daß sich ergibt:

$$S \cong \frac{120}{\sqrt{t}};$$

der schweizerische Ingenieurkalender empfiehlt a mit 30 anzunehmen, woraus sich ergeben würde

$$S \cong \frac{96}{\sqrt{t}};$$

für Augsburg würde nach einer Regenspende von 180 l/sek/ha in 35 Minuten a auf 41 berechnet und ergibt sich

$$S \cong \frac{107}{\sqrt{t}}\ \mathrm{m^3/sek/km^2}.$$

Die sich aus den drei letztangeführten Formeln berechnenden Werte bleiben aber ebenfalls hinter den wirklich gemessenen Höchstwerten zurück.

Außer der Intensität des Regens ist auch die Ausdehnung der Niederschlagsfläche für die Hochwasserbildung maßgebend.

Leider gibt es nur relativ wenige Regenstationen mit selbstschreibenden Regenmessern, so daß man nur selten ein richtiges Bild über den Verlauf der starken Platzregen gewinnen und Kurven gleicher Niederschlagshöhen für derartige Ereignisse entwerfen und die Niederschlagsflächen abgrenzen kann.

Alle Beobachtungen zeigen einen raschen Abfall der Regendichte vom Regenkerne nach außen. Bei dem äußerst heftigen Niederschlage, der sich am 25. Juli 1929 in der Dauer von 80 Minuten über München und Umgebung entlud, umfaßte das Gebiet, das mehr als 80 mm Niederschlag empfing, nur 0,5 km², 18,5 km² erhielten mehr als 60 mm und 248,6 km² mehr als 40 mm Niederschlag[14]. Beim dreistündigen Wolkenbruch über dem Grazer Hügelland am 16. Juli 1913 empfingen 3,5 km² über 600 mm, hingegen etwa 240 km² über 150 mm Regen[17,42]. Bei der Hochwasserkatastrophe vom 8. bis 14. September 1899 fielen in dem 1411 km² umfassenden Traungebiete durchschnittlich 354,9 mm Regen, und zwar wurden überregnet 1324 km² mit mehr als 200 mm, 268 km² mit mehr als 400 mm und nur 5,2 km² mit mehr als 600 mm[45].

Zwecks Vorausbestimmung der größten Hochwassermengen hat der steirische Landesbaurat Richard Hofbauer eine eingehende Untersuchung über das Verhältnis zwischen der Regendichte und der Größe der überregneten Flächen angestellt[46]. Zu diesem Zwecke hat er die in Österreich und Deutschland gefundenen Mittelwerte der Durchschnittsdichten als Ordinaten und die zugehörigen Gebietsgrößen als Abszissen in ein Koordinatensystem eingetragen und gefunden, daß sich die so erhaltenen Punkte nahe um eine regelmäßige Linie gruppieren, die der Formel

$$\log d = 2{,}3344 - \frac{1}{2} \log F$$

entspricht. Hieraus errechnet sich die Regendichte $d = \frac{216}{\sqrt{F}}$ bzw. die Regenintensität zu $i = \frac{3{,}6}{\sqrt{F}}$.

Diese Formel gibt die Mittelwerte und gilt nach Hofbauer für Gebiete von 10 km² bis 20000 km².

Bartosek hat in seiner oben angeführten Studie[43] für die Abnahme der Intensität der Regen gleicher Falldauer einen Reduktionskoeffizienten berechnet, der mit der Zunahme der überregneten Fläche abnimmt, bemerkt jedoch, daß demselben für Gebiete unter 1000 km², für deren Hochwasser nur eine kurze Regendauer bis etwa 20 Stunden kritisch ist, keine Bedeutung zukomme, vielmehr die volle Regenmenge der Hochwasserberechnung zugrunde zu legen sei. Da die Einzugsgebiete der Wildbäche dieses Flächenmaß im allgemeinen nicht erreichen, wird von einer weiteren Besprechung dieses Reduktionskoeffizienten abgesehen.

Haeuser veröffentlicht eine Tabelle über die Beziehungen zwischen den in Bayern beobachteten Regenspenden und der Dauer und Fläche des Niederschlages. Die von ihm angegebenen Maße für die Zeitdauer von 15, 20, 25, 30, 45 und 60 Minuten sind in Abb. 6 in Schaulinien dargestellt. Sie zeigen die Abnahme der Regenintensität und der Regenspende sowohl mit der Regendauer als auch mit der Niederschlagsfläche und nähern sich regelmäßigen Kurven. Der genannte Verfasser hat sie auch zu solchen ausgeglichen und diese mit der Bezeichnung:

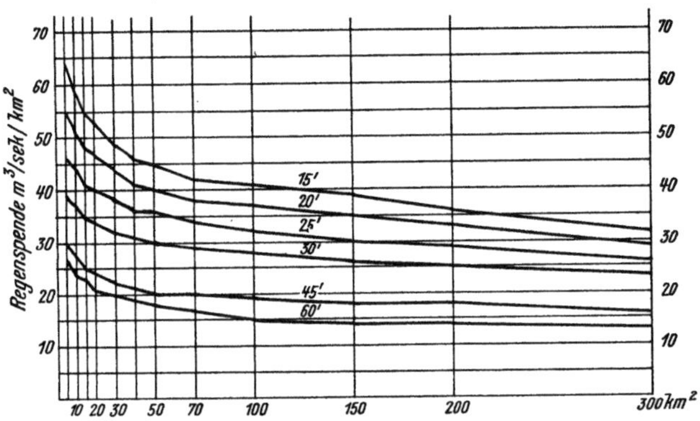

Abb. 6. Abhängigkeit der Regenspende von der Regendauer und Niederschlagsfläche nach Haeuser.

„Niederschlagsspende in ihrer Abhängigkeit von der Niederschlagsdauer und Niederschlagsfläche" veröffentlicht[14].

b) Abfluß.

Von den Niederschlägen wird ein Teil durch die Pflanzendecke zurückgehalten und verdunstet wieder, der Rest gelangt zu Boden, wo neuerdings ein Teil verdunstet, ein anderer sickert in den Boden ein und der Rest fließt oberflächlich ab. Das in den Boden eindringende Wasser wird teilweise von den Wurzeln der Pflanzen aufgenommen, dient dem Aufbau des Pflanzenkörpers oder gelangt durch die Transpiration wieder in die Luft zurück, teilweise dringt es durch die Hohlräume des Bodens in die Tiefe, speist die Quellen und den Grundwasserstrom und tritt schließlich als Bodenschweiß, Sicker- oder Quellwasser wieder an die Oberfläche.

Der Gesamtabfluß Q setzt sich also zusammen aus dem oberflächlichen Abfluß, dem Erguß der Quellen und den zufließenden Sickerwässern und ist ein mehr oder minder großer Teil der Gesamtniederschlagsmenge R. Es ist also $Q = \alpha . R$, worin, vorausgesetzt, daß nicht etwa Fremdwasser zugeführt wird, der Beiwert $\alpha < 1$ ist.

Erfolgt der Niederschlag in der Form von Schnee oder Hagel, so tritt der Abfluß erst infolge der Schmelze ein. Die sich hieraus ergebende Abflußverzögerung ist bei den Gletschern am größten und erstreckt sich hier auf eine Reihe von Jahren.

Der Abfluß kleiner Gebiete bildet sich in trockenen Zeiten ausschließlich aus Quell- und Sickerwässern. Setzt in einem solchen Gebiete Regen ein, so kommt zu dieser Wassermenge noch der oberflächliche Abfluß. Die auf den Boden fallenden Wasserteilchen brauchen eine gewisse Zeit, um in die Rinnsale zu gelangen, in denen sie sich dann fortbewegen; sie werden daher an einer bestimmten Stelle des Wasserlaufes erst nach Ablauf einer kürzeren oder längeren Zeit eintreffen, je nachdem, ob der Weg, den diese Wasserteilchen bis dahin zurücklegen müssen, kürzer oder länger ist. Hier werden nach Beginn des Regens zuerst nur die Niederschläge aus der allernächsten Umgebung eintreffen; mit der längeren Dauer des Regens wird dann der Abfluß aus einem stets wachsenden Anteile des Einzugsgebietes einlangen und das Wasser steigen, bis endlich der Abfluß auch aus dem entferntesten Teile an dieser Stelle eintrifft. Nach Ablauf dieser Zeit wird, eine gleichbleibende Regendichte vorausgesetzt, der Wasserstand noch weiter langsam steigen, bis sich das Wasseraufnahmsvermögen der Vegetation und des Bodens erschöpft hat. Ist dieser Zeitpunkt — die kritische Regendauer — erreicht, so bleibt unter obigen Voraussetzungen auch der Wasserstand unverändert. Umgekehrt wird bei Aufhören des Regens der Zufluß zuerst aus den nächsten, dann aus immer weiter entfernten Teilen des Niederschlagsgebietes nachlassen, aber erst nach Erschöpfung des vorübergehend gespeicherten Wassers aufhören.

Die während der kritischen Regendauer gefallene Regenmenge ist für die Hochwasserbildung maßgebend.

Diese Zeit bis zur Erreichung des maximalen Abflusses ist abhängig hauptsächlich von der Größe des Einzugsgebietes, dann auch von der Form seiner Fläche, der Neigung, Bedeckung und Beschaffenheit des Bodens, von den Gefällsverhältnissen und der Beschaffenheit der Rinnsale; sie ist weiter abhängig von der Regendichte und von der vorausgegangenen Witterung, welch' letztere die Aufnahmsfähigkeit des Bodens und der Pflanzennarbe stark beeinflußt. Unter sonst gleichen Verhältnissen wächst sie mit der Größe der Einzugsgebiete.

Die Höhe des Hochwassers wird ferner beeinflußt durch den vorhin erwähnten Abflußkoeffizienten, der selbst auch wieder abhängig ist von der Regenhöhe und Dauer, den Temperatur- und Windverhältnissen, der Luftfeuchtigkeit, der Bodenbeschaffenheit, der Pflanzendecke, den Gefällsverhältnissen und von der Witterung der vorausgegangenen Zeitperiode.

Gefrorener Boden nimmt kein Wasser auf, daher sind nach Frost unvermittelt eintretende starke Regen besonders gefährlich.

Der Abflußkoeffizient wechselt außerordentlich stark; während er für regenarme Gebiete, z. B. Norddeutschland, im Jahresdurchschnitte mit 25 bis 30% angegeben wird, beträgt er für die Isar normal 57 und erreicht bei Hochwasser 70%; im Linthgebiete in der Schweiz beträgt er nach Burger 80%[47].

Wang[48] gibt als ganz allgemeine Anhaltspunkte folgende Durchschnittswerte an:

in kultivierten Ländern an quellenbildenden Hängen	30 bis 33%
in bergigen Gebieten mit guter Bewaldung	35 „ 45%
„ „ „ „ mangelhafter Bewaldung	45 „ 55%
auf kahlem, ungeklüftetem Gebirge	50 „ 60%

Max Singer[49] gibt für kleinere Niederschlagsgebiete unter österreichischen Verhältnissen nachstehende Zahlen an:

Flachland, Seehöhe bis 150 m, Jahresniederschlag 500 bis 600 mm Abfluß 25%
Mittelgebirge, Seehöhe 150 bis 900 m, Regen 700 bis 1700 mm Abfluß 40%
Hochgebirge über 1500 m, Regen 1000 bis 2500 mm Abfluß 77%

Nach O. Härtel[50] ergeben sich Anhaltspunkte zur Berechnung des Abflußkoeffizienten für verschiedene Verhältnisse aus der Formel

$$\alpha = n_1 \cdot n_2 \cdot n_3 \cdot n_4.$$

Die einzelnen Faktoren beziffern sich wie folgt:

für eine Tallänge außerhalb des Gebietes des katastrophalen Niederschlages von	0,2	0,3	0,4 bis 10,0 km		
beträgt n_1	0,9	0,85	0,80	0,55;	
bei einem Bewaldungsverhältnis von ..	100,	75,	50,	25,	0 %
beträgt n_2	0,6	0,7	0,8	0,9	0,95;

ist die Bodenoberfläche sehr steil, stark hügelig, mittelhügelig, so beträgt n_3 ...... 0,9 0,85 0,80;

ist der Boden undurchlässig, wenig, mittel oder stark durchlässig, so beträgt n_4 ..... 0,9 0,8 0,75 0,70.

Diese Jahresabflußprozente sind aber für die Hochwasserhöhen nicht maßgebend, vielmehr stellt sich zwischen der Regenmenge während der kritischen Regendauer und dem Höchstabflusse ein anderes Verhältnis ein.

Leider besitzen wir hierüber nur wenige verläßliche Angaben. Solche müßten sich aufbauen auf den Aufzeichnungen selbstschreibender Regenmesser und Lymnigraphen, wie sie Prof. Dr. Engler[24] für seine vergleichenden Untersuchungen im Sperbel- und Rappengraben im

Emmentale verwendet hat. Diese Messungen zeigen, daß bei länger andauernden und heftigen Niederschlägen das Abflußverhältnis stark wächst und den für das regenreiche schweizerische Alpenvorland ermittelten Jahresdurchschnittswert von 60% mitunter wesentlich übertrifft. Leider sind während des Zeitabschnittes, auf den sich die Veröffentlichung Englers bezieht, in den genannten Gebieten Regenmengen von exzessiver Höhe nicht gemessen worden; für solche extreme Fälle geben daher diese Messungen keine Werte.

Beim Mangel exakter Messungen werden für den Höchstabfluß, mit dem in den verschiedenen Gebieten zu rechnen ist, teils Erfahrungszahlen angenommen, teils aber wurden verschiedene Formeln aufgestellt, und zwar entweder unter Zugrundelegung der jährlichen Durchschnittsregenmengen des betreffenden Gebietes oder ohne Berücksichtigung derselben.

Gustav Förster[51] gibt für österreichische Verhältnisse, und zwar für Gebiete größerer Ausdehnung in gut kultivierten und bewaldeten Gegenden folgende spezifische Hochwassermengen an:

In ebenen Lagen	0,9 bis 1,4 m^3
in hügeligen Lagen	2,0 „ 2,5 „
im Mittelgebirge	4,0 „ 5,0 „
im Hochgebirge	5,5 „ 8,5 „

Diese Zahlen sind um 30 bis 50% zu erhöhen, wenn wenig bewaldeter und undurchlässiger Boden in Frage kommt.

Lassen diese Ziffern einen ausreichenden Spielraum zur Berücksichtigung der übrigen Verhältnisse der Einzugsgebiete, so geben sie doch gar keinen Fingerzeig dafür, daß auch die Gebietsgröße einen wesentlichen Einfluß auf die spezifische Hochwassermenge ausübt. Die nachstehenden von Oberregierungs-Baurat Th. Deuerling, Kempten[52], als ungefähr zutreffende Höchstwerte beim Zusammenfallen ungünstiger Umstände angegebenen Ziffern sind hingegen nach der Flächengröße abgestuft. Sie lauten:

für Einzugsgebiete von	1 km^2	10 m^3/km^2
„ „ „	2 „	9 „
„ „ „	3 „	8 „
„ „ „	5 „	6 „
„ „ „	10 „	4 „
„ „ „	20 „	2,5 „
„ „ „	30 „	2 „
„ „ „	50 „	1,5 „
„ „ „	100 „	1,3 „
„ „ „	150 „	1,2 „

R. Iszkowski[53] stellte für die spezifische Höchstwassermenge nachstehende Formel auf:

$$q = \alpha_h \cdot m \cdot H;$$

darin bedeuten α_h den variablen Abflußkoeffizienten für das Höchstwasser und m einen Modulus, der von der Fläche des Einzugsgebietes abhängig ist. Die Jahresregenhöhe H ist mit mindestens 1 m in Rechnung zu stellen. Den Modulus m gibt Iszkowski für Flächen bis 1000 km² wie folgt an:

Für F	1 km²	m = 10
„ F	10 „	„ = 9,5
„ F	20 „	„ = 9,0
„ F	50 „	„ = 7,95
„ F	100 „	„ = 7,40
„ F	200 „	„ = 6,87
„ F	500 „	„ = 5,90
„ F	1000 „	„ = 4,70

Der Abflußkoeffizient α_h wechselt nach Bodenkategorien und dem Charakter des Landes; er beträgt:

Orographische Gebiets-beschaffenheit	in Bodenkategorie			
	I	II	III	IV
Teils Niederung teils Hügelland	0,030	0,055	—	—
Hügelland	0,035	0,070	0,125	—
Mittelgebirge ..	0,040—0,055	0,082—0,140	0,155—0,290	0,400—0,550
Hochgebirge ..	0,060—0,080	0,160—0,210	0,360—0,600	0,600—0,800

Kategorie I umfaßt stark durchlässige Bodenarten mit normaler Vegetation oder gemischte Bodenarten mit üppiger Vegetation;

„ II „ die am häufigsten vorkommenden mittleren Bodenarten mit normaler Vegetation;

„ III „ schwach durchlässige Bodenarten mit normaler Vegetation in steilen Lagen;

„ IV „ undurchlässige Bodenarten ohne oder nur mit spärlicher Vegetation und mit ungünstigen Verhältnissen; nur für Flächen bis 300 km² anwendbar.

Je nach den vorliegenden Umständen sind die einzelnen Kategorien miteinander zu kombinieren.

Ebenfalls aus der Jahresregenhöhe berechnet sich nach Bartosek die Abflußmenge durch Multiplikation der Maximalregenhöhe für die kritische Regendauer mit dem fallweise zu wählenden Abflußkoeffizienten.

Andere Autoren haben zur Berechnung der spezifischen Höchstwassermengen verschiedene Formeln ohne Berücksichtigung der mittleren Jahresregenhöhe aufgestellt.

Lauterburg[54] ging von der Annahme aus, daß die Regen der größten Dichte, die damals (bis 1887) in der Schweiz beobachtet worden waren, nämlich 128 mm pro Stunde, sich nicht auf ein größeres Gebiet als 1 km² erstrecken, während Regen von 72 mm in der Stunde ein Gebiet von 25 km² betreffen, und stellte unter dieser Annahme für die spezifische Höchstabflußmenge die Formel auf:

$$q = \alpha \frac{1120}{31 + F}.$$

Der Abflußkoeffizient α schwankt zwischen 0,25 für sehr durchlässigen Untergrund in der Niederung und im Hügellande und 0,90 für sehr steiles, undurchlässiges, kahles Felsgebirge.

Führt man den Abflußkoeffizienten mit einem Mittelwerte von 0,6 in obige Formel ein, so ergibt sich:

$$q = \frac{672}{31 + F}.$$

Diese Formel gibt für Gebiete, die größer sind als 400 bis 500 km² kleinere Abflußmengen, als sich unter Zugrundelegung einer Tagesniederschlagsmenge von 250 mm errechnen würden. Für solche Gebiete hätte die Abflußformel für maximale Tagesregen

$$q = 2{,}9\, \alpha \frac{114}{115 + 0{,}05\, F},$$

oder für $\alpha = 0{,}6$

$$q = \frac{198{,}4}{115 + 0{,}05\, F}$$

zu gelten. Hierzu wäre streng genommen zuzuschlagen die vor Eintritt des Regens abfließende Wassermenge, welche, Mittelwasser und einen Jahresniederschlag von 1500 mm vorausgesetzt, sich berechnet auf

$$q_m = 0{,}03964\, \alpha \,.\, 1{,}5 + \frac{0{,}037\, F_{gl}}{F}$$

und im Vergleiche zur Hochwassermenge verhältnismäßig gering ist. (F_{gl} bedeutet die Gletscherfläche.)

Eine von Kresnik angegebene Formel für die spezifische Hochwassermenge lautet:

$$q = \frac{25}{\sqrt{F}}.$$

Später stellte Kresnik nachstehende Formel auf:[18]

$$q = \alpha \,.\, \frac{32}{0{,}5 + \sqrt{F}},$$

in der α ein die Verschiedenheiten der Einzugsgebiete berücksichtigender, zwischen 0,6 und 2,0 schwankender Beiwert ist.

Nach Ph. Forchheimer[18] geben beide Formeln für den Norden

Europas genügende Sicherheit, ja es wurde der Formel von Kresnik vorgeworfen, daß sie zu große Ergebnisse liefere; aber in Gebieten nördlich des Mittelmeeres wurden noch größere Wassermengen beobachtet, als die Formel angibt, und Forchheimer veröffentlicht eine längere Liste solcher Hochwässer.

Hofbauer berechnet unter Zugrundelegung der oben angegebenen Formel für die Regendichte $d = \frac{216}{\sqrt{F}}$ die spezifische Hochwassermenge auf

$$q = \frac{\alpha \,.\, 216}{3{,}6\sqrt{F}} = \alpha \frac{60}{\sqrt{F}}.$$

Diese Formel, in der α für Flachland mit 0,25 bis 0,35, für Hügelland und Mittelgebirge mit 0,35 bis 0,50 und für Gebirgsland mit 0,50 bis 0,70 anzunehmen ist, besitzt Ähnlichkeit mit der Formel von Kresnik und gibt, wenn α mit dem halben Werte von α nach Kresnik angesetzt wird, für größere Gebiete annähernd dieselben Werte.

Nach Kürsteiner[55] wurde aus einer großen Zahl tatsächlich beobachteter Hochwassermengen die Formel abgeleitet

$$q = \frac{9 \text{ bis } 12}{\sqrt[3]{F}}$$

und das mit ihrer Hilfe errechnete Ergebnis zahlreichen Bauführungen zugrunde gelegt, wobei sich diese Berechnung bewährt hat. Durch die Wahl des Koeffizienten zwischen 9 und 12 kann den verschiedenen Verhältnissen Rechnung getragen werden.

Possenti[3] gibt die Formel an:

$$Q = k \frac{h}{l} \left(F_g + \frac{F_e}{3} \right).$$

In derselben bedeuten: l die Länge des Flußlaufes in km und k einen konstanten Beiwert, den Possenti mit 700 ansetzt. Diese Formel ist jedoch für die Alpenländer und die Größe, welche die Einzugsgebiete der meisten Wildbäche besitzen, nicht wohl anwendbar.

Ing. Melli[44], Zürich, gibt als Hochwasserformel für Flüsse von 100 bis 10000 km² an:

$$q = \frac{74}{\sqrt[3]{100 F}}.$$

Als allgemeine Hochwasserformel hätte nach dem Genannten zu gelten:

$$q = \alpha \frac{40}{\sqrt[6]{100 F}},$$

wobei der Abflußbeiwert für offene Wasserläufe bis zu 100 km² $\alpha = 0{,}4$ ist.

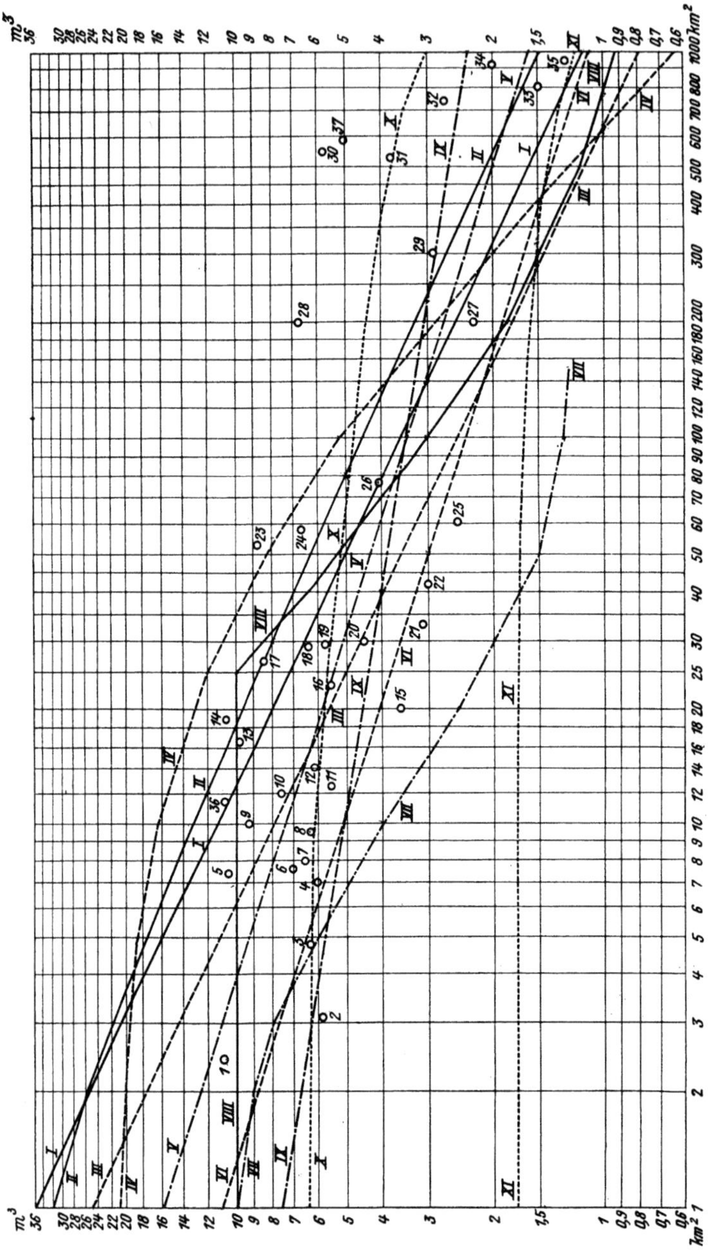

Abb. 7. Spezifische Hochwassermengen.

Erklärungen zu Abbildung 7.

I—X Abflußkurven; 1—36 gemessene Abflußmengen.

I Formel von Hofbauer: $q = \alpha \frac{60}{\sqrt{F}}$; α angenommen mit 0,6

II Formel von Kresnik: $q = \alpha \frac{32}{0,5 + \sqrt{F}}$; α angenommen mit 1,5

III Formel von Kresnik: $q = \frac{25}{\sqrt{F}}$

IV Formel von Lauterburg: $q = \alpha \frac{1120}{31 + F}$; α angenommen mit 0,6

V Formel von Melli: $q = \frac{74}{\sqrt[3]{F \cdot 100}}$

VI Formel von Kürsteiner: $q = \frac{A}{\sqrt[3]{F}}$; A angenommen mit 11

VII Angaben von Th. Deuerling

VIII Berechnung unter Zugrundelegung einer Regendichte von 60 mm auf 25 km² Fläche und einer Tagesregenhöhe von 100 mm auf den Rest der Fläche α angenommen mit 0,6

IX Formel von Melli: $q = \alpha \frac{40}{\sqrt[6]{100\,F}}$; α angenommen mit 0,4

X Formel von Iszkowski: $q = \alpha \cdot \mathrm{m} \cdot \mathrm{H}$; α angenommen mit 0,4 H mit 1,6

XI Formel von Lauterburg: $q = \alpha \cdot 2{,}9 \cdot \frac{114}{115 + 0{,}05\,F}$; α angenommen mit 0,6

Zahl	Name des Baches	F	q	Jahr
1	Rütibach bei Giswil, Schweiz	2,4	10,8	1926
2	Friedersmattgraben, Kt. Bern	3,2	5,8	1927
3	Goldbach (Thur) Kt. St. Gallen	4,8	6,45	1927
4	Gstaldenbach, Kt. St. Gallen	7,0	6,0	1895
5	Wittgenbach, Oberlausitz	7,4	10,5	
6	Frenke (Waldenburg), Kt. Basel	7,6	7,0	1926
7	Wiggernbach, Kt. Luzern	8,0	6,5	1917
8	Flybach, Kt. St. Gallen	9,5	6,3	1910
9	Kronbach, Kt. Appenzell	10,0	9,2	1926
10	Kleine Schlieren, Kt. Obwalden	12,0	7,5	1903
11	Augstbach, Jura	12,5	5,5	1926
12	Steinach, Kt. St. Gallen	14,0	6,1	1927
13	Kemnitzbach, Oberlausitz	16,5	9,82	
14	Steinenbach, Kt. St. Gallen	18,8	10,7	1927
15	Malinkatal	20,0	3,55	1893
16	Kleine Fontane, Kt. Luzern	23,3	5,5	1917
17	Leonhardsbach, Steiermark	26,6	8,39	1913
18	Albigna, Kt. Graubünden	29,0	6,4	1927
19	Weidlingbach, N.-Ö.	29,4	5,72	
20	Laui bei Giswil, Schweiz	30,0	4,5	1926
21	Goldbach, Kt. St. Gallen	33,0	3,1	1893
22	Ilfis (Wiggen), Kt. Luzern	42,0	3,0	1891
23	Reichenbach, Kt. Bern	53,0	8,72	
24	Pließnitz bei Herrenhut, Oberlausitz	58,0	6,62	
25	Melchaa, Kt. Obwalden	61,0	2,5	1910

Zahl	Name des Baches	F	q	Jahr
26	Aupa, Böhmen	77,0	4,03	
27	Biela bei Freiwaldau, Schlesien	200,0	2,25	
28	Pließnitz bei Bertsdorf, Oberlausitz	201,0	6,72	
29	Queiss bei Marklissa, Preuß.-Schles.	303	2,89	
30	Chassezac, Languedoc	557	5,75	
31	Gardon d'Alais, Languedoc	534	3,75	
32	Vidourle, Languedoc	743	2,69	
33	Ostrawitza, Schlesien	811	1,48	
34	Maggia, Kt. Tessin	925	2,0	Häufig, 1913 wesentlich mehr
35	Avisio	956	1,26	
36	Stiftingbach	11,4	10,7	1913
37	Gardon d'Anduze, Languedoc	595	5,04	

Valentini hat nach Horatiis empfohlen, in der älteren Formel von Kresnik für Italien die Zahl 25 auf 30 zu erhöhen, und kommt damit auf die Formel:

$$q = \frac{30}{\sqrt{F}}.$$

Eine weitere, vielfach — auch vom hydrographischen Zentralbureau in Wien — angewendete Methode legt der Berechnung des Abflusses die Annahme zugrunde, daß auf einer Fläche von 25 km² ein Maximalniederschlag von 60 mm in der Stunde, auf den übrigen Teil des Einzugsgebietes hingegen eine Niederschlagsmenge von 100 mm pro Tag falle, wobei ein entsprechender Abflußkoeffizient in Rechnung zu stellen ist. Dies ergibt für $F < 25\,\text{km}^2$

$$q = \alpha \,.\, 16{,}67$$

und für $F > 25\,\text{km}^2$

$$Q = \alpha\,[416{,}75 + (F - 25)\,1{,}16]$$

und

$$q = \alpha\left(1{,}16 + \frac{387{,}7}{F}\right).$$

Außer den oben angeführten Formeln gibt es noch eine große Anzahl anderer, insbesondere solcher, die für die Berechnung der in den Kanalnetzen abzuführenden Flutwellen aufgestellt wurden, auf die aber hier nicht näher eingegangen werden kann.

Übrigens schwanken, wie W. Voit[56] an Beispielen für den Alserbach bei Wien nachweist, bei gleich großer Regenintensität die Abflußmengen sehr bedeutend je nach der Zugrichtung der Gewitter im Vergleiche zur Richtung des Bachlaufes. Auch beim März-Hochwasser des Jahres 1930 in Südfrankreich wurde das durch das Zusammentreffen der Flutwellen aus den einzelnen Zubringern verursachte katastrophale Hochwasser im Agoûtgebiete dadurch erhöht, daß der Zug der Wolkenbrüche den Flußläufen nach abwärts folgte, und die Starkregen in den Quellgebieten früher niedergingen als im Unterlaufe[23].

Zum Vergleiche der Abflußformeln wurden die ihnen entsprechenden Kurven in Abb. 7 auf logarithmisch geteiltem Papier aufgetragen. Den Berechnungen wurden mäßig ungünstige Verhältnisse (Abflußbeiwert 0,6 bis 0,7) und für die Formeln von Iszkowski eine Jahresregenhöhe von 1600 mm zugrunde gelegt. Die meisten Formeln ergeben Linien, die einer quadratischen oder kubischen Parabel entsprechen, daher in der Figur als Gerade erscheinen oder die sich einer Parabel nähern. In die Figur wurden ferner mehrere erhobene spezifische Hochwassermengen eingetragen, von denen einzelne noch über den Kurven liegen. Noch wesentlich höhere Werte als die dargestellten wurden im südöstlichen Europa gemessen, sie können aber hier außer Betracht bleiben.

Aber auch in Mitteleuropa treten mitunter Hochwässer von einer jede Erwartung weit übertreffenden Höhe auf, und man darf sich keineswegs wundern, daß z. B. beim Hochwasser 1903 in Schlesien sogar an Wasserausbrüche aus dem Erdinnern gedacht wurde, da man glaubte, die Hochwasserhöhe durch Niederschläge allein nicht erklären zu können.

Eine absolute Sicherheit für die Berechnung des wirklich möglichen Höchstwassers geben alle diese Formeln nicht; und auch bei vorsichtigster Berechnung können noch Überschreitungen vorkommen, wobei es sich allerdings nur um allerseltenste Ausnahmsfälle handelt, die in Kauf genommen werden müssen, will man nicht in vielen Fällen die Ausführung von Wasserschutzbauten an der Unaufbringlichkeit der Kosten scheitern lassen.

2. Durch andere Ursachen bedingte Hochwässer.

Hierher gehören der Durchbruch natürlicher oder künstlicher Hindernisse, die den Wasserablauf gestaut haben, und namentlich die Seeausbrüche.

Stauungen des Wasserlaufes sind bei Wildbachausbrüchen häufige Erscheinungen; sie werden verursacht durch Verklausungen von Wildholz, durch Fels- oder Erdstürze, Lawinen u. dgl. Hat das gestaute Wasser Kraft genug, den Stauriegel zu durchbrechen, dann setzt sich die ganze Masse plötzlich in Bewegung, alles zerstörend, was ihr im Wege liegt. Solche Stauungen haben vorerst ein plötzlich eintretendes starkes Nachlassen der Wasserführung im Unterlaufe des Wildbaches, ja mitunter ein völliges Versiegen des letzteren zur Folge und der Gebirgsbewohner kennt und fürchtet dieses Zeichen kommenden Unheils.

Eine derartige Stauung des Niedernsiller Mühlbaches im Pinzgau durch eine Erdlawine und der Ausbruch des dahinter entstandenen 100 Fuß tiefen Stausees war die Hauptursache, daß der Wolkenbruch vom 5. August 1798 so verhängnisvolle Folgen hatte: damals wurde das Dorf Mühlbach vollständig zerstört und die beiden Ortschaften Jesdorf und Niedernsill teilweise verschüttet. Sonklar schätzte die bei diesem und zwei nachfolgenden kleineren Ausbrüchen in Bewegung gesetzte Schuttmasse auf 24000000 m^3.[35]

Die Folgen eines solchen Durchbruches bleiben aber noch weit zurück gegen jene der Ausbrüche von Seen oder künstlichen Stauweiheranlagen.

Erwägt man, daß bei solchen Durchbrüchen der Ablauf der Wassermenge, die sich durch lange Zeit, vielleicht durch mehrere Monate hindurch angesammelt hat, innerhalb der kürzesten Zeit erfolgt, so begreift man, daß so entstandene Fluten alle Hochwässer, die durch meteorische Vorgänge verursacht werden, weit hinter sich lassen und sie an Schädlichkeit um ein Vielfaches übertreffen. So soll z. B. nach Angabe A. Heims der auf 20000000 m^3 berechnete Inhalt des Eissees im Val de Bagne im Kanton Wallis am 16. Juni 1818 innerhalb einer halben Stunde abgeflossen sein[57]. Wenn diese Ziffern richtig sind, so ist die Wassermenge auf das Maß von durchschnittlich 11000 m^3/sek angeschwollen und kommt jener des größten, sicher nachgewiesenen Donauhochwassers bei Wien (Allerheiligen 1787) nahezu gleich.

Die bei solchen Ausbrüchen entstehende Flutwelle ist an der Ausbruchsstelle am höchsten; sie kann in engen Tälern unabsehbare Schäden verursachen und mit gewaltigen Geschiebebewegungen verbunden sein. In weiten Tälern oder nach ihrem Austritte in das Haupttal verflachen sich diese Wellen — falls sie nicht etwa mit einem sonstigen Hochwasser zusammentreffen — meist verhältnismäßig rasch und dies um so mehr, als ja auch die Dauer der Hochflut eine vergleichsweise kurze ist.

So erreichte beim letzten Ausbruche des Marteller-Eissees am 17. Juni 1891 die Flutwelle in der Schlucht unterhalb des Zufallbodens (1,4 km von der Ausbruchstelle) eine Höhe von 11 m, in der Etsch bei Latsch (25,8 km) eine solche von 3,4 m, bei Lana (57,4 km) eine solche von nur mehr 0,90 m und verflachte sich dann rasch weiter; bei St. Michele (114,7 km) betrug ihre Höhe nur mehr 0,35 m.[58]

Die Hochwässer, die infolge des Durchbruches von Stauungen oder von Seeausbrüchen entstehen, entziehen sich jeder vorausgehenden Berechnung oder Schätzung und ein Schutz gegen die schon entfesselten Fluten ist meist außerhalb der Macht des Menschen gelegen. Dieser muß sich vielmehr darauf beschränken, dem Eintritt solcher Ereignisse nach Möglichkeit vorzubeugen.

Von einem Seeausbruche kann man nur sprechen, wenn außer der den See durchfließenden Wassermenge auch noch ein mehr oder minder großer Teil des Seeinhaltes zum raschen Abflusse kommt. Dies hat eine Durchbrechung des den See abschließenden Dammes oder wenigstens eine wesentliche Vergrößerung des Ausflußprofiles zur Voraussetzung. Durch meteorische Ereignisse bedingte Hochstände von Seeausflüssen ohne Änderung des Ausflußprofiles können nicht als Seeausbrüche bezeichnet werden, da in solchen Fällen die Seen mäßigend auf die Hochwasserwelle wirken.

Die Gefahr eines Ausbruches liegt namentlich bei jenen Seen vor, die durch verhältnismäßig schwache Materialdämme oder durch Eis- und Schneemassen aufgestaut wurden.

Materialdämme können sich bilden durch Bergstürze — wie z. B. beim Alleghesee nördlich von Agordo in Oberitalien — oder durch Murgänge, die, aus einem Seitentale vorbrechend, das Haupttal absperren. Ein Beispiel hierfür bildet die Entstehung des Lago nuovo bei Caoria in Südtirol, der in der Zeit von 1823 bis 1829 durch eine Häufung von Murgängen des Rebrutt entstand. Diese stauten den Vanoifluß um etwa 90 bis 100 m zu einem See auf, dessen Ausfluß sich beim Hochwasser 1882 um 8 bis 10 m vertiefte, und der endlich im Jahre 1889 durch die riesigen Geschiebemengen, die der Vanoi zuführte, wieder vollständig zugeschüttet wurde[59].

Weit gefährlicher und auch häufiger ist die Aufstauung von Seen durch Gletscher. Sie kann erfolgen durch Gletscherzungen, die ein Seitental absperren, oder aus einem solchen herabreichend, das Haupttal abriegeln. Die auf die ersterwähnte Weise entstandenen Aufstauungen sind in der Regel mindergefährlich, weil der abschließende Eisdamm nicht so leicht durchbrochen werden kann als die nur mit ihrer Breite das Tal absperrenden Seitengletscher. Diese werden durch die gegenüberliegende Talwand in ihrer Bewegung gehemmt und stauen sich in der Regel viel höher auf als die Hauptgletscher, die sich ungehindert in ihrem Bette weiter bewegen können; auch sammelt sich hinter den letzteren wegen des im allgemeinen viel größeren Gefälles der Seitentäler eine weit geringere Wassermenge als hinter den Seitengletschern.

Derartige Eisseen können sich bei einem Gletschervorstoße bilden, sie können aber auch beim Rückzuge der Gletscher entstehen, wenn sich durch das frühere Abschmelzen des einen Gletschers hinter der Zunge des anderen ein eisfreies Becken bildet und mit Wasser füllt, wie dies beispielsweise bei den Eisseeausbrüchen im Martelltale in den Jahren 1888, 1889 und 1891 der Fall war.

Der Ausbruch derartiger Eisseen geht so vor sich, daß sich das Wasser einen Kanal unter dem Eise oder durch dieses bahnt, den es unter hohem Druck durchströmt; dabei reißen die Wassermassen Eisstücke mit, wühlen allenfalls auch den Untergrund auf und brechen sich schließlich ein großes Gletschertor aus, durch das die Entleerung rasch erfolgt.

Als Beispiele seien genannt die Ausbrüche des Rutorsees im Gebiete der Dora Baltea, des Mattmarksees und des Sees im Bagnetal in den Walliser Alpen und der Eisseen im Ötztale und Martelltale; sie werden aber an Furchtbarkeit noch weit übertroffen durch die Ausbrüche der Eisseen des Pamir und Himalaya.

Es kommt aber auch zur Bildung von Seen auf den Gletschern und von sogenannten Gletscherrandseen. Verhängnisvolle Ausbrüche der ersteren sind aus den Alpen nicht bekannt geworden. Die Randseen werden durch die Gletscherzungen in seitlichen Nischen der Berghänge aufgestaut. In den Alpen ist der größte dieser Randseen der Märjelensee[60, 61]. Er wird durch den Aletschgletscher in einer Nische des das Einzugsgebiet der Massa gegen das Fieschertal abgrenzenden Grates aufgestaut, erreicht einen Inhalt bis zu 10000000 m^3 und ist wiederholt ausgebrochen, wobei die Schwankungen des Seespiegels mitunter mehr als 70 m betrugen. Der Inhalt der meisten Randseen ist jedoch weit kleiner.

Mit dem Schwinden der Gletscher verringert sich die Gefahr der Seebildung und in vielen Fällen ist durch den seit nunmehr schon etwa 75 Jahre andauernden, beinahe ununterbrochenen Rückgang der Alpengletscher ein weiterer Stau bis zu einem neuerlichen Vorstoße unmöglich geworden.

In den vorangeführten Fällen ist die Aufstauung der Wassermassen außerhalb des Eiskörpers, also oberflächlich, erfolgt. Es sind aber auch Katastrophen vorgekommen, bei denen Wassermassen ausgebrochen sind, die sich im Innern eines Gletschers in zu Höhlen erweiterten Spalten und Klüften angesammelt hatten.

Finsterwalder[62] berichtet, daß bei der letzten Vorstoßperiode des Vernagtferners sein Abfluß infolge der „tumultuarischen Bewegung des Eises" oft tagelang ausgeblieben sei und sich Wassermassen von 100000 m^3 und mehr im Innern des zerklüfteten Eises angesammelt haben müssen. Dieselben haben zwar zweifellos zur Beschleunigung der Bewegung beigetragen, aber keinen Ausbruch verursacht.

In der Regel erfolgt eine derartige interglaziale Wasseraufspeicherung ganz unbemerkt; ihr Vorhandensein verrät sich an der Gletscheroberfläche nicht und die Ausbrüche erfolgen überraschend, wie z. B. jener einer auf 100000 m^3 geschätzten Wassermasse aus dem Gletscher an der Tête Rousse in der Mont Blancgruppe in der Nacht vom 11. zum 12. Juli 1892, durch den das Bad St. Gervais und zwei Weiler zerstört wurden und 200 Menschen ihr Leben verloren[3, 63].

Der Stauinhalt solcher interglazialer Wasserstuben kann sich allerdings mit jenem oberflächlicher Eisseen nicht messen, doch wird andererseits die Gefahr wesentlich vermehrt durch die meist außerordentlich große Höhe, aus der solche Fluten überraschend herabstürzen.

Die Aufstauung von Wasserläufen kann auch durch Lawinen verursacht werden, die eine enge Schlucht absperren. Dies geschah beispielsweise am 29. Jänner 1827 durch eine Lawine, die den Inn bei Süs eine halbe Nacht lang derart staute, daß das Dorf unter Wasser gesetzt wurde[57, 64].

Auch die gewaltsame Verdrängung von Wassermassen aus einem See durch irgendwelche Naturereignisse kann zu Seeausbrüchen Veranlassung geben. Als Ursachen kommen in Betracht Lawinen- oder Bergstürze, das Kalben von Gletschern und endlich vulkanische Ereignisse.

Als Beispiele hierfür seien angeführt: Im Jahre 1772 brachte eine Eislawine die Blaue Lacke zum Ausbruche, so daß das Stubaital (Nordtirol) überschwemmt wurde[65]. Am 1. Mai desselben Jahres trieb ein in den Alleghesee (Altitalien) niedergehender Bergsturz dessen Fluten so in die Höhe, daß zwei Ortschaften weggespült wurden[65, 66]. Das Kalben des Gallrutgletschers im Kaunertale (Nordtirol) verursachte am 7. August 1890 den Ausbruch und die vollständige Entleerung eines Moränensees[67]. Der Kratersee von Kloët auf Java ist infolge der Vulkantätigkeit wiederholt ausgebrochen; beim letzten Ausbruche im Mai 1919 wurden 130 km² Kulturboden, 9000 Wohnhäuser und 5500 Menschenleben vernichtet[68].

Solche Wasserverdrängungen wirken sich namentlich bei kleinen Seen katastrophal aus, bei denen die zugeführten Massen im Verhältnis zur Seeoberfläche groß sind. Je kleiner dieses Verhältnis ist, desto geringer ist die Hebung des Seespiegels und desto flacher wird die Hochwasserwelle im Auslaufgerinne, deren Höhe übrigens auch von der Entfernung der Aufprallstelle vom Auslaufe abhängig ist.

B. Geschiebetransport und Murgänge.

Die Verfrachtung des festen Materiales durch die Bäche erfolgt in dreierlei verschiedener Form, nämlich entweder durch Abführung von gelösten Stoffen oder von feinen Schwebstoffen oder endlich durch Fortrollen gröberen Materiales auf der Gerinnsohle. Die Abfuhr gelöster Stoffe beeinflußt nur in sehr geringem Maße das spezifische Gewicht des Wassers, ist für das Verhalten der Gewässer nicht von Bedeutung und kann hier außer Betracht bleiben.

Die Schlamm- und Schwebstofführung der Flüsse erreicht meist nur ein geringes Maß und übersteigt selten wenige Prozente. Wesentlich größer ist die Schlammführung der Hochwässer in den Wildbächen.

Die Rienz bei Bruneck führte beim Hochwasser im September 1882 durchschnittlich 47,92 kg Trockengewicht Schlamm, gelegentlich sogar 75,54 kg, der Reischachbach bei Bruneck 104,93 kg und der Mühlgraben bei St. Lorenzen 145,11 kg im m³ Wasser[69]. Nach einem mit bedeutenden Abrutschungen verbundenen Hochwasser im Schmirntale im Jahre 1920 wurde im Innsbrucker städtischen Elektrizitätswerke bei Patsch im Sillwasser ein Gehalt an Feststoffen bis zu 300 kg im m³ festgestellt[70].

Je größer der Gehalt an solchen Feststoffen, desto größer wird auch das spezifische Gewicht des Flußwassers und desto zähflüssiger wird die Masse. Bei 200 kg/m³ Gehalt an trockenem Schlamm erhöht sich das spezifische Gewicht des Wassers auf etwa 1,1.

Wenn sich auch Schlamm und Schwebstoffe in den rasch fließenden Gebirgswässern im allgemeinen nicht ablagern, so kann die Schwebstoffführung für einen Fluß dann von großer Bedeutung werden, wenn sie bei seiner Einmündung in einen See zu rascher Deltabildung, damit zu einer Verlängerung des Laufes führt und infolgedessen zu einer Sohlenhebung Anlaß gibt.

Grobkörnigere Stoffe, die das Wasser nicht mehr schwebend zu transportieren vermag, werden auf der Sohle fortgerollt und geschoben, wobei jedoch Sand, Schotter und kleine Steinchen mitunter in die Höhe gewirbelt werden und erst nach Zurücklegung einer gewissen Wegstrecke wieder den Boden berühren. Die Bewegung ist also teils gleitend, teils rollend, teils springend.

Diese Materialmengen nennt man Gerölle oder Geschiebe. Ihre Fortbewegung geschieht zum überwiegenden Teile unmittelbar auf der Sohle der Gerinne, doch besitzt der Geschiebestrom keine scharfe Grenze nach oben, vielmehr findet ein allmählicher Übergang statt. Wildbachartige Flüsse führen selbst bei niedrigem Wasserstande mitunter geringe Geschiebemengen, so hört z. B. in der Traun an ihrer Mündung in die Donau die Bewegung des feinen Kalksandes selbst bei niedrigstem Wasserstande und vollkommen klarem Wasser kaum je ganz auf.

Um ein Bild über das Maß der Geschiebeführung zu gewinnen, wurden mehrfach Messungen an Flüssen vorgenommen.

Sorgfältige, am Inn bei Kirchbichl ausgeführte Messungen haben ergeben, daß dieser Fluß in der Zeit vom 1. März 1931 bis 29. Februar 1932 durchschnittlich 356 g Geschiebe und 781 g Schwebstoffe im m³ Wasser abführte. Der Gebirgsabtrag in dem 9316 km² umfassenden Gebiete wurde hieraus auf 0,444 mm für obiges Jahr berechnet, die Wasserabflußhöhe betrug 1037 mm[71].

Die Messung der von verschiedenen Flüssen bei ihrer Mündung in Seen aufgeschütteten Deltas ergab, daß z. B. die Reuß von 1851 bis 1878 jährlich etwa 150000 m³ Geschiebe und wenigstens 50000 m³

Schlamm in den Vierwaldstättersee geführt habe, was einem Abtrage von 0,242 mm entspricht. Die Ablagerung des Rheins im Bodensee betrug nach einem Gutachten Dr. Ph. Krapfs von 1900 bis 1930 zusammen rund 75600000 m³, entsprechend einer Menge von durchschnittlich etwa 2500000 m³ pro Jahr und einem Gebirgsabtrage von 0,42 mm.

Verhältnismäßig weitaus größer sind die Materialmengen, um die es sich im Hochgebirge handelt. So wurden nach Heß[72] im Gebiete des Rofner-Eissees von 1845 bis 1847 960000 m³ grobes Geschiebe in 16 bis 25 m hohen Bänken abgelagert, jedoch nach dem Ablauf des Sees allmählich wieder abgetragen. Hierin sind die von der Ache fortgeführten Schlammengen nicht enthalten, und Heß beziffert den jährlichen Gebirgsabtrag im dortigen Gebiete hiernach auf 16,4 bis 20 mm. Da die erwähnte Geschiebeführung während des Gletschervorstoßes erfolgte, war sie jedoch zweifellos größer als normal.

Mit der Zunahme der vom Wasser abgeführten Feststoffe wächst die innere Reibung der Hochflut, bis diese schließlich in eine breiartige Masse übergeht, die aus einem Gemisch von Wasser, Erde, Schotter, Steinen, Wurzelstöcken, Bäumen u. dgl. besteht. Ihr Gehalt an Feststoffen steigt mitunter bis zur mehrfachen Menge des Wassers an und ihre Bewegungsart hält die Mitte zwischen jener der Erdrutsche und Lawinen und jener des fließenden Wassers.

Solche Schlamm- und Schuttströme werden in der Schweiz als Rüfe, in Tirol als Mure, stellenweise auch als Gisse bezeichnet. Sie stellen die höchste Kraftäußerung der Wildbäche dar, die Prof. Breitenlohner[69] mit nachstehenden Worten treffend schildert:

„Lassen wir einmal, eingekeilt zwischen den Bergflanken, einen ausgiebigen Wolkenbruch niedergehen oder über ganze Gebirgszüge einen Dauerregen sich ausschütten, da rollen sich gleichsam massierte Truppen zum Hauptstoße auf. Von den glatten, abgeschabten Alpenböden stürzt das Wasser eilends in eine Bachrunse zusammen. Die Sturmkolonne auf die tieferliegende Region ist formiert. Das zusammengeschwemmte Wasser schleppt bereits Erdreich und Gebirgsschutt mit sich. Das starke Gefälle steigert in hohem Grade die Wirkung der Sturzmasse. Das lose Bett des Bachrunstes wird aufgerissen und der Fuß eines schuttigen Hanges unterwaschen. Der Widerlagen beraubt, gleitet eine Uferwand in die gehetzte Flut, welche sich aufbäumt und im Sprunge, gleich einem Raubtiere, auf die andere Böschung sich wirft, sie gleichfalls untergrabend. So wühlt und frißt sich das Wasser immer weiter und tiefer in die Schuttlehnen ein."

„Mächtige Felsblöcke werden losgespült und sausen wie Fangbälle in den Abgrund. Nun berennt das Wildwasser die Waldung. Links und rechts krachen die Bäume nieder und hinterher stürzt der

Boden. Von obenher drängt verstärkter Nachschub und immer unwiderstehlicher wird der Vorstoß. Im Galopp, mit Sätzen einer brutalen Bestie, tobt die Mure, eine dämonische Allianz zügelloser Naturgewalten, der Talrichtung zu. Der mit rasendem Ungestüm einherbrausende Strom bohrt und erzwingt sich neue Bahnen, auf welchen er fortstürmt, ohne bestimmte Straßenlinien beizubehalten. Es ist kein Bett, kein Rinnsal mehr, nur eine grauenhafte Flucht stürzender Massen, vergleichbar den wüsten Raubzügen wilder Kriegshorden der Vorzeit, vor sich die Schrecken, hinter sich die Greuel.“

„Alle die vielen Arme und Zweige des Murganges streben nur einem einzigen Wasserrisse, einer Sammelrinne, einem Tobel zu, vorgezeichnet durch zusammenrückende Felsrippen. Die Passage gestaltet sich zu einer Klamm, einer Schlucht, einem Schlauch. Es ist eine Erosionsspalte, eingesägt in einen Felsriegel und ausgehöhlt zu abgrundtiefen Schlünden. Da verklemmt sich zwischen den felsstarren und scheitelrechten Seitenwänden ein herabgewälzter Blockkoloß. Baumstämme verspreizen sich und verrammeln den Ausweg. Rasch sind die Wasserlücken verlegt, 100 Fuß hoch und höher staut sich die Masse. Es tritt eine Verklausung ein, es bildet sich ein Verhau, eine Barrikade. Der Druck der Schutt- und Wasserlasten hämmert mit ungeheurer Gewalt gegen das zyklopische Schleusentor.“

„Düstere Anzeichen lassen das Anrücken der Mure ahnen. Von Ferne vernimmt man im heillosen Getümmel ein unbeschreiblich hohles, alles übertäubendes Gepolter, eine Kanonade bei Sturmgeheul, stundenweit hörbar. Da erhebt sich mit einem Male ganz nahe ein entsetzliches Getöse; eine grauenhafte Dissonanz von Dröhnen, Krachen, Brausen und Rauschen erfüllt die Luft. Im Aufruhr der Elemente erbebt der Boden. Wandartig und haushoch bricht brüllend der Wasserschwall mit seiner ganzen unheimlichen Ladung aus dem Zwinger hervor. Gleich der Windsbraut stürmt voraus die gepreßte Luft.“

„Das sind die Abzugskanäle der Unwetter und Regengüsse im Hochgebirge, eine furchtbare Bergplage, der schrecklichste der Schrekken, fast noch schrecklicher als die Windlawine. Anastasius Grün bringt einen großen Weltgedanken in poetisch-philosopische Form, wenn er sagt, es fliege den stolzen Bergriesen nur so etwas Staub von den Sohlen.“

„Einige Male hintereinander wiederholt sich dieses Schauspiel wildester Bergromantik. Oft geht Mure auf Mure nieder. Aber lahmgelegt erscheint plötzlich die unbändige Gewalt. Die lebendige Kraft des Sturzfalles hat eine andere Bewegungsform angenommen. Das vorerst rapide Gefälle ist jählings abgesunken, und wie ein ausgespannter Fächer stöbert an der Ausgußpforte der Schuttstrom auseinander. Kaum merklich stößt sich die Steinmasse vorwärts, ein wahrhafter

Gletscher, eine wandelnde Felsruine, ein demolierter Berg, wie Berlepsch diese Vorgänge in den Schweizer Alpen so treffend und farbenreich schildert. Allmählich, ruckweise kommt die gleitende Trümmerdecke zur Ruhe."

Die Muren unterscheiden sich je nach dem Material, aus dem sie bestehen, in 1. Geröllmuren, wie sie in unseren Wildbächen auftreten, 2. Eismuren, als Folge von Gletscherstürzen oder Vulkanausbrüchen in der Eisregion, 3. Moormuren, entstanden durch Aufblähung und das nachfolgende Platzen und Ausrinnen von Hochmooren und 4. Aschenmuren, als Folge von vulkanischen Aschenregen in Verbindung mit Wolkenbrüchen[73].

Über die Dichte der Muren gibt Stiny folgende Zahlen an:

Sohlengefälle der Wildbäche	Gewichtsprozente der Feststoffe		Raumgewicht der Mure	
	mindestens	höchstens	mindestens	höchstens
15^0	45	50	1,30	1,38
20^0	50	60	1,38	1,46
25^0	55	65	1,42	1,49
30^0	60	68	1,46	1,52
35^0	65	70	1,49	1,53
40^0	65	70	1,49	1,53

Interessant ist die Beobachtung, daß Muren mitunter eine bedeutende Schurfkraft entwickeln, was auf das größere Gewicht und die größere Reibung gegenüber dem Wasser zurückzuführen ist. Im Schesa-Tobel bei Bludenz konnte beobachtet werden, daß Muren öfters tiefe Rinnen in den bei früheren Hochgängen entstandenen Sperrenverlandungen ausgepflügt haben. Auf dieses Verhalten der Muren hat schon Stiny hingewiesen[74]. Die erhöhte Schurfkraft spielt wohl auch bei der besonders raschen Eintiefung von Murrunsen oft eine maßgebende Rolle.

Wegen der geringen Beweglichkeit der Muren schmiegen sich diese den Windungen des Laufes weniger geschmeidig an als das Wasser. Sie schieben häufig an ihrem Kopfe eine große Masse von Steinen und Blöcken vor sich her, die sie aus ihrem Bette losgerissen haben. Dahinter stauen sich die nachdrängenden Wassermassen, gewinnen an Kraft und der Murkopf wölbt sich auf.

Die Transportkraft der Muren läßt sich ermessen aus der Größe der von ihnen mitgeführten Felsblöcke, die das Maß von 100 m³ oft weit übersteigt. Gelegentlich der katastrophalen Flut im Bagnetal in Wallis am 18. Juni 1818 wurden Blöcke bis zu 2000 t Gewicht, also etwa 800 m³ Inhalt transportiert. Die beim Ausbruche des Deodorok-Gletschers im Kaukasus entstandene Mure verfrachtete im Jahre 1832 den bekannten 5655 m³ messenden Yermolowblock auf große Entfernung, ja ein anderer, gelegentlich eines Gletschersturzes vom Achury im Ararat im Jahre 1840 von der entstandenen Mure transportierter Block mißt sogar 6000 bis 7000 m³.[63]

Es ist vielfach die Anschauung verbreitet, daß diese Blöcke in den Muren schwimmend transportiert werden, was natürlich physikalisch unmöglich ist, da sie ja ein wesentlich größeres spezifisches Gewicht als die Mure — nahezu das doppelte — besitzen und meist über die Muroberfläche emporragen. Man muß sich vielmehr die Verfrachtung dieser Blöcke so vorstellen, daß sie, der ganzen Murmasse in der Bewegung folgend, über kleinere Steine und Blöcke fortgeschoben werden, welche die Kolosse wie Rollen tragen und entweder auf der Sohle oder vielleicht auch auf einer selbst in Bewegung befindlichen Steinlage fortgewälzt werden.

Infolge des Aufeinanderprallens der oberflächlich verfrachteten und aus der Mure auftauchenden Blöcke sprühen mitunter Funken weit fort und verleihen einem nächtlichen Murgange etwas besonders Dämonisches.

Wie groß die Geschwindigkeit ist, mit der sich die Muren bewegen, läßt sich z. B. aus den Beobachtungen entnehmen, die gelegentlich eines Murganges im Tschrinbache in Vinschgau gemacht wurden. Dieser in der Gletscherregion entspringende Wildbach durchfließt in der Waldregion eine außerordentlich steile anbrüchige Grabenstrecke, die mit Sperren abgetreppt ist. Die Abflußsektionen sind etwa 2 m tief eingeschnitten. Die Mure passierte diese schwach S-förmig gekrümmte Strecke, konnte sich jedoch den Krümmungen nicht so rasch anschmiegen, sondern stieg infolge der Fliehkraft in den einspringenden Uferstrecken etwa 4 m hoch über die Sperrenflügel empor, während sie auf der anderen Seite die Abflußsektionen höchstens zur Hälfte füllte.

Forstrat Ing. A. Haiden hat aus der Schiefstellung der Oberfläche einer im Kalmbache bei Saalfelden im Jahre 1920 abgegangenen Mure deren maximale Geschwindigkeit am Rande auf 8,2 m/sek berechnet, bei einem Querschnitte von 58 m² und einer mittleren Geschwindigkeit von etwa 4 m. Der Höhenunterschied der 20 m voneinander entfernten Murränder betrug 7 m.[75]

Auch die Beobachtung, daß bei solchen Muren kolossale Blöcke bei der Einmündung in die Hauptgewässer über diese hinüber auf das jenseitige Ufer geschoben werden, beweist die große lebendige Kraft dieser Schlammströme. Eine im Jahre 1912 aus dem Lattenbach bei Pians a. d. Arlbergbahn abgegangene Mure schob z. B. einen 50 bis 60 m³ messenden Felsblock quer über die Hochwasser führende Sanna hinüber und eine Mure aus dem kleinen, aber steilen Maierwiesenbache im osttirolischen Drautal staute sich im Jahre 1917 an der eisernen Blechträgerbrücke der Südbahn, hob sie von ihrer Stelle und warf sie über die Reichsstraße und die damals hoch angeschwollene reißende Drau hinüber auf deren jenseitiges Ufer, auf dem sie in höherer als ihrer ursprünglichen Lage liegen blieb.

Häufig erfolgt durch Murgänge eine Verdrängung der Flüsse. So wurde 1857 die Ill in Vorarlberg durch eine Mure aus dem Schesa-Tobel aus ihrem Bette geworfen, gegen die an der jenseitigen Berglehne gelegene Ortschaft Nüziders gedrängt und floß erst mehrere Kilometer weiter flußabwärts wieder in ihr altes Bett zurück[76].

Kann der durch eine Mure verlegte Bach nicht ausweichen, so wird dieser gestaut, was äußerst gefährliche Durchbrüche zur Folge haben kann.

Solange die Mure in geschlossenem Rinnsale sich bewegt, bleibt ihre Kraft erhalten, wenn sie sich hingegen ausbreiten kann, so zerteilt sie sich in mehrere Arme und wechselt häufig ihren Lauf in der Richtung des jeweils geringsten Widerstandes. Die Abnahme der lebendigen Kraft der Mure erfolgt um so rascher, wenn gleichzeitig auch das Gefälle des Wasserlaufes sinkt, wie dies die Regel ist. Sie verursacht die Ablagerung von Geschiebe, die Erhöhung der Bachbette und verleiht den in Aufschüttung begriffenen Bächen die Neigung, ihren Lauf häufig zu wechseln, während jene Bäche, die in Eintiefung begriffen sind, ihren Lauf, abgesehen von unbedeutenden Seitenverschiebungen, beibehalten.

Die Festsetzung eines Steinblockes, eines Baumstammes u. dgl. kann bei schon verringerter Strömungsgeschwindigkeit die Mure ablenken und ihr einen anderen Weg weisen. Fließt die Mure über flaches Gelände, so ist ihre Oberfläche aufgewölbt, das am Rande sich bewegende Geschiebe wird aus der Strömung hinausgeschoben, setzt sich fest und so bildet die Mure selbst niedere seitliche Dämme, zwischen denen der allmählich einsinkende Brei zu Tal fließt und die nach Ablauf des Murganges als Steinzeilen und Schuttwülste zurückbleiben. Kommt nach einiger Zeit ein neuer Murgang, so folgt er häufig dem so gebildeten Rinnsale, schiebt neues Material auf diese Wülste und darüber hinaus, sie auf diese Weise erhöhend und verstärkend. So bildet sich auch ohne künstliche Nachhilfe oft ein aufgedämmtes Gerinne, ein Schwemmfirst, auf dem der Bach läuft, bis ein größerer Murgang ausbricht und sich einen neuen Weg bahnt.

Auch bei größeren, stark mit Grobgeschiebe beladenen Murgängen bilden sich solche Aufschüttungen und es kommt vor, daß die Mure sich so einen mehrere Meter hohen Damm aufwirft, der Kopf sich festsetzt und das Wasser „davonläuft“. Es entstehen so mitunter Aufschüttungen, die man nach ihrer Form eher für künstliche Dämme als für Ablagerungen des fließenden Wassers halten würde. Stiny bringt eine Abbildung eines solchen durch den Trippbach im Ahrntale, einem Seitental des Pustertales, aufgeschütteten Dammes, dessen steil abfallender Kopf aus Steinblöcken besteht und dessen Form an eine Bergwerkshalde erinnert[73].

Von diesen streifenförmig vor sich gehenden Ablagerungen der Muren weichen jene der gewöhnlichen Hochwässer insoferne ab, als sich diese mehr gleichmäßig ausbreiten und fächerförmig verteilen. So entstehen Gebilde, die sich in ihrer Form einem Halbkegel nähern, dessen Spitze am Schluchtausgange liegt. Man nennt diese Aufschüttungen daher Schutt- oder besser Schwemmkegel. Manche von ihnen besitzen eine völlig regelmäßige Gestalt und ein nahezu gleichbleibendes Gefälle von der Spitze bis zur Basis; bei anderen wieder nimmt das Gefälle ab oder es wird die Regelmäßigkeit der Form durch irgendwelche Einflüsse gestört.

Die Bildung der Schwemmkegel behandelt Wang in seinem Grundrisse der Wildbachverbauung und Stiny trachtete, den Vorgang durch Versuche zu klären[74].

Im Oberlaufe der Bäche und Flüsse ist ihr Bett in der Regel vom gröbsten Geschiebe gebildet, weiter nach abwärts fortschreitend wird das Geschiebe mit dem sinkenden Gefälle immer kleiner und feinkörniger. Für die Ausscheidung des Geschiebes ist in erster Linie sein Gewicht und seine Größe, in zweiter Linie aber auch seine Form maßgebend. Am leichtesten werden annähernd kugelförmige Steine fortgewälzt, am schwersten plattenförmige vorwärts geschoben.

Bei der Ablagerung des Geschiebes spielen aber auch Zufälligkeiten eine große Rolle, indem die Fortbewegung größerer Steine rasch ihr Ende erreicht, sobald sie auf Fels oder festsitzende Blöcke geraten; an ihnen setzen sich dann weitere Geschiebestücke fest. Man findet oft Bachstrecken, die in solcher Weise mit Steinen förmlich gepanzert sind und den Wasserangriffen um so größeren Widerstand entgegensetzen, als sich die Steine gegenseitig decken. Solche Geschiebepanzer sind auch gegen eine überschüssige Stoßkraft des Wassers sehr widerstandsfähig. Auch der Unterlauf von Wildbächen, in den grobes Geschiebe nicht mehr vordringen kann, ist öfters mit einander schindelartig deckenden Steinplättchen ausgekleidet, die das Bachbett für das darüberströmende Wasser schwer angreifbar machen und eine selbst dem Krampen nennenswerten Widerstand leistende Kruste bilden, unter der dann der weichere, aus normalen Sand- und Schotterlagen bestehende Untergrund zum Vorschein kommt.

Aber auch schon die gewöhnliche Materialsortierung durch das fließende Wasser bedingt, daß sich an der Sohle größere Steine anhäufen, die das Bachbett bis zu einem gewissen Grade vor Vertiefung schützen. Sie verursachen die Bildung zahlloser Wirbel und Abstürze im fließenden Wasser, durch welche dessen lebendige Kraft zum Teil aufgezehrt und die Schurfkraft wesentlich vermindert wird. Werden diese Steine entfernt, so fällt auch ihre Schutzwirkung fort und die Eintiefung der Sohle wird um so rascher vor sich gehen, als der Untergrund unter dem beschriebenen Geschiebepanzer weniger grobsteinig ist als dieser und daher der Einwühlung nur einen viel geringeren Widerstand entgegensetzt.

Aus diesem Grunde ist die Steingewinnung aus den Findlingen in den Bachbetten nicht unbedenklich und kann leicht zu einer sehr unerwünschten Eintiefung Anlaß geben. Durch die Erbauung von Sperren aus solchen Findlingen kann mehr geschadet als genützt werden, da die Verlandung dieser Sperren meist nur eine Bachstrecke deckt, die weit kürzer ist als jene, die durch die Steinentnahme ihres natürlichen Schutzes beraubt und einer erhöhten Vertiefungsgefahr ausgesetzt wurde. In ähnlicher Weise hat eine solche Steinentnahme zwecks Erbauung seitlicher Uferschutzbauten u. dgl. in der betreffenden Bachstrecke oft eine rasche Eintiefung der Sohle und eine Unterkolkung dieser Schutzbauten zur Folge.

Dritter Abschnitt.

Die Bewegung des Wassers und des Geschiebes.

Wenn auch an dieser Stelle auf die Theorie der Wasser- und Geschiebebewegung nicht näher eingegangen werden soll, so müssen doch einige Grundbegriffe erörtert und die wichtigsten Formeln angeführt werden.

Der Kürze und besseren Übersichtlichkeit halber wurden in diese Formeln die im folgenden angeführten einheitlichen Bezeichnungen eingesetzt:

Q Gesamte Wassermenge in m³.
q Wassermenge, bezogen auf 1 m Profilsbreite in m³.
F Benetzte Fläche in m².
U Benetzter Umfang in m.
R Hydraulischer Radius in m.
B Profilsbreite,
B_o obere, bzw. Breite des Wasserspiegels in m.
B_u untere, bzw. Sohlenbreite.
B_m mittlere Breite.
T Wasser- oder Profiltiefe in m.
t_o Höhe des gestauten Wasserspiegels über der Wehrkrone in m.
t_u Höhe des Unterwasserspiegels über der Wehrkrone in m.
a Gefällswinkel des Wasserspiegels.
J Gefälle des Wasserspiegels $= tg\, a$.
v mittlere Wassergeschwindigkeit in m.
h Geschwindigkeitshöhe $= \frac{v^2}{2g}$.
H Höhe der Energielinie über der Sohle $(T + h)$
S Schleppkraft in kg/m².
f Reibungskoeffizient.
g Beschleunigung der Schwerkraft $= 9{,}81$ m/sek.
d spezifisches Gewicht des Wassers.
D spezifisches Gewicht des Geschiebes.
ϱ Geschiebedurchmesser (Länge der Geschiebestücke) in m.
M Kontraktionskoeffizient.

Tabelle 4. Beiwerte der Geschwindigkeitsformeln.

Beschaffenheit des Gerinnes	Darcy und Bazin $c=\sqrt{\frac{1}{\alpha+\frac{\beta}{R}}}$		Bazin $c=\frac{87}{1+\frac{\gamma}{R}}$	Ganguillet u. Kutter $c=\frac{23+\frac{1}{n}+\frac{0{,}00155}{J}}{1+\left(23+\frac{0{,}00155}{J}\right)\frac{n}{\sqrt{R}}}$		Kutter $c=\frac{100\sqrt{R}}{m+\sqrt{R}}$	Gaukler $v=kJ^{1/2}R^{2/3}$
	α	β	γ	n	$\frac{1}{n}$	m	k
Zementglattstrich, gehobelte Bretter	0,00015	0,0000045	0,06	0,010	100	—	100
Geglätteter Beton, Bretter, feiner Schlamm	—	—	—	0,012	83,33	0,12—0,15	90
Hausteine, gut gefügtes Ziegelmauerwerk	0,000195	0,0000133	0,16	0,013	76,92	0,2—0,25	80
Bohlenwände				0,015	66,7		
Unverputzter Beton, Bruchsteinmauerwerk	0,00024	0,00006	0,46	0,017	58,82	0,45—0,55 0,75—1,0	60
Wände und Sohle in Erde oder kleinem Geschiebe, gepflasterte Böschungen	0,00028	0,00035	0,85	0,025	40,0	1,5	—
Feiner Kies, Sand	—	—	—	0,020	50	—	50
Wildbachschalen	—	—	—	0,028	35,71	—	—
Kies 10/20/30 mm	—	—	—	0,022	—	1,75	45
Kies 20/40/60 mm	—	—	—	0,025	—	—	40
Kies 50/100/150 mm	—	—	—	0,030	—	—	35
Kopfgroße Steine	—	—	—	—	—	—	25—30
Geschiebe oder verwilderte Flußsohle	0,00040	0,00070	1,3—1,7	0,035	28,57	2,50	—
Fels oder grobes Geschiebe	—	—	—	0,042	—	—	15—28
Alpenflüsse	—	—	—	bis 0,080	bis 12,50	—	—

Der Beiwert $\frac{1}{n}$ der Formel von Forchheimer $v=\frac{1}{n}J^{0,5}R^{0,7}$ entspricht dem Beiwert k der Gauklerschen Formel.

A. Die Bewegung des Wassers.

Es lassen sich drei Arten des Fließens unterscheiden, nämlich Gleiten, Strömen und Schießen. Beim Gleiten bewegen sich die einzelnen Teilchen parallel zueinander fort, ohne sich zu vermischen, was nur in regelmäßigen, glatten Gerinnen und bei kleinen Geschwindigkeiten möglich ist. Bei größerer Geschwindigkeit wird das Fließen unruhig, die Wasserteilchen bewegen sich in Bahnen, die Schraubenlinien ähneln, sich verschlingen und wieder trennen. Diese Bewegung nennt man Strömen. Wird sie reißend und wächst die Geschwindigkeit über jene der Wellenfortpflanzung hinaus, so nennt man sie Schießen. Bei Hochwässern in den Wildbächen bildet diese letztere Bewegungsart bzw. ein häufiger Wechsel von Strömen und Schießen die Regel.

Die Wellengeschwindigkeit ist gleich $\sqrt{g \cdot T}$, ihre Geschwindigkeitshöhe daher $h = \frac{1}{2} T$, und die Grenzgeschwindigkeit zwischen Strömen und Schießen annähernd $v_{gr} \cong 3 \sqrt{T}$.

Die Verbindungslinie der um die Geschwindigkeitshöhe über dem Wasserspiegel liegenden Punkte heißt Energielinie; ihre Höhe über der Bachsohle ist $H = T + \frac{v^2}{2g}$. Sie kennzeichnet die dem Wasser innewohnende Energie.

Beim Übergang vom Strömen zum Schießen stellt sich ein stark fallendes Oberflächengefälle des Wassers ein, umgekehrt beim Übergang vom Schießen zum Strömen ein Ansteigen der Oberfläche, ein sogenannter Wassersprung; er ist ein Zeichen der Energieverminderung.

Zur Berechnung der Wassergeschwindigkeit dienen verschiedene Formeln. Die älteren Formeln für die Geschwindigkeit des in gleichförmiger Bewegung abfließenden Wassers sind aufgebaut auf der Formel von Chézy

$$v = c \sqrt{R \cdot J} \qquad (1)$$

Den Geschwindigkeitsbeiwert c hat Eytelwein mit 50,9 bestimmt. Tardini setzt ihn nach Horatiis mit 50 an. Diese Formel läßt aber die Rauhigkeit des Bachbettes, die besonders in Wildbächen sehr groß ist, ganz unberücksichtigt. Die verschiedenen Rauhigkeiten bedingen einen verschiedenen Wert von c. Nach Horatiis wechselt derselbe für Gebirgsflüsse zwischen 30 und 50, ist jedoch der ersteren Zahl näher; Thiéry nimmt c mit 30 an.

Zur Berechnung von c unter Berücksichtigung der verschiedenen Bettrauhigkeiten und der Wasserhöhe wurden mehrere Formeln aufgestellt. Deren wichtigste lauten: Nach Darcy und Bazin:

$$c = \sqrt{\frac{1}{\alpha + \frac{\beta}{R}}} \qquad (2)$$

nach Bazin:

$$c = \frac{87}{1 + \frac{\gamma}{R}} \tag{3}$$

(im „Flußbau" von Kreuter ausschließlich angewendet).

Nach Ganguillet und Kutter:

$$c = \frac{23 + \frac{1}{n} + \frac{0{,}00155}{J}}{1 + \left(23 + \frac{0{,}00155}{J}\right) \cdot \frac{n}{\sqrt{R}}} \tag{4}$$

(vom hydrographischen Zentralbureau in Wien zur Anwendung bei hydrometrischen Erhebungen vorgeschrieben).[77]

Nach Kutter:

$$c = \frac{100 \sqrt{R}}{m + \sqrt{R}} \tag{5}$$

Nach Horatiis hat Kutter für die geschiebeführenden Flüsse der Schweiz die weitere Formel aufgestellt:

$$c = \frac{1}{0{,}02 \cdot \sqrt{1 + \frac{1{,}75}{R}}} \tag{6}$$

Alle diese Formeln geben nur für Bäche mit geringem Gefälle (bis etwa $16^0/_{00}$) entsprechende Resultate; für Wildbäche, die sich durch wesentlich größere Gefälle auszeichnen, werden die Ergebnisse sehr unverläßlich.

In neuerer Zeit wird für die Geschwindigkeitsberechnung eine Potenzformel vorgezogen, deren allgemeine Form lautet:

$$v = \frac{1}{n} \cdot R^{\mu} J^{\nu} \tag{7}$$

Forchheimer empfiehlt die Formel:

$$v = \frac{1}{n} J^{0{,}5} \cdot R^{0{,}7} \tag{8}$$

Gaukler setzt:

$$v = k \cdot R^{2/3} J^{1/2} \tag{9}$$

Weitere Formeln von Hermanek und von Gröger gelten nur für größere Wasserläufe, können daher außer Betracht bleiben.

Die durch die Beiwerte c in den vorangeführten Formeln gekennzeichnete Bettrauhigkeit bleibt übrigens keineswegs gleich, sondern erhöht sich mit dem Eintritte der Geschiebebewegung sehr stark.

Soldan hat auf der III. Baltischen hydrologischen Konferenz in Warschau 1930 die Ansicht ausgesprochen, daß es eine einheitliche, für alle Wasserläufe gültige Geschwindigkeitsformel nicht gäbe. Dieser

Ansicht hat Prof. Dr.-Ing. M. Matakiewicz widersprochen, der bei zahlreichen Messungen fand, daß in natürlichen Betten mit großem Gefälle und sehr grobem Geschiebe die Reibungswiderstände vom Gefälle unabhängig werden. Die von ihm aufgestellte Formel für Gefälle von mehr als 16‰ lautet:

$$v = 2{,}38\ R^{0,7} \tag{10}$$

oder

$$\log v = \log 2{,}38 + 0{,}7 \log R.$$ [88]

Für breite Profile kann R durch die Tiefe T ersetzt werden.

Aus der von Matakiewicz veröffentlichten Abbildung einer solchen Bachstrecke ist zu ersehen, daß diese außerordentlich grobblockig ist, so daß sich der Wasserlauf aus einer fortgesetzten Reihe von Abstürzen zusammensetzt, wie sie in natürlichen Betten häufig vorkommen. Für künstliche Gerinne ist die Formel nicht aufgestellt und nicht anwendbar, ob sie für natürliche Wasserläufe im Gebirge zutreffende Resultate ergibt, wird noch nachzuprüfen sein.

Zur Berechnung des Durchflusses der Doppelprofile oder der unregelmäßigen Profile ist bekanntlich der Querschnitt in mehrere Teile von annähernd gleicher Tiefe zu zerlegen.

Es muß übrigens noch darauf verwiesen werden, daß die Wassergeschwindigkeit sich durch die Schwebstoffführung ganz wesentlich vermindert. Dies haben sowohl Beobachtungen in der Natur als auch Laboratoriumsversuche von Dr. A. Schoklitsch erwiesen. Es ist daher das Ergebnis aller dieser Berechnungen in den Wildbächen ziemlich unsicher.

Bei einer Geschwindigkeit von etwa 4 m beginnt das Wasser infolge des starken Luftreibungswiderstandes Luftbläschen aufzunehmen. Diese Luftaufnahme geht bei weiter wachsender Geschwindigkeit sehr rasch vor sich und es entsteht ein Wasser-Luftgemisch. Hierdurch wird nicht allein das spezifische Gewicht, sondern auch die Geschwindigkeit vermindert, dafür aber das Volumen bedeutend vermehrt. Am Leerlaufe des Ruezwerkes bei Innsbruck vorgenommene Messungen ergaben, daß die aufgenommene Luftmenge bis zum Fünffachen der Wassermenge anstieg und daß, unabhängig von der Größe der letzteren, die Geschwindigkeit ein Höchstmaß von wenig mehr als 20 m erreichte[78].

Ministerialrat Ing. Ehrenberger hat die Erscheinung der Selbstbelüftung in der Versuchsanstalt des Ministeriums für Land- und Forstwirtschaft in Wien untersucht und gefunden, daß für die Geschwindigkeit die Formel gelte:

$$v = 55\ R^{0,52} \sin a^{0,4} \tag{11}$$

und für die Wassermenge die Formel:

$$Q = F \cdot v \cdot P_w \tag{12}$$

in derselben ist P_w ein Volumenreduktionsfaktor < 1.

Für $\sin a < 0{,}476$ ist $P_w = 0{,}4\, R^{-0{,}05} \sin a^{-0{,}26}$.

Für $\sin a > 0{,}476$ ist $P_w = 0{,}28\, R^{-0{,}05} \sin a^{-0{,}74}$.

Die oberen Gültigkeitsgrenzen für diese aus Rechtecksprofilen berechneten und daher strenge genommen auch nur für solche geltenden Formeln sind für R ungefähr 0,30 m und für $\sin a$ ungefähr 0,70[79].

Wenn auch noch weitere Beobachtungen in der Natur zur besseren Klärung dieser Frage beitragen müssen, so steht jedenfalls fest, daß durch diese Selbstbelüftung die lebendige Kraft des Wassers sehr bedeutend verringert wird. Für Schalen, die geschiebefreies Wasser abführen, ist dies von großer Wichtigkeit, da es die Inanspruchnahme des Pflasters und des Sturzbodens wesentlich herabsetzt.

Bei niedrigen Wasserständen erfolgt der Abfluß in Schalen, namentlich in solchen mit ebener Sohle, keineswegs gleichmäßig, sondern stoßweise. Es entstehen einander sich in kurzen Abständen folgende, sprungweise ansteigende Wellen — Wanderwellen —, die, wie es scheint, durch Gefällsbrüche vergrößert werden. Bei höheren Wasserständen verliert sich diese Erscheinung, sie ist daher für die auf Hochwasser berechneten Schalenbauten der Wildbachverbauung ohne praktische Bedeutung.

In gekrümmten Gerinnen legt sich der Stromstrich infolge der Fliehkraft an die Bogenaußenseite an und dies um so mehr, je schärfer die Krümmung und je größer die Wassergeschwindigkeit ist. Reißend fließende Bäche steigen in scharfen Krümmungen sogar an lotrechten Uferwänden hoch empor, wie dies z. B. an der Sill unterhalb des die Südbahn unterfahrenden Silltunnels bei Matrei zu beobachten ist.

Es sollen daher die Krümmungen geschlossener Gerinne möglichst flach, also die Krümmungshalbmesser möglichst groß gewählt werden. Außerdem ist dem Aufsteigen des Wassers an der Außenseite durch eine Überhöhung der Uferversicherung Rechnung zu tragen. Bei muldenförmigen Schalen kann dies auch durch ein Verschwenken des Profiles aus seiner horizontalen Lage geschehen.

Ist der Krümmungshalbmesser im Vergleiche zur Profilbreite groß, so kann die Linie des Wasserspiegels als eine gegen den Horizont geneigte Gerade angesehen werden und gilt für ihren Neigungswinkel die Formel

$$tg\,\omega = \frac{v^2}{g \cdot r_m} \tag{13}$$

worin r_m den Krümmungshalbmesser der Bachachse bezeichnet.

Außer der sich hiernach ergebenden Hebung des äußeren Wasserfadens erfährt dieser noch eine weitere Hebung infolge der Verminderung des Gefälles und der Wassergeschwindigkeit, die sich durch das Ansteigen ergibt. Diese weitere Hebung kann bei den verhältnismäßig steilen Wildbächen aber vernachlässigt werden.

Dem Aufsteigen des Wassers am Beginn der Krümmung folgt am Ende derselben ein Abfallen auf den normalen Wasserspiegel. Das Aufsteigen hat eine Abnahme der Schurfkraft, das Abfallen eine Vermehrung derselben zur Folge. Hierdurch erklärt sich die Beobachtung, daß Kolkungen hauptsächlich im unteren Krümmungsaste auftreten.

Die Maximalgeschwindigkeit stellt sich knapp unter dem Wasserspiegel im Stromstriche ein; die mittlere Profilsgeschwindigkeit ist kleiner; das Verhältnis wechselt mit der Bettrauhigkeit. Es beträgt nach Angabe des bayrischen hydrotechnischen Bureaus bei rauhem Fels 0,40 bis 0,52 und steigt in glatten Holz- oder Betongerinnen bis auf 0,70 bis 0,92 an[80].

Sehr wichtig ist die Ermittlung des Fassungsvermögens der Abflußsektionen, also des Wasserergusses über die Sperren.

Für vollkommene Überfälle und rechteckige Profile gilt, wenn der Abfluß aus ruhendem Wasser erfolgt, die Formel:

$$Q = M \frac{2}{3} B \sqrt{2g}\, t_o^{3/2} \tag{14}$$

Strömt das Wasser schon mit einer gewissen Geschwindigkeit v der Sperre zu, so berechnet sich die Wassermenge nach der Formel:

$$Q = M \frac{2}{3} B \sqrt{2g} \left[\left(t_o + \frac{v^2}{2g}\right)^{3/2} - \left(\frac{v^2}{2g}\right)^{3/2}\right]$$

oder

$$Q = M \frac{2}{3} B \sqrt{2g}\, (H^{3/2} - h^{3/2}) \tag{15}$$

Für Trapezprofile ist:

$$Q = M \frac{2}{3} \left(B_u + \frac{B_o - B_u}{T} . H\right) (H^{3/2} - h^{3/2}) \sqrt{2g} -$$
$$- \frac{2}{5} \frac{B_o - B_u}{T} (H^{5/2} - h^{5/2}) \sqrt{2g} \tag{16}$$

Für unvollkommene Überfälle und rechteckige Profile gilt die weitere Formel:

$$Q = M \frac{2}{3} B \sqrt{2g}\, [1{,}12\, t_u \sqrt{(t_o - t_u) + h} + (t_o - t_u + h)^{3/2} - h^{3/2}] \tag{17}$$

Der Beiwert M wechselt je nach der Kronenform der Wehre, er beträgt 0,55 bis 0,70, ausnahmsweise bis 0,80. Für verlandete Sperren erhöht sich nach Schoklitsch Q auf das 1,55fache des sich für ein freies Wehr berechnenden Wertes.

Der Wasserabsturz über die Sperren erfolgt nach der Form der

Wurfparabel, die durch innere und äußere Widerstände nur wenig modifiziert wird. Sie lautet:

$$E = v\sqrt{\frac{2\,H_f}{g}} \tag{18}$$

In derselben bedeutet H_f die Fallhöhe in der Entfernung E vom Wehre (in steilen Bächen den Eöhenunterschied zwischen der verlängerten Sohlenlinie des Obergerinnes und des Sturzboden in E).

Beim freien Wasserabsturze dringt der Wasserstrahl unter das sich langsamer bewegende Unterwasser ein und quillt an der Oberfläche wieder hervor. Es entsteht eine stehende Welle oder Wasserwalze. Solche Abstürze greifen die Bachsohle stark an, es entstehen Kolke von mitunter großer und für den Bestand der Bauwerke gefährlicher Tiefe, aus der noch verhältnismäßig große Steine hinausgeschleudert werden und erst an der Stelle des Wassersprunges im Bereiche der langsameren Strömung sich wieder ablagern und mitunter einen Wall bilden.

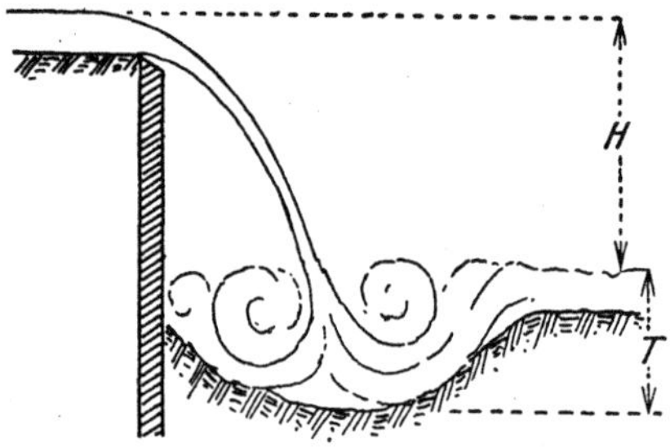

Abb. 8. Kolkbildung unter Überfallswehren nach A. Schoklitsch.

Die Kolkbildung haben Dr. Riediger und später Dr. A. Schoklitsch untersucht. Letzterer gelangte auf Grund von Modellversuchen zur Formel:

$$T = \frac{4{,}75}{d_m^{\,0{,}32}}\, H_d^{\,0{,}2}\, q^{0{,}57} \tag{19}$$

In derselben bedeuten H_d die Höhendifferenz zwischen Ober- und Unterwasserspiegel, q den Wassererguß über die Breiteneinheit des Wehres in m^2 und d_m den maßgebenden Durchmesser des Geschiebegemisches, welcher die Körner derart scheidet, daß 90% kleiner und 10% größer sind[81].

Auch der über einen Sturzboden oder eine Sinoidalsperre abschießende Wasserstrahl greift wegen seiner großen Sohlengeschwindigkeit das Bett außerordentlich stark an. Zur Abbremsung dieser Geschwindigkeit ist die Einschaltung eines Gegengefälles oder die Teilung der Wasserfäden besonders wirksam; sie bewirken eine rasche Senkung der Energielinie.

Für die Geschwindigkeit des Wassers ist bekanntlich nicht das Gefälle der Sohle, sondern jenes des Wasserspiegels maßgebend. Dieser Umstand macht sich bei raschen Verschmälerungen und Erweiterungen des Bachbettes geltend. Eine plötzliche Erweiterung bewirkt eine Gefällsvermehrung und infolgedessen eine Geschwindigkeitszunahme und einen verstärkten Sohlenangriff, der beträchtliche Kolkungen und Unterwaschungen zur Folge haben kann.

Umgekehrt verursachen plötzliche Profilsverengungen eine Aufstauung, eine Gefälls- und Geschwindigkeitsverminderung und in weiterer Folge Geschiebeablagerungen im Stauraume (Abb. 9).

Die Bewegung des Wassers wird natürlich eine andere, wenn die Sohle nicht gleichmäßig verläuft, sondern abgetreppt ist. Hierüber hat Ing. A. Armani[82] Untersuchungen an rechteckigen, beiderseits

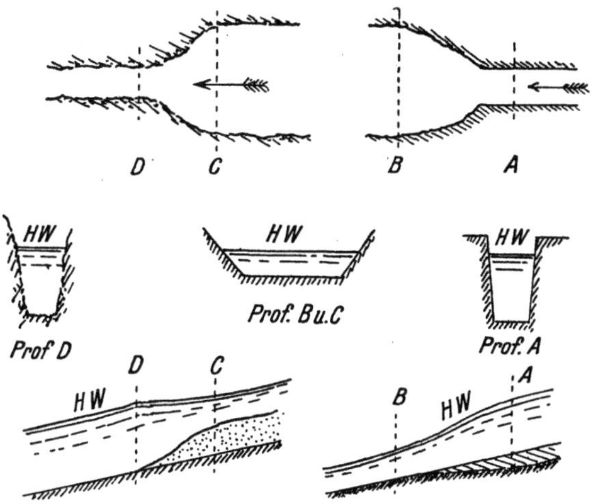

Abb. 9. Wirkung der Breitenänderung eines Baches auf die Gestaltung der Sohle.

mittelst Flechtzäunen begrenzten Profilen durchgeführt. Auf Grund seiner Messungen hat er die Formeln aufgestellt:

$$Q = MB \sqrt{\frac{T^3 \cdot 8{,}72}{1 - M^2}}, \qquad T = \sqrt[3]{\frac{Q^2 (1 - M^2)}{M^2 B^2} \cdot 0{,}11468}$$

und

$$B = \sqrt{\frac{Q^2 (1 - M^2)}{M^2 T^3} \cdot 0{,}11468} \tag{20}$$

Der Abflußkoeffizient M ist abhängig von der Geschwindigkeit des an der Schwelle ankommenden Wassers. Armani stellt hierfür eine Tabelle für die Geschwindigkeiten zwischen 0,5 bis 2,6 m auf und bemerkt, daß bei der Sohlenbreite von 10 m und bei einer Wassergeschwindigkeit von 2 m, die bei den untersuchten Profilen meist zutreffen, M mit 0,696 angenommen werden könne.

Die Formel ist aus Beobachtungen an seichten Profilen und Bächen mit geringem Gefälle aufgestellt und nur für solche als gültig zu betrachten.

B. Die Bewegung des Geschiebes.

Die vom fließenden Wasser infolge der Reibung auf sein Bett ausgeübte Kraft nennt man Schleppkraft. Für sie gilt die von Du Boys aufgestellte Formel $S = 1000 \,.\, T \,.\, J$. Innerhalb gewisser Grenzen wird die Schleppkraft durch die innere Reibung des Wassers und den Widerstand des Gerinnes aufgezehrt. Überschreitet sie aber ein bestimmtes, von der Bettbeschaffenheit abhängiges Maß, so wird Geschiebe aus der Sohle losgerissen und in Bewegung gesetzt.

Nach Messungen des Kulturamtes in Nürnberg beträgt die Schleppkraft, bei der die nachgenannten Materialien in Bewegung geraten:[80]

feiner Quarzsand	von 0,4—1,0 mm	S 0,25—0,30	kg/m²
grober „	bis 2,0 „	S 0,40	„
Quarzkies	von 0,5—1,5 cm	S 1,25	„
lehmiger Boden		S 1,0 —1,2	„
grobes Quarzgerölle	4,0—5,0 „	S 4,8	„
plattiges Kalkgeschiebe	1,0—2,0 „	stark,	
	4,0—6,0 „	lang 5,6	„

Diese Grenzgeschwindigkeit ist — ein bewegliches Bachbett vorausgesetzt — abhängig von der Größe, Form und dem spezifischen Gewichte des Geschiebes und dem Reibungskoeffizienten. Sie berechnet sich aus der Formel:

$$v = \sqrt{\frac{b\,.\,(D-d)\,.\,f\,.\,\varrho\,.\,\cos a}{d}} \tag{21}$$

Hierin ist ϱ die Länge der Geschiebestücke in der Bachrichtung gemessen, b ein vornehmlich von der Form der Geschiebestücke abhängiger Beiwert.

Nimmt man mit Thiéry b mit durchschnittlich $\frac{1}{0{,}076}$, d mit 1000 und f mit 0,76, also $\frac{b\,.\,f}{d}$ mit $\frac{1}{100}$ an, so ergibt sich

$$v = 0{,}1 \sqrt{(D - 1000)\,\varrho \cos a}$$

und, da bei den kleinen in Betracht kommenden Gefällen $\sin a = \operatorname{tg} a = J$ gesetzt werden kann, ferner $c = \frac{v}{\sqrt{R\,.\,J}}$ ist,

$$tg\, a = \frac{D - 1000}{100} \cdot \frac{\varrho}{c^2 R} \tag{22}$$

Diese Formel charakterisiert das Ausgleichsgefälle, d. h. jenes Gefälle, welches unter den obwaltenden Verhältnissen die ungehinderte Fortbewegung des zugeführten Geschiebes ermöglicht, ohne daß das Bachbett angegriffen wird.

Überschreitet a das angegebene Maß, dann wird Geschiebe in Bewegung gesetzt. Dieses bleibt dann auch bei einer geringen Abnahme der Geschwindigkeit noch in Bewegung und kommt erst bei einer weiteren Verringerung derselben wieder zur Ruhe. Es gibt also für einerlei Geschiebe zwei Grenzwerte für die Schleppkraft, nämlich einen für den Beginn und einen für das Ende der Geschiebebewegung. Letzterer ist um etwa 30% kleiner als der erstere.

Durch die Belastung mit Geschiebe wird die Wassergeschwindigkeit vermindert, daher das Ausgleichsgefälle größer.

Ist x der Volumenanteil des Geschiebes, so berechnet sich — vorausgesetzt, daß R und J unverändert geblieben sind — die verminderte Geschwindigkeit aus der normalen nach der Formel:

$$v_1 = v \frac{d}{d + x(D - d)}.$$

Wächst die Geschiebebelastung, so verringert sich also die Geschwindigkeit und diese wird endlich so klein, daß eine weitere Geschiebeaufnahme nicht mehr erfolgen kann; es tritt also eine Sättigung ein. Dies ist der Fall, wenn v_1 den Wert der Formel (21) erreicht.

In diesem Sättigungszustande kann aber sehr wohl noch ein Geschiebeaustausch stattfinden, indem grobes oder schweres Geschiebe sich absetzt, dafür feineres oder leichteres Geschiebe vom Wasser in Bewegung gesetzt wird; da für dessen Fortschaffung eine geringere Geschwindigkeit ausreicht, kann nun der Geschiebeanteil weiter zunehmen.

Die Größe der Geschiebestücke kann für kleineres Geschiebe in folgender Weise bestimmt werden: ein Meßkasten wird mit erd- und sandfreiem Geschiebe angefüllt, der Festgehalt V der Steinfüllung mittels Wassernachfüllung bestimmt, dann werden die Geschiebestücke gezählt (n) und die Abmessung der Steine nach der Formel

$$\varrho = \sqrt[3]{\frac{V}{n}}$$

bestimmt.

Handelt es sich um größeres Geschiebe, so muß das anzunehmende Durchschnittsmaß aus einer großen Zahl von Einzelmessungen bestimmt werden, wobei etwa vorhandene besonders große Steine außer Betracht bleiben.

Setzt man mit Valentini in Formel (22)

$$\frac{D - 1000}{100\, c^2} = C,$$

so ergibt sich

$$tg\, a = C \frac{\varrho}{R}.$$

Valentini hat nun durch Messungen an Gebirgswässern den Wert von C mit 0,093 ermittelt, woraus sich die einfache Formel

$$tg\, a = 0{,}093 \frac{\varrho}{R} \qquad (23)$$

ergibt.

Ein Vorschlag Thiérys zur Berechnung des Ausgleichsgefälles eines Wasserlaufes geht dahin, in diesem das Gefälle einer Strecke mit geschlossenem Profile, das sich seit langer Zeit nicht geändert hat, zu ermitteln und als Ausgleichsgefälle für die betreffende Strecke zu betrachten. Für jede andere Strecke desselben Wasserlaufes würde sich dann das Ausgleichsgefälle unter der Voraussetzung, daß die mittleren Geschwindigkeiten, und die Bettrauhigkeiten, in den betreffenden Profilen gleich seien, nach der Formel berechnen:

$$tg\,a' = tg\,a \cdot \frac{R}{R'} = tg\,a \cdot \frac{Q \cdot U'}{Q' \cdot U}.$$

Sind die Abflußmengen gleich, so wird

$$tg\,a' = tg\,a \frac{U'}{U},$$

sind die Mengen ungleich, die Profile gleich, so wird:

$$tg\,a' = tg\,a \frac{Q}{Q'}.$$

Bei der Auswahl solcher Probestrecken muß aber darauf geachtet werden, daß dieselben nicht, wie das häufig der Fall ist, durch eine Art von Geschiebepanzer widerstandsfähig gegen Wasserangriffe gemacht sind und ein wesentlich größeres als das Ausgleichsgefälle besitzen. Letzteren Falles würde diese Methode natürlich zu große Werte ergeben.

Das spezifische Gewicht des Geschiebes ist ebenfalls von Einfluß auf seine Abführung: spezifisch schweres Geschiebe wird wesentlich schwerer in Bewegung gesetzt und kommt leichter wieder zur Ruhe als das spezifisch leichtere.

Das Verlandungsprozent läßt sich nach der Formel für das Ausgleichsgefälle bzw. nach der Methode von Valentini annähernd bestimmen. Theoretisch würde es im Verlandungsraume mit dessen Breite wechseln, praktisch genügt es, ein gleiches Durchschnittsgefälle anzunehmen.

Das der Tätigkeit des reinen Wassers entsprechende Ausgleichsprofil ist das Gleichgewichtsprofil; bei dessen Vorhandensein wird das Bachbett unangreifbar. Dieses Gefälle ist namentlich in geschlossenen Gerinnen, in denen das Wasser zusammengehalten wird, und dort, wo es sich um größere Wassermengen handelt, ein sehr geringes und beträgt nur Bruchteile des Ausgleichsprofils; ja bei wichtigen Abtreppungen in größeren Bächen setzt man dasselbe sehr häufig mit Null an.

Das zweite Extrem des Ausgleichsgefälles ist das sogenannte Überflutungsgefälle, welches sich beim Austritte der Bäche aus ihrer Schlucht dort einstellt, wo das Wasser sich ausbreiten kann, der Wasserstand mithin die geringste Tiefe annimmt. Hier müßte das Geschiebe theoretisch unter dem steilsten Winkel zur Ruhe kommen. Demnach sollten die Schuttkegel ein wesentlich größeres Gefälle aufweisen als die oberhalb anschließende Bachstrecke. Dies trifft aber im allgemeinen nicht zu, weil das Wasser, auch wenn es nicht künstlich eingeengt wird, sondern sich überlassen bleibt, sich wohl in mehrere Arme verteilt, aber doch gewisse, häufig wechselnde Rinnsale sucht und sich keineswegs gleichmäßig ausbreitet.

Stehen schon zur Berechnung der Wassergeschwindigkeit in den Wildbächen nur unsichere Grundlagen zur Verfügung, so sind die Annahmen, die man bei der Berechnung des Geschiebetransportes der Wildbäche zugrunde legen muß, so schwankend und unsicher, daß man auf genaue und verläßliche Ergebnisse um so weniger rechnen kann, als ganz unberechenbare Zufälle eine ausschlaggebende Rolle spielen können. Es ist daher allen derartigen Berechnungen, solange nicht verläßlichere Grundlagen gefunden werden, als heute zu Gebote stehen, nur ein ziemlich problematischer Wert beizumessen.

Weitere Quellenangabe 3, 83 bis 102.

Vierter Abschnitt.

Die Quellen der Geschiebeführung.

Die Geschiebebildung in den Wildbächen erfolgt auf zweierlei Weise, entweder durch die Gesteinsverwitterung, welche den Rinnsalen, unabhängig von der Schurfkraft des Wassers, Witterschutt zuführt, oder aber durch die Wühlarbeit des Wassers, das sich in die dem Grundgebirge aufruhenden Schuttlagen, allenfalls auch in weichen Fels eingräbt.

A. Geschiebebildung durch Verwitterung.

Die Gesteinsverwitterung äußert sich entweder in einer mechanischen Zerkleinerung ohne Änderung der chemischen Zusammensetzung — dem Gesteinszerfalle — oder es tritt neben der Zerkleinerung auch eine chemische Veränderung des Gesteins — eine Gesteinszersetzung — ein, sei es durch Umwandlung von Mineralbestandteilen, sei es durch Auflösung und Auslaugung einzelner Bestandteile aus dem Gesteinsgefüge. Grelle Temperaturwechsel, starke Sonnenbestrahlung mit rasch folgender Abkühlung durch Regen und Hagel und namentlich die sprengende Wirkung des Frostes, sowie das Eindringen von Wasser, das bei manchen Gesteinen Quellungen bewirkt und zusammen mit der Kohlensäure und den Humusstoffen Gesteinsumwandlungen und Auslaugungen verursacht, sind bei der Verwitterung hauptsächlich wirksam.

Auch die Vegetation greift die Gesteinsoberfläche an: Spaltpilze und Scheinwurzeln von Flechten und Moosen dringen tief in die Gesteine ein und die Wurzeln der höheren Pflanzen erweitern die vorhandenen Spalten. Diese organische Verwitterung wirkt hauptsächlich durch die chemische Veränderung und Auflösung von Gesteinsteilen, welche Vorgänge dem Gesteinszerfalle vorarbeiten.

Wo die Felsoberfläche zutage tritt, lst sie der Einwirkung der Atmosphärilien und der Vegetation ausgesetzt und wird von ihnen je nach den klimatischen Verhältnissen, der Gesteinsart, ihrer Klüftigkeit, dem Streichen und Fallen der Schichten, der Wasserführung usw. mehr oder weniger stark angegriffen, wobei meist mechanische und chemische Wirkungen miteinander Hand in Hand gehen.

Die Verwitterung wirkt auf die einzelnen Gesteine in sehr ungleichem Maße, da diese in bezug auf Härte, Löslichkeit, Struktur und Kohäsion große Verschiedenheiten aufweisen. Weiche, blättrige, schiefrige Gesteine verwittern leichter als harte, körnige und dichte. Besonders stark unterliegen der Verwitterung Kalk und Dolomit, Glimmer- und Tonschiefer, Mergel, Werfener Schichten usw. Aber auch ein und dasselbe Gestein ist keineswegs gleich widerstandsfähig gegen die Verwitterung. Es kommt hierbei nicht allein auf die chemische und mineralogische Zusammensetzung des Gesteins, sondern auch auf seine petrographische Ausbildung, seine Struktur, die sonstige Beschaffenheit, die Lagerung, Schichtung und den Verlauf der Spalten und Klüfte an. Auch ein Gestein, das im allgemeinen als sehr widerstandsfähig gilt, z. B. Granit, kann in einer Ausbildung auftreten, die es verwitterungsfähig macht.

Bleibt der entstehende Schutt an seiner Stelle liegen, so gewährt er dem darunterliegenden Gestein Schutz vor den Atmosphärilien und verlangsamt das Fortschreiten der Verwitterung. Hingegen legt die Weiterbeförderung des Schuttes immer neue Gesteinsteile bloß und gibt sie den Angriffen der Atmosphärilien preis.

Die Abführung des Witterschuttes erfolgt teils durch Steinschläge, indem er infolge der Schwerkraft in die Tiefe stürzt oder auf der Schneebahn in die Tiefe gleitet, teils durch fließendes Wasser, Lawinen oder Gletscher, die ihn weiter verfrachten.

Bei der mechanischen Verwitterung entstehen aus dem Fels größere und kleinere Trümmer bis feiner Grus, die sich mitunter am Fuße der Felswände anhäufen und Schutthalden und Schuttkegel bilden. Diese erreichen oft eine mächtige Entwicklung und hüllen als Schuttmantel den Fels oft bis hoch hinauf ein (Abb. 10). Hierbei tritt eine Sortierung insoferne ein, als an der Spitze dieser Halden und Kegel der feinkörnige Schutt liegen bleibt, die größeren Blöcke sich aber erst am Fuße derselben festsetzen.

Es sei hier erinnert an die gewaltigen Schutthalden, die sich namentlich in den Kalkalpen z. B. in den Tälern des durch die Brüchigkeit seines Gesteins berüchtigten Karwendelgebirges zwischen dem Inntal und der bayrischen Grenze vorfinden.

Solche Schutthalden bilden bei außergewöhnlichen Elementarereignissen eine sehr ausgiebige Geschiebequelle: während bei normalen Anschwellungen von oben kommende Bäche im Schutt verschwinden, trifft dies bei außergewöhnlich großen Hochwässern nicht zu; diese fließen vielmehr oberflächlich über die Halden ab und pflügen in diesen tiefe Rinnen aus (Abb. 11).

Abb. 10. Verwitterung im Hochgebirge. Westhang der Nockspitze bei Innsbruck.

Als Beispiel wären zu nennen die ausgedehnten Halden am Fuße der Vandanser Steinwand in Montafon, die von mehreren gewöhnlich trockenen Runsen durchzogen sind, aus denen aber bei heftigen Wolkenbrüchen ausgiebige Muren abgehen. Im Sommer 1933 wurden durch diese Muren mehrere Häuser und ausgedehnte Kulturflächen verschüttet.

Der Entwicklung der Vegetation setzen diese Halden wegen ihrer Wasserlosigkeit, der ständigen Beunruhigung durch weitere Materialabbrüche und wegen des Mangels an Erdreich große Schwierigkeiten entgegen.

Bei Tonschiefer, Mergel u. dgl. wirkt die chemische Verwitterung, das Gestein zersetzt sich, einzelne Bestandteile, wie Feldspat, werden aufgelöst und weggeführt und das Gestein wandelt sich in Ton oder Lehm um. Diese Art der Verwitterung und der daraus entstehende Witterschutt sind der Entwicklung der Vegetation weitaus weniger abträglich. Mit der Bildung einer den Boden überziehenden Vegetationsdecke wird auch der Fortschritt der Verwitterung verzögert. Der Schurftätigkeit des fließenden Wassers setzen diese Schuttmassen nur geringen Widerstand entgegen.

Die Verwitterung arbeitet im Höhengürtel unterhalb der Grenze des ewigen Schnees (zwischen 1600 und 2300 m) am stärksten und auf der Wetterseite der Gebirgskämme kräftiger als auf der entgegengesetzten.

Die Bildung der erwähnten Halden und Schuttkegel ist eine Wirkung der Oberflächenverwitterung. Die Verwitterung kann aber auch eine tiefgreifende sein, wenn Wasser durch Spalten und Risse tief ins Gestein

Abb. 11. Zerfurchte Schutthalden, Himmelsriese bei Bludenz, Vorarlberg.

eindringt. Begünstigt durch den Gesteinswechsel, namentlich infolge der Zwischenlagerung weichen Gesteins zwischen härteren Schichten, Aufweichung und Zersetzung der ersteren oder durch das Auftreten von Verwerfungsspalten u. dgl. bilden sich Ablösungsflächen, welche den Absturz großer Gesteinsmassen oder ein Abgleiten der oberen Schichten auf ihrer Unterlage vorbereiten. Die Bewegung selbst wird dann, vielleicht erst nach längerer Zeit, durch einen besonderen, mitunter nicht sehr bedeutenden Anlaß ausgelöst.

Derartige Ereignisse zählen zu den Bergstürzen. Unter einem solchen versteht man den momentan eintretenden Absturz sehr großer zusammenhängender Gesteinsmassen von einem steilen Gehänge, welcher eintritt, nachdem der Zusammenhang dieser Massen mit ihrer Unterlage gelöst worden ist. Ein solcher Sturz kann nur an Hängen erfolgen, die steiler sind als der natürliche Böschungswinkel des abgestürzten Materials und nur dann, wenn die Gesteinsschichten einen gewissen Zusammenhang besitzen, da sonst fortgesetzte, aber nur kleine Ablösungen, Steinschläge u. dgl. erfolgen.

Die Bewegung kann sich entweder als Sturz oder als Rutschung vollziehen. Ersteren Falles sprechen wir von einem Felssturze, letzteren Falles von einem Felsschlipfe.

Bei Vorhandensein entsprechender Vorbedingungen für die Bergstürze in bezug auf die Beschaffenheit und Lagerung des Gesteins und die Bodenneigung kann ein Bergsturz ausgelöst werden durch überreichen Zutritt von Wasser in Ablösungsspalten, besonders im Zusammenhang mit der Frostwirkung oder infolge des Unterschneidens des Böschungsfußes, das erfolgen kann durch die Wühlarbeit des Wassers, durch Eingriffe von Menschenhand oder durch Erschütterungen. Durch ein Erdbeben wurde der große Felssturz vom Dobratsch bei Villach am 25. Jänner 1348 ausgelöst, durch den unvorsichtigen Betrieb eines Schieferbruches der Felssturz, welcher am 11. September 1881 die Ortschaft Elm im Kanton Glarus verschüttete, hingegen wurde der Ort Goldau in der Schweiz am 2. September 1806 durch einen Felsschlipf zerstört[103].

Es ist charakteristisch für derartige Massenbewegungen, daß ihr Material nicht wie ein fester Körper am Ort des Auffallens liegen bleibt, sondern sich ähnlich einer Flüssigkeit zerteilt und auch auf flachgeneigter Bahn noch weite Strecken zurücklegt.

Die überwiegende Mehrzahl der Bergstürze in den Alpen erfolgt auf Kalk, Flysch oder Molasse; das Gestein der Zentralalpen erschwert das Entstehen von Felsstürzen.

Bergstürze treten selten auf, ohne sich vorher durch gewisse Vorzeichen anzukündigen. Als ein solches ist in erster Linie zu nennen das Aufreißen von Klüften oder Spalten im Ablösungsgebiete, besonders an dessen oberem Rande und ihre allmählich fortschreitende Erweiterung. Hierbei treten bei Erdschlipfen zahlreiche, nicht besonders lange, aber in Reihen angeordnete Spalten auf, während ein sich vorbereitender Sturz sich durch das Aufreißen einer zusammenhängenden großen Hauptspalte ankündigt, die sich allmählich erweitert. Weitere Anzeichen sind sich häufende Steinschläge und Steinstürze, das Herausbrechen von Steinen am Fuße des Abrißgebietes, welches auf ein Weichen des Fußes hinweist, die Bildung von Aufwulstungen und das Herausspritzen von Steinen bei Bodenverwundungen dortselbst, unter Umständen ein laut vernehmliches Knirschen und Krachen im Innern des Berges, sowie die Trübung und das Versiegen von Quellen[103].

Derartige Vorzeichen würden mindestens die Möglichkeit bieten, die Gefahrenzone rechtzeitig zu räumen und die Menschen in Sicherheit zu bringen.

Bergstürze, Felsstürze und Felsschlipfe werfen zwar wohl mit einem Schlage ungeheure Schuttmengen in die Tiefe, diese bleiben aber, wenn sie einmal zur Ruhe gekommen sind, in der Regel liegen; eine Geschiebequelle bilden sie nur dann, wenn sie von einem Wasserlaufe wieder aufgewühlt werden.

Lawinen führen meist nur geringe Mengen von Verwitterungsschutt zu Tal, der entweder schon in der Lawinenbahn abgelagert war oder aber im Laufe des Winters und Frühlings von den Felswänden auf den Schnee herabgestürzt ist. Die Geschiebeerzeugung der Lawinen beschränkt sich auf das Losreißen einzelner Steine und Blöcke und auf oberflächliche Bodenabschürfungen und beeinflußt die Geschiebeführung der Bäche unmittelbar nur wenig. Die Bodenverwundung kann aber Anlaß zu Runsenbildung und weiterer Geschiebeerzeugung geben. So entstand der gefährliche Murbruch der Kellerlahn in Passeyer bei Meran zwei Jahre nach dem im Jahre 1678 erfolgten Abtriebe des Waldes, der das Abgehen einer den Boden aufreißenden Lawine ermöglicht hatte. Wie schon in Abschnitt II ausgeführt, kann in engen Tälern auch der Wasserlauf durch Lawinenkegel gestaut werden, was Überflutungen, sowie gefährliche Durchbrüche zur Folge haben kann.

Ein näheres Eingehen auf die Lawinen verbietet der Raummangel.

Die Gletscher bringen große Geschiebemengen zu Tal, diese rühren aber zum überwiegenden Teile von der Verwitterung der Felswände her, welche die Gletscher überragen. Letztere schleifen wohl ihr Bett aus und brechen aus demselben Blöcke los, erzeugen aber doch hauptsächlich nur feinen Schlamm, der vom Gletscherbache unschädlich abgeführt wird.

Die Glazialerosion läßt sich natürlich nicht bekämpfen. Soweit das Geschiebe der Gletscherbäche schädlich wirkt, kann es ebenso wie der andere Witterschutt nur durch Herstellung von Ablagerungsplätzen oder die Erbauung von Stausperren wieder zur Ablagerung gezwungen und unschädlich gemacht werden.

Der Stand der Gletscher unterliegt bekanntlich sehr starken Schwankungen, die mit den von Brückner nachgewiesenen Klimaschwankungen in Zusammenhang stehen.

Eine unmittelbare Bedrohung von Kulturgründen oder gar menschlichen Siedlungen durch vorrückende Gletscher ist selten vorgekommen und nur bei Vorstößen weit herabreichender Gletscherzungen möglich. Hingegen sind wiederholt Katastrophen dadurch verursacht worden, daß von hochgelegenen Hängegletschern Abbrüche erfolgten und Eislawinen zu Tal stürzten oder daß durch Gletscher Eisseen aufgestaut wurden, die verheerend ausbrachen.

Als Beispiel aus der Reihe der in den Alpen erfolgten Gletscherabbrüche seien genannt: die Altelskatastrophe am 11. September 1895 und die wiederholten Zerstörungen des Dorfes Randa im Saastale in der Schweiz[63, 104, 105].

Aber selbst bei diesen großartigen Ereignissen ist die Menge des in Bewegung geratenen Schuttes stets eine verhältnismäßig kleine gewesen. Da menschliche Siedlungen nur in den seltensten Fällen im Sturzbereiche der Gletscher liegen, ist die Gefahr ihrer Zerstörung durch Gletscherstürze glücklicherweise auf wenige Örtlichkeiten beschränkt. Viel häufiger ist die Gefahr des Ausbruches von Seen, die durch Gletscherzungen aufgestaut wurden. Hierüber wurde bereits oben berichtet.

B. Geschiebebildung durch Unterwühlung.

Die den Bächen durch die Verwitterung zugehende Schuttmenge wird im allgemeinen wesentlich übertroffen durch jene, die die Bäche durch ihre Wühlarbeit in den dem Felsgerüst der Berge aufruhenden Alt- und Jungschuttmassen erzeugen. Diese Schuttmassen werden vom Wasser viel leichter angegriffen als die Felsschichten und bilden die Hauptquelle der Geschiebeführung der meisten und gefährlichsten Wildbäche. Das Vorhandensein solcher Schuttmassen und ihre Beschaffenheit sind bei diesen Bächen von weit größerer Bedeutung als die Gesteinsart und das geologische Alter der den Untergrund bildenden Felsschichten.

Diese setzen der Schurfkraft des fließenden Wassers im allgemeinen großen Widerstand entgegen. Es sind allerdings auch Fälle bekannt, in denen die Eintiefung abstürzender oder konzentriert mit hoher Geschwindigkeit abfließender großer Wassermengen, besonders wenn diese mit hartem Geschiebe belastet waren, verhältnismäßig rasch vor sich gegangen ist.

So hat z. B. der Avisio beim Hochwasser des Jahres 1889 den engen, im Porphyrfels eingeschnittenen Umlaufkanal bei der Talsperre von St. Giorgio stark vertieft und beim Abfalle am unteren Kanalende eine große Felsmasse zum Absturze gebracht[106]. Nach Beobachtungen Eschers wurde in einigen Schluchten des Zürichberges und des Tößgebietes ein jährliches Rückwärtsbrechen von Wasserfällen um 20 bis 60 cm gemessen, ja einzelne haben sich beim Hochwasser am 12. Juni 1876 innerhalb weniger Stunden um mehrere Meter im Molassesandstein und Mergel vertieft[107]. Auch im Vorfelde von Talsperren wurden wiederholt tiefe Auskolkungen im Fels beobachtet.

In allen diesen Fällen handelt es sich aber offenbar um ein Zusammentreffen besonders ungünstiger Momente: Auftreten von ungünstig verlaufenden Lassen oder besondere Weichheit des Gesteins in Verbindung mit einem außerordentlich starken Sohlenangriff durch große Wasser- und Geschiebemengen. Für gewöhnlich kann doch mit einer großen Widerstandsfähigkeit des Felsgrundes gerechnet werden, der nur eine sehr langsame Einwühlung des fließenden Wassers gestattet, während die Schuttlagen dieser Eintiefung im allgemeinen nur einen viel geringeren Widerstand zu leisten vermögen.

Die Schuttmassen rühren zwar in letzter Linie stets von der Gesteinsverwitterung her, doch können wir je nach der Entstehung und Ablagerung verschiedene Arten von Schutt unterscheiden, nämlich: in der Nähe seiner Lagerstätte erzeugten Gehängeschutt, von Gletschern abgelagerten Moränenschutt, Ablagerungen aus fließendem und stehendem Wasser und Ablagerungen aus bewegter Luft.

Der Gehängeschutt ist durch Gesteinszerfall oder Gesteinszersetzung entstanden und liegt entweder noch an seinem Entstehungsorte oder er hat sich an den Hängen unterhalb des letzteren wieder abgelagert. Die Bewegung vom Entstehungs- zum Ablagerungsorte kann erfolgt sein durch Absturz, Rutschung, Lawinen oder kleine Murgänge, jedoch stets ohne weite Verfrachtung. Das Material des Gehängeschuttes ist unsortiert und enthält in der Regel große und kleine Gesteinstrümmer bis herab zu Sand und Lehm regellos durcheinander gemischt; nur der durch die Gesteinszersetzung entstandene Lehm und Ton, die kein gröberes Material enthalten, und die durch Felsstürze entstandenen Blockhalden, in denen das feine Material beinahe ganz fehlt, weichen von dieser Regel ab.

Zum Gehängeschutt gehören die bereits erwähnten Schutthalden und trockenen Schuttkegel; ihr Material ist locker, sie sind leicht aufwühlbar, geraten bei Fußunterwaschung leicht in Bewegung und bilden in solchen Fällen eine ausgiebige Quelle der Geschiebeführung, während im Gegensatze hierzu die Blockhalden nicht aufwühlbar sind. Sie sind für die Geschiebebildung weniger gefährlich und liefern nur bei Unterwaschung Material, aber auch dieses wird wegen der Größe der Blöcke nicht leicht weit verfrachtet.

Die zweite Art von Schutt ist der Moränenschutt, der durch Gletscher auf mehr oder minder weite Strecken transportiert und besonders zur Eiszeit an Stellen abgelagert wurde, die weit vom Ursprungsorte des Materials entfernt sind. Zu unterscheiden sind hierbei Grund-, Stirn- und Seitenmoränen, je nachdem sie am Grunde des Gletschers, vor dem untern Ende der Gletscherzunge oder aber an den seitlichen Bergflanken zur Ablagerung gekommen sind. Der Schutt der Gletscher der Jetztzeit tritt dabei an Verbreitung und Bedeutung als Geschiebequelle weit in den Hintergrund gegenüber den Schuttmassen der Eiszeit, die im Innern der Alpen und auf ihrem Vorlande angehäuft sind.

Der Glazialschutt ist gleichfalls unsortiert und enthält grobes und feines Material regellos durcheinander gemengt. Er ist ungeschichtet, doch finden sich innerhalb der Moränen stellenweise geschichtete Partien, die hauptsächlich von unter dem Eise strömendem Wasser abgelagert wurden. Steine und Blöcke sind gekritzt. Die Grundmoränen zeichnen sich durch starken Gehalt an Feinteilchen aus, sie sind meist außerordentlich fest und wasserundurchlässig. Mitunter ist das Material erhärtet und bildet dann oft hohe steile Wände, die nur oberflächlich abwittern, ohne in Rutschung zu geraten. Mitunter modelliert das abfließende Wasser aus diesem Material äußerst steile, oben in eine schmale Gratschneide endigende Rippen heraus, zuweilen auch spitze, einzelstehende, säulenartige Erdpfeiler, sogenannte Erdpyramiden, die bei einer Höhe bis zu 30 m und mehr eine Basisstärke von nur wenigen Metern besitzen (Abb. 12). Sie tragen an der Spitze einen oft allseits vorspringenden Steinblock, der ihnen als Dach dient und sie vor Regen schützt. An ihrer Abtragung arbeitet außer dem Regenwasser hauptsächlich der Wind, der von der trockenen Oberfläche staubförmiges Material loslöst und entführt.

Abb. 12. Erdpyramiden bei Segonzano, Südtirol.

Der Glaziallehm ist standfest und mitunter so hart, daß er mit dem Krampen nicht mehr bearbeitet werden kann, sondern unter Anwendung von Sprengmitteln gelöst werden muß. Er erweicht sich jedoch unter Wasser und leistet der Erosion nur geringen Widerstand.

Der eiszeitliche Schutt ist häufig nicht mehr an seiner erstmaligen Lagerstätte vorhanden, sondern durch fließendes Wasser umgelagert worden und damit kommen wir zur dritten Art von Schuttablagerungen, nämlich solchen aus fließendem oder stehendem Wasser. Hierher gehört der weitaus größte Teil der im Innern der Alpen und im Vorlande abgelagerten Schuttmassen; sie füllen nicht allein die Sohle der meisten Täler, sondern bilden auch mächtige Schotterterrassen in diesen. Ihr Material rührt vorwiegend von eiszeitlichen Gletschern her, kann aber auch rezenten Gletschern oder dem Gehängeschutt entstammen, allenfalls auch tertiären Ursprunges sein.

Durch das fließende Wasser erfolgt ein schichtenweiser Aufbau der Ablagerungen und eine gewisse durch die allmähliche Abnahme der Schleppkraft bedingte Sortierung des Materials. Die Steine scheiden sich zuerst aus, bei Abnahme der Schleppkraft des Wassers erfolgt dann die Ablagerung von zunächst gröberem, dann feinerem Schotter, weiter von Sand und endlich im toten Wasser von Ton, Lehm, Letten und Schlick. Die verschiedenen Materialien folgen häufig schichtenweise in Wechsellagen übereinander. Die Schichtung der Schotterlagen ist durchaus nicht immer waagrecht, vielmehr wurden diese häufig, besonders an der Mündung der Bäche in Stauwässer, in steil abfallenden Schichten abgesetzt. Nur bei Murgängen findet eine Materialsortierung nicht statt.

Die Ablagerungen zeigen, abgesehen von der Verschiedenheit der Bestandteile, auch insoferne große Unterschiede, als die älteren Diluvialablagerungen sehr häufig fest zusammengebacken, zum Teil auch breccienartig erhärtet, die jüngeren Alluvialablagerungen hingegen locker sind.

Als Ablagerungen aus bewegter Luft sind Löß und Flugsand zu nennen. Jener ist im Donautale weit verbreitet. Er besteht aus sandigem, kalkhaltigem Lehm von sehr gleichmäßigem, feinem Korn, ist ungeschichtet, neigt zu senkrechter Zerklüftung, ist wasserdurchlässig und leistet der Erosion nur geringen Widerstand. Entstanden ist er durch Ablagerung des von Sand- und Staubstürmen der Eiszeit in Bewegung gesetzten Feinmateriales. Im Innern der Gebirgsländer kommt Löß nicht in größerer Verbreitung vor; er spielt daher nur bei wenigen im Vorlande des Gebirges sich entwickelnden Wildbächen eine Rolle.

Der Flugsand tritt hauptsächlich an Flachlandsküsten und in Tiefebenen, also in Gegenden auf, woselbst die Hauptbedingung für die Entwicklung der Wildbäche, das hohe Gefälle, fehlt.

In ein und demselben Wildbache kann Schutt verschiedener Art auftreten.

Die Vorbedingungen für die Geschiebeerzeugung in diesen Ablagerungen bilden ihre Aufwühlbarkeit und Beweglichkeit, welche abhängig sind von der Korngröße des Schuttes, vom Grade seiner Verfestigung, von der Wasserführung und Wasserzügigkeit, vom Neigungswinkel seiner Oberfläche, vom Neigungswinkel, der Beschaffenheit, Glätte und Wasserführung seiner Unterlage, von der Zerstörbarkeit der Gesteine und endlich vom Vorhandensein oder Fehlen einer Vegetationsdecke und ersteren Falles von deren Beschaffenheit.

Alle diese Momente sind für die Geschiebebildung von größter Bedeutung; von ihnen hängt die Standfestigkeit der Lehnen ab, sie verleihen dem Schutt eventuell die Neigung zur Abrutschung und sie bestimmen den Böschungswinkel, unter dem er sich dauernd im Gleichgewichte zu halten vermag und der selbst bei gleicher Gesteinszusammensetzung stark wechselt. Dieser Winkel nimmt bekanntlich mit der Korngröße des Materials bis zu einem gewissen Punkte ab (Sand) und steigt dann mit weiter abnehmender Korngröße wieder an (Lehm und Löß).

Die Verfestigung wird durch mergelige, kalkige oder kieselsäurehältige Bindemittel herbeigeführt und erreicht einen sehr verschiedenen Grad. Der Feuchtigkeitszustand spielt in bezug auf die Beweglichkeit des Schuttes eine ausschlaggebende Rolle: lockere, feine Materialien, besonders Sand, sind bei mäßiger Feuchtigkeit minder beweglich als bei vollkommener Trockenheit; saugen sie sich aber mit Wasser voll, so werden sie sehr leicht beweglich (Schwimmsand) oder können vollständig erweichen und in einen breiartigen Zustand übergehen (Ton, Lehm, Letten). Es ist daher von größter Bedeutung, ob der Schutt trocken oder naß, wasserdurchlässig oder nicht ist, ob Tagwasser eindringen, ob dasselbe in den Untergrund einsinken und unterirdisch abfließen kann oder auf eine undurchlässige Schicht trifft, auf deren Oberfläche es gestaut wird.

Sind entsprechende Vorbedingungen gegeben, so können Bewegungen der Schuttmassen ausgelöst werden 1. durch mechanische Wirkungen (Wühlarbeit des Wassers, Erschütterungen oder Belastung), 2. durch Anschneiden der Lehnen, Entfernung oder Schwächung ihres stützenden Fußes, 3. durch eine Verminderung der Reibung und der Kohäsion der Schuttmassen, endlich 4. durch Entfernung oder Schädigung der Vegetationsdecke. Häufig wirken auch mehrere dieser Ursachen zusammen.

Spielt das Wasser schon für die Beweglichkeit des Schuttes eine große Rolle, indem sein Vorhandensein die Festigkeit der Schuttlagen und die Zerstörbarkeit des Gesteines wesentlich beeinflußt, so ist dies noch mehr der Fall bei den auslösenden Momenten. Es entfaltet seine Tätigkeit entweder über Tag, indem es sich in die Tiefe wühlt oder die Ufer anreißt und den Fuß der Lehnen untergräbt, oder unter Tag, wo es entweder durch hydrostatischen Druck oder durch Verseifung und Glättung von Gleitflächen oder aber durch Aufweichung und Kohäsionsverminderung des gesamten Schuttkörpers Bewegungen auslöst oder endlich durch Aushöhlung — Erosion von unten — Einstürze und Katastrophen herbeiführen kann.

Die auf solche Weise durch die Tätigkeit des Wassers verursachten Anbrüche teilt Prof. Stiny[73] wie folgt ein:

1. Feilenanbrüche, entstanden durch den von unten nach oben fortschreitenden Tiefenschurf, wobei eine langgestreckte Rinne von annähernd dreieckigem Querschnitt ausgeschürft wird, deren Form jener einer dreikantigen Feile ähnelt.

2. Keilanbrüche, verursacht durch den Aufprall abstürzenden Wassers am Fuße von Felswänden u. dgl. Der Schurf schreitet hier von oben nach abwärts fort, die Form des Anbruches ist die eines mit der Spitze nach abwärts gerichteten Keiles oder einer Pyramide.

3. Uferanbrüche, entstanden durch Seitenschurf an Prallstellen von Wasserläufen.

4. Dammanbrüche, entstanden beim Durchbruche stauender Riegel.

5. Blattanbrüche, das sind breite, aber seichte Rutschungen auf Gleitflächen, die eine geneigte Ebene bilden, und endlich

6. Muschelanbrüche, das sind ähnliche, jedoch bedeutend tiefer greifende Rutschungen, bei denen sich in der Regel die Bewegung in einer mehr oder minder tief eingeschnittenen Rinne konzentriert.

Neben diesen Hauptformen unterscheidet Stiny dann noch eine größere Anzahl von Unterarten der Anbrüche, sowie Übergänge von einer Form in die andere.

Bei den Feilen- und Keilanbrüchen ist die Längswühlung der Bäche, der Tiefenschurf, die Ursache der Bruchbildung. Der Materialabtrag beginnt an der Bachsohle und arbeitet in die Tiefe, die Böschungen brechen nach, das erzeugte Geschiebe wird vom Wasser abgeführt, es wird teils schwebend transportiert, in der Hauptsache aber gerollt oder geschoben.

Unter die Dammbrüche reiht Stiny die Durchbrechung sowohl natürlicher und künstlicher Staudämme, als auch von Verklausungen und Verschoppungen ein, die sich bei Elementarereignissen bilden und den Wasserlauf vorübergehend hemmen. Derartige Ereignisse tragen außerordentlich viel zur Vermehrung von Hochwasserschäden bei, ja sie haben häufig einen katastrophalen Umfang dieser letzteren zur Folge, sind sogar mitunter die Grundursache von solchen Verheerungen. Die durch sie hervorgerufenen Bodenbewegungen und eröffneten Geschiebequellen unterscheiden sich in ihrem Wesen aber kaum von jenen, die von anderen Wasserangriffen herrühren.

Die Blatt- und Muschelanbrüche entstehen an den Lehnen unabhängig von den Bächen. Bei den ersteren handelt es sich stets um Rutschungen von Schollen aus der Humus- und obersten Bodenschicht, die auf steiler undurchlässiger Unterlage (Lehm, Fels u. dgl.) abgleiten, während die Muschelanbrüche tiefer greifen.

1. Oberflächliche Wühlarbeit des Wassers.

Ist die lebendige Kraft des abfließenden Wassers größer als die Widerstandsfähigkeit des Bachbettes, so greift es die Sohle oder die Ufer an, wühlt sich in die lockeren Schuttmassen ein und führt Geschiebe ab.

Nach dem Ingenieur-Taschenbuch „Hütte“ sind die Grenzwerte der Wassergeschwindigkeit, bei deren Überschreitung eine Fortbewegung des Materials eintritt, folgende:

	an der Oberfläche	im Mittel	an der Sohle
für schlammige Erde und Töpferton ...	0,15	0,11	0,08
„ fetten Ton	0,30	0,23	0,16
„ festen Flußsand	0,60	0,46	0,31
„ kiesigen Boden	1,22	0,96	0,70
„ grobsteinigen Boden	1,52	1,23	0,94
„ Konglomerate von Schieferstücken	2,22	1,86	1,49
„ lagerhafte Gebirgsarten............	2,75	2,27	1,82
„ harte Felsarten....................	4,27	3,69	3,14

Die lebendige Kraft des Wassers ist bekanntlich eine Funktion der Wassermenge und Geschwindigkeit, sohin, abgesehen von ersterer, abhängig vom Gefälle, der Form und Beschaffenheit der Gerinne. Die Widerstandsfähigkeit der Bachsohle hängt ab von der Beschaffenheit des Untergrundes (Gesteinsart), von der Grobkörnigkeit und dem Verfestigungsgrade des Materials, sowie von dessen spezifischem Gewichte und bis zu einem gewissen Grade auch von der Lagerung der eingebetteten Steine.

Das Wasser gräbt entweder in der Längsrichtung des Baches und bewirkt eine Tieferwühlung der Sohle, also einen Tiefenschurf, oder aber, wenn die Sohle nicht unterwühlungsfähig ist, bewirkt seine überschüssige Kraft durch Querwühlung, Seitenschurf eine Unterwaschung der Ufer.

Die durch Längswühlung vertieften Gräben nehmen einen annähernd dreieckigen Querschnitt an, sie weisen eine sehr schmale Sohle und je nach der Festigkeit des Materiales mehr oder minder steile Hänge auf. Gräbt sich der Bach auf solche Weise in eine geneigte Lehne ein, so entsteht eine mehr oder weniger tiefe Runse, nach obiger Bezeichnung ein Feilenanbruch. Die Ausbildung der Runse geht um so rascher vor sich, je steiler und wasserreicher der Graben und je lockerer der Untergrund ist. Die Vertiefung erreicht mitunter binnen weniger Tage ein bedeutendes Maß.

Abb. 13 zeigt, wie sich im Oberlaufe des Sylvesterbaches bei Toblach im Pustertale die Quellgräben in eine Unzahl kleiner Runsen verästeln, die sämtlich angebrochen sind. Sie haben sich im Laufe der Jahre immer tiefer in die Schuttmassen eingewühlt und von der

Rasendecke nur mehr spärliche, durch mehr oder minder tiefe Gräben voneinander getrennte Fetzen übriggelassen.

Kann ein mit entsprechender Wühlkraft ausgestatteter Bach seine Sohle nicht vertiefen, so sucht er an Prallstellen die Ufer anzugreifen; vermögen diese keinen ausreichenden Widerstand zu leisten, so setzt

Abb. 13. Einwühlung der Quellgräben des Sylvesterbaches bei Toblach, Südtirol.

die Querwühlung — der Seitenschurf — ein, bewirkt ein Fortreißen des Fußes, eine Unterwaschung des Ufers und dieses gerät in Abbruch.

Die entstehenden Uferanbrüche bilden meist Einbuchtungen, in die sich die Strömung legt und aus denen der Bach sehr häufig mit großer Kraft zurückgeworfen und gegen das jenseitige Ufer abgelenkt wird, wo sich dasselbe Spiel wiederholt. Ursache der Bachablenkungen sind häufig zufällige Ablagerungen in den Bachbetten, z. B. Festsetzung und Anschoppung von beasteten Baumstämmen, großen Blöcken u. dgl. Verlagern sich diese Hindernisse oder bilden sich neue, während eines Bachhochganges, so wechselt die Strömung die Richtung, es werden neue Uferstellen einem besonders heftigen Wasserangriff ausgesetzt, was Anlaß zu neuer Bruchbildung gibt und die Verwilderung des Bachlaufes befördert.

Der Querriß dieser Gerinne ist trapezförmig. Die Querwühlung ist im allgemeinen weniger gefährlich als die Längswühlung. Bei letzterer sind die abfließenden Wassermengen in einer engen Rinne zusammengedrängt, entfalten daher eine stärkere Wühlkraft, Rutschungen und Materialabstürze von den Lehnen können das Bachbett vollkommen verlegen und gefährliche Stauungen verursachen, deren Durchbruch plötzliche starke Anschwellungen zur Folge hat. Demgegenüber kann sich das Wasser bei der Querwühlung viel leichter ausbreiten, was seine Kraft schwächt, auch haben die seitlichen Materialabbrüche wohl Bachverwerfungen, aber keine bedeutenden Stauungen zur Folge.

Schneidet ein Bach bei der Querwühlung tief in die Lehne ein, so trifft er mitunter auf Schichten, die im Gegensatz zur Bachsohle auch eine Eintiefung gestatten, welche dann seitlich des alten Wasserlaufes erfolgt. So tritt gleichzeitig mit der Eintiefung eine seitliche Verschiebung des Bachbettes ein, während sich auf der gegenüberliegenden Seite ein Steinriegel anhäuft.

Ein großartiges Beispiel hierfür bietet die Rovana im Kanton Tessin, wo infolge rasch fortschreitender schräger Eintiefung die linksseitige Lehne bei Campo unterwaschen wurde und in großer Ausdehnung samt der genannten Ortschaft in Rutschung geriet[108].

Durch die Längs- und Querwühlung werden die Lehnen ihres Fußes beraubt und brechen nach. Ist die unterwaschene Böschung nicht hoch, so wird sie durch diese Nachbrüche bald abgeflacht und die Nachbrüche werden wieder aufhören, bald nachdem die Unterwaschung ihr Ende erreicht hat. Ist aber die unterwaschene Lehne hoch und steil, so kann sich die Böschung nicht so leicht ausgleichen und es wird die Bodenbewegung weiter um sich greifen.

Wie rasch die Vergrößerung der Anbrüche vor sich gehen kann, zeigt das Beispiel des Kreide- oder Klausenkofelbaches im unteren Mölltale in Kärnten, dessen Gebiet im Jahre 1826 noch ganz mit Wiesen und durch unverständige Nutzung stark gelichtetem Walde bedeckt war. Nach einem ungewöhnlich schneereichen Winter entstanden im Jahre 1827 die ersten Einrisse, die sich zunächst nur langsam vergrößerten. Zu Anfang der Fünfzigerjahre besaß die Runse nur 3 bis 4 m Tiefe und 8 bis 10 m Breite, im Jahre 1859 umfaßte der Bruch aber bereits über 10 ha und innerhalb der nächsten 25 Jahre entstand in dem vorwiegend aus Glazialschutt bestehenden, von reichlichen Sicker- und Quellwässern durchtränkten Boden ein gewaltiger Bruchkessel von 1370 m Länge, 300 bis 400 m Breite, 100 bis 150 m Tiefe und 34 ha Fläche. Während dieser Zeit sandte der Wildbach jährlich

50 bis 80, ja in einem Jahre sogar 110 Murgänge zu Tal, welche die Möll zu dem 50 ha umfassenden Gößnitzsee aufstauten[109].

Je nach der Beschaffenheit des Schuttmateriales geht das Nachbrechen der unterwaschenen Lehnen in verschiedener Weise vor sich:

Abb. 14. Bruchkessel des Schesatobels bei Bludenz bei Inangriffnahme der Verbauung.

entweder erfolgen die Nachbrüche nur oberflächlich an den übersteilen Böschungen, während die Lehne als solche in Ruhe bleibt, oder aber es kann die Bewegung, weit in die Lehne hinaufreichend, eine mehr oder minder mächtige Materialschichte ergreifen, die dann auf ihrer Unterlage abrutscht. Ersteren Falles sprechen wir von einer Bruchfläche im engeren Sinne, letzteren Falles von einer Rutschung oder Rutschfläche.

Die Bildung von Bruchflächen in diesem engeren Sinne des Wortes ist stets zurückzuführen auf ein Anschneiden des Fußes, sei es durch Eingriffe des Menschen, sei es durch die Wühlarbeit des fließenden Wassers. Derartige Bruchflächen treten dort auf, wo das Schuttmaterial bis zu einem gewissen Grade verfestigt, trocken und nicht wasseraufnahmsfähig ist. Solcher Schutt vermag sich oft viele Jahre lang in hohen, steilen Wänden zu halten, die nur langsam zurückwittern, besonders wenn sie durch dachförmig über den Schutt vorragende Steinblöcke, Rasendecken oder Wurzelteller von Bäumen u. dgl. gegen Regen ziemlich geschützt sind.

Als typisches Beispiel einer Bruchfläche ist der Schesatobel bei Bludenz (Abb. 14) zu nennen, der bis zu 220 m tief in das Terrain einschneidet. Sein Bruchkessel umfaßt einschließlich der kleineren Anbrüche im unteren Bachlaufe rund 60 ha und ist von außerordentlich steilen Materialwänden begrenzt, welche eine Höhe bis zu 150 m erreichen. Der Bach war bis gegen Ende des 18. Jahrhunderts völlig harmlos und erst durch den Abtrieb einer großen Fläche des Bergwaldes erfolgte die Entfesselung dieses Wildbaches, der sich dann rasch in die diluvialen Schuttmassen eintiefte. Die Vergrößerung des Bruchkessels geht durch Abbruch der Wände vor sich, ohne daß diese dadurch wesentlich an Steilheit einbüßen. Im Jahre 1907 erfolgte ein solcher Abbruch, bei dem rund 200000 m^3 Material auf einmal abstürzten. Es konnte damals beobachtet werden, wie sich die Materialwand nach vorne neigte und überkippte[76].

Minder gut verfestigter Schutt hält sich in übersteiler Lage entweder gar nicht oder nur kurze Zeit, es tritt dann rasch eine Abflachung der Böschung durch wiederholtes Nachbrechen ein, wodurch mitunter Bachstauungen und Murgänge bei schönstem Wetter entstehen.

Für die Vergrößerung derartiger Bruchflächen ist die Vegetation ohne nennenswerte Bedeutung, nur können einerseits geschlossene, über den Bruchrand überhängende Rasendecken das Abwittern etwas verzögern, anderseits am Bruchrande stehende, starkem Windanprall ausgesetzte, hohe Bäume eine Lockerung des Bodens herbeiführen und das Abwittern beschleunigen.

2. Unterirdische Auswühlung.

Eine weitere Ursache der Bruchbildung ist die Auswühlung unterirdischer Wasserläufe in nicht felsigem Boden, derart, daß dieser unterhöhlt wird und endlich einstürzt. Es ist dies die unheimlichste Art der Geschiebebildung, da ihre Wirkung meist völlig überraschend eintritt, die Ausdehnung der Bewegung von vorneherein ganz unabsehbar ist und wir ihr in den meisten Fällen völlig machtlos gegenüberstehen. Wenn die unterirdischen Wasseradern durch überreiche Zuflüsse überlastet werden, das Wasser unter hohem Druck durch die Gänge gepreßt wird und sie mit großer Geschwindigkeit durcheilt, so liegt die Gefahr nahe, daß es von den Seitenwänden, der Decke und der Sohle Materialmengen mit sich reißt. Ist der Schutt locker, so werden stellenweise Einstürze erfolgen, hinter denen sich das Wasser staut, bis es Kraft

Abb. 15. Bruchkessel von Sette Fontane, Südtirol.

genug hat, durchzubrechen und, wo früher eine klare Quelle sprudelte, wird dann ein dicker Murbrei zutage treten, die Mündung immer mehr erweitern, bis endlich die Decke einstürzt und eine tiefe, sich rasch vergrößernde Runse entsteht. Treten gar lockere Sandschichten auf, so können diese die Eigenschaften von Schwimmsand annehmen und es wird dann das Auswaschen besonders rasch vor sich gehen und zur Katastrophe führen.

Auf solche Weise entstand beim Hochwasser des Jahres 1882 der große Bruchkessel von Sette Fontane im Avisiotale in Südtirol[110]

(Abb. 15), dessen Sohle sich bis zu 100 m gegen die frühere Bodenoberfläche vertieft hat; innerhalb von 10 Jahren sind 5600000 m^3 Material aus dem 14,5 ha messenden Bruche entführt worden, was einem Abtrage von durchschnittlich rund 40 m entspricht.

Ähnliche unterirdische Auswaschungen, allerdings in viel kleinerem Ausmaße, waren auch im Ortsgraben von Regelsbrunn in Niederösterreich zu beobachten[111]. Sie verursachten die Bildung von Hohlräumen, deren Decke in langen Regenperioden mitunter plötzlich einbrach, wodurch nicht nur Kulturgründe vernichtet, sondern auch Hauseinstürze verursacht wurden. In diesem Falle ist es durch vorsichtig ausgeführte Entwässerungsanlagen gelungen, der Erosion von unten Schranken zu setzen.

Die unterirdische Auswühlung dürfte wohl bei der Bildung und raschen Vergrößerung von Anbrüchen viel häufiger eine Rolle spielen, als man verläßlich feststellen kann. Sie hat meist eine derartige Häufung von Murgängen und so verstärkte Bodenbewegungen zur Folge, daß man an ein Betreten des Gebietes oder gar an künstliche Maßnahmen zu ihrer Eindämmung so lange nicht denken kann, bis diese Bewegungen sich ausgetobt haben und von selbst wieder, wenigstens bis zu einem gewissen Grade, eine Beruhigung eingetreten ist.

3. Die Rutschungen und ihre Ursachen.

Bei den Rutschungen bewegen sich stets größere Bodenschollen auf einer geneigten Rutschbahn. Die Bewegung nimmt verschiedene Formen an, je nachdem, ob die Schuttmasse auf einer schon vorgebildeten glatten Fläche abgleitet und hierbei die innere Ordnung der Massenteilchen in der Hauptsache beibehält oder sich auf einer erst unmittelbar vor der Bewegung sich bildenden Ablösungsfläche in die Tiefe wälzt. Ausgelöst werden solche Bodenbewegungen stets durch eine Störung des Gleichgewichtes infolge des Anschneidens der Lehnen, der Schwächung des stützenden Fußes der Schuttlagen oder infolge einer Belastung der rutschgefährlichen Hänge oder aber infolge einer Verminderung der Reibung oder der Kohäsion.

Außer durch die bereits besprochene Wühlarbeit des Wassers können Lehnen ihres Fußes beraubt oder es kann dieser geschwächt werden entweder durch die Herstellung von Anschnitten gelegentlich der Ausführung von Straßen-, Eisenbahn- oder Kanalbauten, also durch Eingriffe von Menschenhand, durch Aufweichung der Schuttmassen oder aber durch eine Spiegelabsenkung von Seen, durch welche der hydrostatische Gegendruck eine Verminderung erfährt.

a) Belastung als Rutschungsursache.

Die Belastung beweglicher Massen kann gleichfalls durch Bauausführungen bedingt sein, sie kann aber auch erfolgen durch die Ablagerung von oben kommenden Schuttes oder endlich durch die Wasseraufnahme des Bodens, besonders der Ton- und Lehmböden.

Prof. A. Heim berichtet von dem im Dezember 1879 erfolgten Absturz einer Felspartie vom Vitznaustocke, die durch ihr Gewicht eine bewaldete, vernäßte Schutterrasse zur Abrutschung brachte, was einen schweren Murgang zur Folge hatte, sowie weiter von einem in der zweiten Hälfte der Achtzigerjahre entstandenen Felssturz ob Schönegg bei Beckenried, dessen Last den unterhalb der Felswände abgelagerten Schutt in Bewegung setzte, welcher sich dann als dicker Brei in den Vierwaldstättersee ergoß[107].

Der Absturz einer Felswand auf der Sandlingalpe im Salzkammergute gab im September 1920 den Anstoß, daß der auf einer geneigten, verseiften Unterlage ruhende Moränenschutt, den Fichtenhochwald durchbrechend, abrutschte[110, 112].

b) Rutschungen auf Gleitflächen.

Wenn infolge des Eindringens von Niederschlags-, Sicker- oder Quellwässern eine von Natur aus vorhandene geneigte Trennungsfuge zwischen zwei Bodengattungen, von denen die untere (liegende) für Wasser gar nicht oder nur in geringem Maße durchlässig ist, die Reibung stark vermindert wird, so kann sich die obere (hangende) Bodenschicht in Bewegung setzen und abgleiten. Begünstigt wird diese Wirkung durch das Auftreten von Lehm, Ton, feinem Sand u. dgl., welche aufgeweicht werden und die Ablösungsfläche glätten. Als Gleitflächen kommen in Betracht glatte Felsoberflächen (Schichtflächen, Harnisch- oder sonstige Verschiebungsflächen, durch Gletscher polierte Rundbuckel) oder aber ganz oder beinahe undurchlässige, nicht felsige Schicht- und Absonderungsflächen, die einen gewissen Grad von Aufweichbarkeit besitzen, bzw. durch Ton, Lehm oder verwitterten Mergel schlüpfrig gemacht sind. Die Gleitflächen sind stets vernäßt, ihr Neigungswinkel ist häufig verhältnismäßig klein, er kann sogar wesentlich kleiner sein, als der natürliche Böschungswinkel des abgleitenden Materiales.

Die Rutschbewegung einer ganzen Erdscholle auf einer derartigen bereits vorgebildeten Gleitfläche bezeichnet man als Erdschlipf. Bei einem solchen ist die Bewegung ein Gleiten, die gleitende Scholle ist wenigstens anfänglich wenig oder gar nicht zerrüttet, die Vegetationsdecke nur an der oberen Bruchgrenze zerrissen. Ist die Neigung der Gleitfläche eine gleichmäßige, so bleibt — namentlich bei langsamer Bewegung — dieser Zustand lange erhalten, ja es bleiben unter Umständen selbst die Bäume aufrecht stehen, weisen höchstens eine geringe Neigung der Wipfel in der der Bewegung entgegengesetzten Richtung auf (Abb. 16).

Verläuft die Gleitfläche unregelmäßig, so bilden sich Klüfte und

Spalten, die in Bewegung befindliche Masse löst sich in unregelmäßige, wirr durcheinanderliegende Schollen auf und die Bewegung geht in ein Rutschen und Wälzen über. Bei den Erdschlipfen ist nicht das Wasser die bewegende Kraft, sondern die Schwere des Erdkörpers; das Wasser hat nur die Bahn geglättet, die Reibung vermindert, vielleicht auch das Material durchweicht und sein Gewicht vermehrt.

Ein interessantes Beispiel eines solchen Erdschlipfes bildet die Bodenbewegung im Rohrleitengraben im Salzkammergute, woselbst sich ein Erdkörper von 9 ha Oberfläche auf einer glatten verseiften

Abb. 16. Abgerutschte Scholle, Sandlingmure, O.-Ö.

Gleitfläche in den Attersee hinein vorschob. Die Bewegung, die unter anderem eine Wiesenfläche mit unversehrter Rasendecke und eine Waldparzelle umfaßte, auf der die 100jährigen Fichten und Buchen lotrecht stehen blieben, wurde in den Neunzigerjahren durch oberflächliche Entwässerungsarbeiten und einen die Gleitfläche durchschneidenden Stollen wieder zur Ruhe gebracht[113].

Eigentümliche Verhältnisse weisen die Rutschungen im Gschliefgraben bei Gmunden auf, in dessen Einzugsgebiet steil aufgerichtete, in der Grabenrichtung streichende Schichten von Mergelschiefer und Sandstein wechsellagernd anstehen. Die ersteren unterliegen einer sehr raschen Verwitterung zu mergeligem Ton, der durch Sicker-, hauptsächlich aber durch Niederschlagswässer aufgeweicht wird und in den Hauptgraben abrutscht, in dem die Masse langsam mit wechselnder Geschwindigkeit talauswärts wandert und einen Schuttkegel in den Traunsee vorgebaut hat, der zur Gänze kultiviert ist und sogar einzelne Häuser trägt. Ähnliche Schuttkegel sind in früheren Jahrhunderten wiederholt im See versunken[110, 114].

Im Gegensatz hierzu löste sich die Schuttmasse des 1894 entstandenen, 15 ha umfassenden Erdschlipfes auf der Ferschbachalpe in Oberpinzgau in Schollen auf, die der Rutschung ein Aussehen gaben, das an die Oberfläche eines stark zerklüfteten Gletschers erinnerte. Die Bewegung konnte auch hier durch Entwässerungsarbeiten wieder zur Ruhe gebracht werden[110, 115, 116].

c) Rutschungen infolge von Kohäsionsverminderung.

Eine andere häufig zur Geltung kommende Ursache der Rutschungen ist die Kohäsionsverminderung des Schuttes entweder infolge der chemischen Verwitterung oder aber ausschließlich infolge Durchnässung und Durchweichung. Die Verwitterung löst den Zusammenhang des Gesteins, erhöht seine Wasseraufnahmsfähigkeit, führt dadurch eine weitere Lockerung des Materials herbei und vermindert den natürlichen Böschungswinkel des letzteren. Infolge der Kohäsionsverminderung werden die Massen bis zu einem gewissen Grade plastisch, es ergeben sich Quellungen und Verschiebungen, die, so gering sie anfänglich sein mögen, doch den normalen Abfluß der Sicker- und Quellwässer stören oder das Aufreißen von Spalten verursachen, durch welche Tagwässer eindringen können. Hierdurch wird die Bewegung beschleunigt, an der Grenze zwischen den mehr und minder widerstandsfähigen Bodenschichten bilden sich Ablösungs- und Verschiebungsflächen, an der oberen Bruchgrenze — in der Zugzone — öffnen sich klaffende Spalten und breite Klüfte, dort hingegen, wo die Bewegung auf Widerstand stößt, eine festsitzende oder sich langsamer bewegende Masse — in der Druckzone — entstehen Stauchungen und Aufwulstungen. Lehmige und tonige Böden neigen besonders zu derartiger Aufweichung und Rutschung in eigener Masse. Die Bewegung erfolgt auf den erwähnten Verschiebungsflächen, die aber in diesen Fällen nicht die Ursache, sondern die Folge der Bewegung sind, im Laufe dieser letzteren jedoch immer glatter werden und die Bewegung begünstigen. Öfters sind mehrere derartige Rutschflächen übereinander festzustellen.

Hierher gehören die meisten Blatt- und Muschelanbrüche. Sie werden ausgelöst infolge Wasserüberschusses, der bedingt sein kann durch behinderte Wasserversickerung in den Untergrund, durch das Zutagetreten reichlicher Sickerwassermengen in einem Horizonte, durch übermäßige Bewässerung u. dgl.

Blattanbrüche bilden sich im Berg- und Hügellande, besonders auf Wiesen und Weideflächen, Jahr für Jahr in großer Zahl. Es sind oberflächliche Bodenbewegungen, die wohl vom Standpunkte des

Landwirtes aus zu beklagen, für die Geschiebeerzeugung aber meist ohne größere Bedeutung sind. Sie kommen meist von selbst wieder zur Ruhe.

Die Muschelbrüche greifen bedeutend tiefer. Bei ihrer Entstehung spielt die Wühlkraft einer entweder von oben zufließenden oder einer im Anbruche selbst zutage tretenden Wasserader mit, und die eintretende Bewegung ist teils ein Gleiten, teils ein Wälzen. Auch hier setzen sich meist schon zu Beginn größere Schollen auf einmal in Bewegung, während die Wasseradern nachträglich die Sohle weiter aufschürfen und deren Vertiefung, sowie die Vergrößerung des Anbruches bewirken.

Abb. 17. 250 m hoher Muschelanbruch, Sturmbach, Ober-Pinzgau.

Die Muschelanbrüche beruhigen sich manchmal auch ohne menschliches Zutun bald wieder, sie können aber auch infolge starken Wasserzuflusses oder Störung eines unterirdischen Wasserlaufes einen plötzlichen unvermuteten Impuls erhalten und in gefährliche Schuttrutschungen oder Muren übergehen (Abb. 17). Sie können auch ganze Lehnen in Bewegung setzen, derart, daß sich Klüfte sogar quer über das Rinnsal der die Hänge durchziehenden Bäche fortsetzen.

Mitunter gehen solche Bodenbewegungen äußerst langsam und in beinahe unmerklicher Weise vor sich und sind nur an den Wirkungen kenntlich, die sich innerhalb längerer Zeit einstellen.

Derartige Gekrieche können aber auch eine unvermutete Beschleunigung erfahren. Zu welch gewaltigen Katastrophen dies führen kann, zeigt die Verschüttung des Weilers La Muda im Abteitale in Südtirol im Juni 1821[110, 117–120].

Die auf eine Kohäsionsverminderung des Materiales zurückzuführenden Bodenbewegungen beschränken sich aber nicht auf ein Abgleiten von Lehnen und Hangpartien, sondern bewirken auch horizontale Verschiebungen, unter Umständen sogar vertikale Hebungen des Bodens zum Ausgleiche einseitiger Belastung oder auch infolge des Zusammenpressens durch starken Seitendruck. Solche Hebungen treten meist in Tonböden auf, doch können auch Aufschüttungen der Wildbäche, wenn sie in der Hauptsache aus plastischen Materialien bestehen, aufgepreßt werden. So wird von der Kleinen Schliere im Kantone Obwalden berichtet[108], daß sich in der Örtlichkeit Seeweli eine Druckstrecke befinde, in der sich die obersten Sperren „in der Mitte aufbäumten". Auch in der Nolla bei Thusis sind Sperrenbeschädigungen infolge des Emporpressens des Untergrundes vorgekommen. Hier handelt es sich um Rutschungen infolge außerordentlich tief reichender Zerrüttung des schwarzen, tief verwitterten Bündnerschiefers, der in großer Ausdehnung in Bewegung geraten ist[121].

d) Rutschungen infolge hydrostatischer Druckwirkung.

Als Beispiel für eine durch Wasserüberdruck ausgelöste Bodenbewegung kann die bei Bruck am Ausgange des Zillertales entstandene Rutschung angeführt werden. Nach Prof. Blaas[122] löste sich in der steilen, mit Fichten und Tannen gut bestockten Lehne im März 1896 plötzlich und unvermutet eine Partie los (Abb. 18) und eine aus Schlamm und Steinen bestehende Mure verschüttete mehrere Häuser und die Kirche von Bruck und verwüstete ausgedehnte Grundstücke. Im Rutschgebiete wurden damals „armdick hervorschießende Wasserstrahlen" an mehreren Stellen beobachtet, wo früher kein Wasser zu sehen war. Die Ursache der Rutschung ist im Eindringen der reichlichen Niederschlags- und Schmelzwässer in den Boden zu suchen, die von den normalen Quellausläufen nicht mehr be-

Abb. 18. Rutschung bei Bruck im Zillertal, Nordtirol.

wältigt werden konnten, sich im Boden, namentlich zwischen dem festen Gestein und der Schuttdecke stauten, diese vollständig durchtränkten und zum Weichen brachten.

Zweifellos ist auch die häufig unter einem schußartigen Knall erfolgende Auslösung zahlreicher Blatt- und Muschelanbrüche auf die Bildung von Wassersäcken im Boden und die Druckwirkung gestauten Wassers zurückzuführen.

Erschütterungen als auslösende Ursache von Rutschungen kommen für die Geschiebebildung in den Wildbächen wohl kaum in Betracht.

e) Rutschungen infolge Schwächung der Vegetationsdecke.

Eine geschlossene Vegetationsdecke schützt den Boden vor oberflächlicher Abtragung, kann aber tieferreichende Bodenbewegungen nicht verhüten. Von allen Vegetationsformen kommt dem Walde die höchste Schutzwirkung zu. Auf vegetationslosen, nicht felsigen Hängen wühlt sich das abfließende Regenwasser sehr leicht oberflächliche Runsen aus, die sich im lockeren Boden rasch zu tiefen Regenschluchten ausbilden, die Hänge zerfurchen und große Schuttmengen in Bewegung setzen. Sind die Lehnen aber mit einer geschlossenen Vegetationsdecke überzogen, so ist die Bildung solcher Runsen ungemein erschwert und es wird sich der Wasserablauf meist schadlos abspielen. Während, wie schon erwähnt, Blatt- und Muschelanbrüche auf Wiesen und Weideflächen sehr häufig auftreten, ist dies im Walde viel seltener der Fall und auch da meist an Stellen, wo Bodenverwundungen z. B. durch Windwürfe, Schlägerungen und Holzablieferung vorausgegangen sind. Die Schlägerungen gehen sehr häufig mit einer Vernässung des Bodens Hand in Hand, die nicht zu beobachten war, solange der Wald stand. Sie stören den Wasserhaushalt des Bodens, weil dieser einerseits durch den Fortfall der Verdunstung auf den Bäumen mehr Niederschlagswasser erhält und anderseits der Wasserverbrauch der letzteren entfällt, so daß sich Wasser im Boden sammelt und ihn durchweicht.

Tiefenbacher berichtet ausführlich über mehrere Rutschungen, die ausschließlich durch den Waldabtrieb ausgelöst wurden[123]. Auch aus zahlreichen anderen Beobachtungen ist bekannt, daß die Entfesselung von Wildbächen eine Folge des Waldabtriebes war, so beim schon genannten Rebrutt, beim Schesatobel, dem Sylvesterbach und vielen anderen. Auch auf die Bodenverwundung durch die Holzbringung ist das Entstehen zahlreicher Wildbäche und Runsen nachweisbar zurückzuführen.

Auf Bodenverwundungen durch Windwürfe geht die Bildung von 63 Runsen und sonstigen Rutschungen im vollbestockten schönsten Walde der Domänen Hohenelbe und Marschendorf in Nordböhmen beim Hochwasser des Jahres 1897 zurück, über welche Wang[3] berichtet. Zur Zeit dieser Hochwasserkatastrophe und gerade während des stärksten Niederschlages war ein heftiger Sturmwind losgebrochen, der ganze Partien des flachwurzeligen Fichtenbestandes auf dem durchnäßten Waldboden zum Sturze brachte. Im benachbarten unbewaldeten oder nur mit Knieholz bewachsenen Terrain gingen damals im Gegensatz zum Wald wenig Muren ab. Eine Bestockung mit tiefer wurzelnden Bäumen hätte, wie Wang beifügt, auch im Walde den Eintritt der beklagten Schäden sicher verhindert.

Weiter benützte Quellen 124 bis 131.

Fünfter Abschnitt.

Einfluß der Pflanzendecke auf das Verhalten der Gewässer.

Die Vegetationsformen lassen sich der Hauptsache nach in drei Hauptgruppen teilen, und zwar:

1. die Bestockung mit Holzgewächsen, also den Wald in seinen verschiedenen Formen, vom Hochwalde bis zum Buschwalde, den Legföhren- und Alpenerlenbeständen und der Bebuschung mit anderen niedrigen Sträuchern;

2. die Grasfluren, also die Wiesen und Weideflächen, einschließlich der mit ausdauernden krautartigen Pflanzen bewachsenen Flächen und endlich

3. die Ackerflächen, die mit landwirtschaftlichen Kulturpflanzen bestockt sind und häufig umgebrochen werden.

Diese Vegetationsformen beeinflussen nach ihrer verschiedenen Natur das Verhalten unserer Gewässer in verschiedener Weise. Den größten und nachhaltigsten Einfluß übt der Wald aus, der ja auch auf der Flächeneinheit des Bodens eine weitaus größere Masse organischer Stoffe ansammelt, als die Grasfluren oder Äcker und der auch den Bodenzustand weit mehr beeinflußt als die beiden anderen Vegetationsformen.

Diese weisen untereinander nicht so weitgehende Verschiedenheiten auf und können daher im nachfolgenden zusammengefaßt und dem Walde gegenübergestellt werden.

Über den Einfluß, den der Wald auf den Niederschlag und den Wasserabfluß und damit auf das Entstehen der Hochwässer ausübt, herrschten seit jeher verschiedene Ansichten, und erst in jüngster Zeit sind diese Meinungsverschiedenheiten in der Fachliteratur neuerdings zum Ausdrucke gekommen. Während eine Partei diesen Einfluß als ausschlaggebend hinstellt, vertritt die andere die Ansicht, daß derselbe ziemlich untergeordnet und eng begrenzt sei. Beide Ansichten stützen sich auf Tatsachen und Beobachtungen, die nicht anzuzweifeln sind.

Als Beweis für eine weitreichende Wirkung des Waldes wird angeführt, daß die Entwaldung in manchen Ländern katastrophale Folgen nach sich zog und z. B. in den südfranzösischen Alpen zusammen mit übermäßiger Weidenutzung die Verödung ganzer Täler zur Folge hatte, und daß, wie schon erwähnt, die Entfesselung zahlreicher Wildbäche nachweislich auf ausgedehnte, unvorsichtige Schlägerungen zurückzuführen ist.

Einen bedeutenden Einfluß des Waldes beweist auch die Beobachtung, daß regelmäßig und reichlich fließende Quellen im Waldgebiete nach Abholzung der Wälder versiegt, nach der Wiederaufforstung jedoch wiedergekehrt sind[132], sowie der Umstand, daß der Wasserstand mancher Flüsse, in deren Gebieten ausgedehnte Schlägerungen vorgenommen wurden, weit stärkeren Schwankungen unterliegt als vorher, was beispielsweise bezüglich des Glommen in Norwegen nach Prof. Baumann[133] durch die Wasserstandsmessungen der Wasserwerke Sarpsborg und Haslund nachgewiesen wird.

Andrerseits wird geltend gemacht, daß Hochwasserkatastrophen mit außerordentlich bedeutenden Schäden auch in solchen Gebieten zu beklagen waren, deren Bewaldungsverhältnisse sehr günstige sind, wie z. B. im Quellgebiete der Elbe, in gewissen Karpathentälern, im Wienerwalde und im Salzkammergute, und daß sich seit 800 Jahren eine bemerkenswerte Änderung der Katastrophenhochwässer unserer Flüsse und damit ein Einfluß der fortschreitenden Entwaldung nicht nachweisen lasse[134].

Obering. Schaffernak[135] teilt auszugsweise den auf den Wald bezüglichen Inhalt einer Studie des amerikanischen Ingenieurs H. M Chittenden „Beziehungen der Wälder und Staubecken zum Abflusse mit besonderer Rücksichtnahme auf die schiffbaren Flüsse“ mit, deren Zweck es vor allem war, „den tief eingewurzelten Glauben an den günstigen Einfluß des Waldes ins Wanken zu bringen“. Chittenden führt unter anderem aus, daß durch das Zusammentreffen des oberirdischen Abflusses mit jenem aus unterirdischen Reservoiren, die von früher gefüllt sind, eine Verstärkung der Hochflut verursacht werden kann, daß ferner in den Wäldern die Schneeschmelze sich bis in die warme Jahreszeit hinein verzögert, in der sie naturgemäß rascher vor sich geht und höhere Wasserstände verursacht. Der Autor gelangt zum Schlusse, „daß der Forstkultur jeder Wert hinsichtlich der Abschwächung extremer Hochfluten abgesprochen werden muß“.

Um die Wirkung des Waldes auf die Wasserstandsverhältnisse klar zu stellen, wurden von der schweizerischen Zentralanstalt für das forstliche Versuchswesen bereits im Jahre 1900 Niederschlags- und Abflußmessungen im Sperbel- und Rappengraben bei Wasen im Emmentale eingeleitet. Von den genannten Gräben ist der erstere zu 97%, also nahezu vollständig, der letztere nur zu ungefähr einem Drittel bewaldet; die Lage, Gefälls-, Gesteins- und Witterungsverhältnisse beider Gebiete sind einander aber sehr ähnlich. Das durch diese Beobachtungen gewonnene, äußerst lehrreiche Beobachtungsmaterial hat Prof. Dr. Arnold Engler wissenschaftlich bearbeitet und — soweit es sich auf die Jahre 1903 bis 1915 bezieht — veröffentlicht[24].

Auch die von der genannten Anstalt durchgeführten Bodenuntersuchungen in einigen Örtlichkeiten der Kantone Uri, Freiburg und Graubünden, über welche Hans Burger berichtet, dienen dem erwähnten Zwecke[136].

Diesen Arbeiten verdanken wir neue Einblicke in die Beziehungen zwischen dem Walde und dem Abflusse des Wassers, sie haben die Unrichtigkeit einiger älterer Anschauungen dargetan und für andere Anschauungen eine wissenschaftliche Grundlage geschaffen.

Der Wald kann auf das Verhalten unserer Gewässer in mehrfacher Beziehung einwirken, und zwar:

1. durch eine Beeinflussung der Niederschläge;
2. durch die Wirkung auf den Wasserabfluß und
3. durch den Einfluß auf die Bodenbindung und die Geschiebebildung.

Der Einfluß auf den Niederschlag bildet einen Teil der Waldklimafrage, die daher kurz gestreift werden soll.

Alle Pflanzendecken beeinflussen den Abfluß der Meteorwässer mehr oder weniger. Um ein Bild über die Wichtigkeit des Waldes zu gewinnen, ist es erforderlich, ihn mit andern Vegetationsformen zu vergleichen. Ähnliches trifft auch bezüglich der Bodenbindung und Geschiebebildung zu.

A. Die Beeinflussung des Klimas.

Ein wesentlicher Einfluß des Waldes auf das allgemeine Klima einer Gegend ist nicht vorhanden, mindestens kann ein solcher nicht nachgewiesen werden; wohl aber erleiden die einzelnen Klimafaktoren als: Wärme, Luftbewegung und Luftfeuchtigkeit, sowie auch die Niederschläge im Waldinnern gewisse Änderungen. Der Wald beeinflußt daher das Kleinklima des Waldinnern und kann, wenn er eine entsprechende Ausdehnung besitzt, unter Umständen, und zwar hauptsächlich durch Beeinflussung der Luftströmungen eine beschränkte Wirkung auch auf das örtliche Klima seiner unmittelbaren Umgebung ausüben.

Obschon sich die von den einzelnen Forschern gemachten Beobachtungen stets nur auf bestimmte Örtlichkeiten beziehen und die aus ihnen gezogenen Schlüsse sich nicht ohne weiteres auf andere Örtlichkeiten übertragen lassen, kann doch Folgendes gelten: Der Wald erniedrigt im allgemeinen, besonders im Sommer, die Luft- und auch die Bodentemperatur in seinem Innern um ein geringes Maß (0,1 bis 2^0) und verringert die Temperaturschwankungen gegenüber dem freien Felde; er setzt die Wärmeausstrahlung des Bodens herab und bewirkt dadurch, daß dieser später und minder tief gefriert; er schwächt die Luftströmungen ab und wirkt durch die Abhaltung und Abschwächung kalter und austrocknender Winde günstig auf seine Umgebung. Infolge der niedrigeren Lufttemperatur ist die relative Luftfeuchtigkeit im Walde etwas größer als im Freilande, doch ist die absolute nahezu gleich und der Unterschied für die Umgebung kaum fühlbar.

Nach den Ergebnissen vergleichender Messungen wurde früher häufig eine nicht unwesentliche Vermehrung der Niederschlagsmenge durch den Wald angenommen und eine Abnahme der Regenmenge als Folge von Entwaldungen behauptet. Nähere Untersuchungen führten jedoch zu dem Schlusse, daß diese Messungen nicht beweiskräftig seien, weil bei ihnen verschiedene andere Einflüsse nicht ausgeschaltet werden konnten. So läßt die über dem Freilande größere Windstärke hier nur eine geringere Wassermenge in die Regenmesser gelangen, als der wirklichen Regendichte entsprechen würde, welches Moment beim Walde wegen der Abschwächung des Windes zurücktritt.

Man neigt nun der Ansicht zu, daß der Wald einen nennenswerten Einfluß auf die Regenmenge nicht besitze. Auch die vorerwähnten schweizerischen Untersuchungen ließen einen Einfluß des Waldes auf die Regenmenge nicht erkennen.

Am ehesten könnte sich ein solcher Einfluß in Trockengebieten oder in Perioden von Trockenheit geltend machen, indem hier schwache Niederschläge sich einstellen können, während solche im Freilande ausbleiben. Bei heftigen Regengüssen und lang andauernden starken Landregen tritt ein solcher Einfluß des Waldes jedenfalls völlig zurück und ist für die durch derartige Elementarereignisse bedingten Hochwasserkatastrophen bedeutungslos.

Der Einfluß des Waldes auf die Gewitter- und Hagelbildung ist — wenn er auch nicht in Abrede gestellt werden kann — jedenfalls nur ein sehr geringer.

Außer den meßbaren Niederschlägen wie Regen, Schnee und Hagel treten aber auch nicht meßbare, nämlich Tau und Beschlag, Reif, Rauhreif und Eisanhang, sowie die Kondensation von Wasserdampf in den Hohlräumen des Bodens auf.

Tau und Reif sind an starke Temperaturschwankungen gebunden, bilden sich daher wohl im Walde in geringerer Menge als im Freilande, hingegen haben Linke und Rubner nachgewiesen, daß der Wald „aus treibendem Nebel das tropfenförmige Wasser herausfiltriere", und nach Kopezky unterliegt es keinem Zweifel, daß im ganzen genommen, die nicht meßbaren Niederschläge im Walde größer seien als im Freilande.

Sie mögen für den gesamten Wasserhaushalt des Waldes und besonders für die Vegetation in Trockengebieten von Bedeutung sein, einen merklichen Einfluß auf den Wasserabfluß oder gar die Hochwasserbildung haben sie aber nicht.

Die Schneeschmelze geht im Walde im allgemeinen langsamer und gleichmäßiger vor sich als im Freilande. Hierdurch, sowie wegen des Umstandes, daß sie dort öfters als hier auf nicht gefrorenem, also wasseraufnahmsfähigem Boden vor sich geht, wird die Abflußmenge verringert und die Gefahr der Hochwasserbildung durch die Frühjahrsschneeschmelze vermindert. Daß eine solche Gefahr wohl für die Ebene und die größeren Flüsse, aber kaum im Gebirge und in kleinen Bächen zu fürchten ist, wurde bereits an anderer Stelle erwähnt. Allerdings werden auch im Gebirge mitunter die von heftigen Regengüssen verursachten Hochwässer durch gleichzeitige Schneeschmelze noch wesentlich verstärkt, und zwar meist bei den Herbstregen und bei Gewitterregen im Frühsommer. Eine nachteilige Wirkung des Waldes auf die Bildung solcher Hochwässer kann nur dann eintreten, wenn es sich um Altschneemengen handelt, die sich im Walde noch erhalten haben, während das angrenzende Freiland bereits schneefrei ist.

Die Möglichkeit, daß durch die Verzögerung der Schneeschmelze im Walde ihr Zusammentreffen mit stärkeren Gewitterregen herbeigeführt wird, wie dies von Chittenden, Beates und Henry für das nordamerikanische Felsengebirge als Regel hingestellt wird, ist allerdings auch für unsere Gegenden, wo ganz andere Verhältnisse herrschen als dort, nicht vollkommen auszuschließen, aber keineswegs naheliegend.

Aus dem Umstande, daß eine Beeinflussung des Großklimas einer Gegend durch den Wald nicht nachweisbar ist, darf aber, wie schon Lorenz-Liburnau ausführt, keineswegs geschlossen werden, daß das Verschwinden ausgedehnter Waldungen ohne Bedeutung bliebe, wenn an ihre Stelle etwa dürre Hutweide oder nackter Felsboden treten würde, was in regenarmen Gegenden an sonnigen Lehnen leicht der Fall sein kann. Hier verzehrt sich, wie die Verkarstungen beweisen, nach dem Abtriebe der Bestände häufig der Humus, der Boden verarmt oder wird abgeschwemmt und die Klimafaktoren werden — mindestens durch Verschiebungen im Ausmaße und in der Häufigkeit der Extremfälle der Witterung — ungünstig beeinflußt, und besonders wird das

Mikroklima vollständig geändert. Schon der Fortfall des vom Walde gebotenen Windschutzes kann eine Verwilderung und Verschlechterung des Klimas zur Folge haben und ist Grund genug, die Wirkung des Waldes auch in klimatischer Beziehung nicht zu unterschätzen.

B. Die Wirkung auf den Wasserabfluß.

Der oberflächliche Abfluß des Niederschlagswassers wird verringert durch die Verdunstung auf der Pflanzendecke und auf dem Boden, durch den Wasserverbrauch der Vegetation und durch die Versickerung.

1. Retention der Pflanzendecke.

Sowohl im Walde als auch in dem mit einer anderen Vegetationsform bekleideten Freilande gelangt ein erheblicher Teil der Niederschläge nicht auf den Boden, sondern wird von der Pflanzendecke zurückgehalten. Das Rückhaltevermögen ist außer von deren Art und Beschaffenheit abhängig von der Dauer, Form und Stärke des Niederschlages, von den Temperatur- und Windverhältnissen und von der vorausgegangenen Witterung. Es ist besonders groß im Walde, hier aber weiter noch abhängig von der Holzart, dem Alter und Bestockungsgrade der Bestände, von deren Bewirtschaftung und bei sommergrünen Holzarten auch von der Jahreszeit.

Die Retention kommt auch im Walde hauptsächlich bei Beginn des Regens zur Geltung. Mit zunehmender Regenstärke wächst die absolute Menge des in den Baumkronen zurückgehaltenen Regens nur langsam und erreicht bald eine Grenze.

Nach Hoppes im Wienerwalde durchgeführten Messungen[137] betrug die in den Baumkronen zurückgehaltene durchschnittliche Regenmenge in Beständen von

	Fichten	Föhren	Buchen
bei Regen von 0 bis 5 mm Stärke	2,2	1,0	0,7 bis 1,2 mm
„ „ „ 5 „ 10 „ „	4,1	2,0	1,7 „ 2,1 „
„ „ „ 10 „ 15 „ „	5,2	2,6	2,2 „
„ „ „ 15 „ 20 „ „	5,4	4,1	2,3 „ 3,1 „
„ „ über 20 „ „	6,6	5,9	3,1 „
für die Gesamtregenmenge des Sommers je Regentag	3,8	2,2	1,6 „ 1,7 „

Setzt man die mittlere Regenstärke von 0 bis 5 mm mit 2,5, jene von 15 bis 20 mm mit 17,5 an, so entspricht die Menge des in Fichtenbeständen zurückgehaltenen Regens (2,2 bzw. 5,4 mm) ersteren Falles nahezu 90%, letzteren Falles nur rund 30% und bei stärkeren Regen nimmt diese Verhältniszahl weiterhin rasch ab. Ähnliches trifft auch für die anderen Holzarten zu.

Schon diese, aus wenigen Versuchsreihen gewonnenen Ziffern lassen erkennen, daß die für das Zurückhaltungsvermögen ermittelten Verhältniszahlen eine allgemeine Gültigkeit nicht beanspruchen können, sondern nur einen Vergleichs- und Durchschnittswert besitzen.

Es schwanken daher auch die von verschiedenen Autoren angegebenen Prozentsätze für das Retentionsvermögen der Waldkronen sehr stark, was außer durch die Verschiedenheit der Regendichten und der Bestände auch noch durch den Umstand begründet ist, daß die Messungen zum Teil nach nicht zulänglichen Methoden durchgeführt wurden, z. B. die an den Baumstämmen abrieselnden Regenmengen unberücksichtigt ließen.

Für die Auswertung der oben erwähnten Untersuchungen der schweizerischen Zentralanstalt nimmt Prof. Engler[24] auf Grund der am besten übereinstimmenden Messungen an, daß im Versuchsgebiete in Fichten- und Tannenwäldern etwa 19%, in Föhrenwäldern etwa 27%, in Buchenwäldern hingegen nur 5% der Jahresregenmenge nicht auf den Boden gelangen, sondern in den Baumkronen verdunsten und daß die betreffende Ziffer für den Durchschnitt der Bestände in den Schweizer Voralpen etwa 15% betrage. Hieraus berechnet sich bei der dortigen mittleren Jahresregenhöhe von rund 1600 mm eine Gesamtretention der Baumkronen von 240 mm, oder, auf die durchschnittliche Zahl von 195 jährlichen Regentagen verteilt, für jeden solchen im Mittel nur etwas mehr als 1,2 mm.

Über die Wirkung auf die Schneeablagerung gibt Engler nach den Mitteilungen der deutschen forstlichen Stationen an, daß im Föhrenwalde durchschnittlich 13%, im Fichtenwalde 15% der im Freien fallenden Mengen auf den Baumkronen zurückgehalten werden, während im Buchenwalde die Schneemenge um 1% größer sei.

Um einen Vergleich zwischen dem Rückhaltevermögen der Bäume und der landwirtschaftlichen Nutzpflanzen zu ziehen, sei erwähnt, daß dasselbe auf Weideflächen nach verschiedenen Messungen 6 bis 12% beträgt und daß nach Weinzierl eine künstliche Alpenwiese dreimal soviel Wasser zurückzuhalten vermag, als eine gut gepflegte Alpweide und $1^1/_2$mal soviel als eine typische Magerweide der nördlichen Kalkalpen. Nach Wollny betragen diese Prozentsätze bei Bestockung mit Mais 57%, Sojabohnen 66%, Hafer 78%, Wicken 78%, Bohnen 75%, Lupinen 58% des Niederschlages. Es darf aber nicht außer Acht bleiben, daß sich diese Angaben auf Gegenden mit einer bedeutend geringeren als der oben angegebenen Jahresniederschlagsmenge beziehen und daß die Zahlen nur für die voll entwickelte Vegetation, sohin nur für eine verhältnismäßig kurze Zeit des Jahres gelten können, keineswegs aber als Durchschnittswerte für das Jahr, wie die für den Wald angegebenen Ziffern.

Es kann übrigens nicht unerwähnt bleiben, daß das in den Baumkronen zurückgehaltene Wasser durch einsetzenden starken Wind großenteils herabgeschüttelt wird, wodurch plötzlich eine weit größere Wassermenge auf den Boden gelangt, als der momentanen Regenintensität entsprechen würde.

2. Verdunstung auf dem Boden.

Von der auf den Boden gelangenden Niederschlagsmenge verdunstet im Walde wegen mangelnder Besonnung, geringerer Temperatur und höherer relativer Feuchtigkeit der Luft, sowie wegen der Abschwächung der Winde ein viel geringerer Teil als im Freilande.

Ebermayer gibt nach in der Maingegend angestellten Versuchen an, daß in der Zeit vom April bis September verdunsten

auf Freilandboden	4087 m³/ha	= 408,7 mm
auf Waldboden ohne Streu	1592 „	= 159,2 „
„ „ mit „	626 „	= 62,6 „

Mit zunehmender Meereshöhe wird die Verdunstung geringer.

Für die landwirtschaftlich genutzten Böden der Versuchsgebiete gibt Engler folgende Verdunstungszahlen an: für das Frühjahr 810 m³ pro ha, für den Sommer 1800 und für den Herbst 1080, sohin zusammen 3690 m³/ha = 369 mm; für den Waldboden nimmt er durchschnittlich ein Drittel dieses Maßes, also 1230 m³/ha = 123 mm an.

Im Walde ist mithin außer mit der Retention der Baumkronen auch noch mit jener der lebenden und toten Bodendecke zu rechnen, welch' letztere je nach Beschaffenheit der Bestände mehr oder minder stark ist. Sie besteht aus Heidelbeer- oder Heidekraut, Moos, Flechten und dergleichen sowie aus Laub- und Nadelstreu und sonstigem Pflanzenabfall und ist für den Wasserhaushalt von großer Wichtigkeit.

Durch die normale Zersetzung der toten Bodendecke bildet sich Humus, durch dessen Vermischung mit dem Mineralboden lockere, wasserdurchlässige Humuserde. In vorteilhaftester Weise geht diese Umbildung in gemischten Beständen vor sich, während z. B. die sich dicht lagernden Fichtennadeln und auch die Heidelbeervegetation bei kalter Luft und viel Niederschlag die Bildung von Rohhumus begünstigen; minder ungünstig wirken die sperrigen Nadeln der Kiefern.

Die Bodendecke ist imstande, beträchtliche Wassermengen aufzunehmen und festzuhalten. Forstmeister Ney gibt an, daß der gesamte Streuvorrat eines Waldes 2,36 mm Regen dauernd zurückhalten könne. Berechnet man das Wasseraufsaugungsvermögen der Streudecke unter Zugrundelegung der von Prof. Tschermak angegebenen Ziffern, so gelangt man für geschonte Bestände zu ähnlichen Werten, nämlich für die Fichtenwälder 2,54, für Buchenwälder 2,81 mm. Andere

Autoren geben für das Retentionsvermögen allerdings höhere Ziffern, nämlich 4 bis 6 mm an.

Nun kommt aber einerseits das gesamte Rückhaltevermögen im Walde nie zur Geltung, weil ja die Streudecke nicht lufttrocken, sondern stets feucht ist, während diese andererseits vorübergehend wohl eine größere als die angegebene Wassermenge aufzunehmen vermag, sie aber nicht festhalten kann, sondern langsam abfließen läßt.

Wenn auch die Retention der Baumkronen mit jener der Bodendecke zusammenwirkt, so kann doch nur eine sehr beschränkte Regenmenge, die in unseren Wäldern selbst unter besonders günstigen Verhältnissen das Maß von 10 mm selten übersteigen dürfte, dauernd festgehalten werden. Es muß daher das Retentionsvermögen des Waldes bei ausgiebigen Niederschlägen rasch abnehmen und sich bald erschöpfen.

3. Wasserverbrauch der Vegetation.

Zum Aufbau des Pflanzenkörpers und zur Transpiration verbrauchen die Pflanzen sehr bedeutende Wassermengen. Höhnel[138] berechnet z. B. für den Wienerwald den Verdunstungsverlust während der Vegetationszeit für einen

115	jähr. Buchenbestand mit	303	Stämmen	auf	rd.	2,717.000 kg/ha
50—60	„ „ „	1300	„	„	„	2,331.000 „
35jähr.	Buchenstangenholz mit	1400	„	„	„	679.000 „

das wären also 2717 bzw. 2331 und 679 m³/ha.

Nach einer andern Messung Höhnels betrug das Wasserbedürfnis eines ähnlichen Buchenbestandes 3120 m³/ha in 120 Tagen. Wlissidis gibt für einen Buchenbestand den jährlichen Wasserbedarf mit 3600 m³/ha an.

Engler berechnet den Wasserbedarf des Waldes im Versuchsgebiete unter Zugrundelegung eines Trockengewichtes an Holzzuwachs, Reisig und Blättern von 8000 kg/ha und der von Hellriegl ermittelten Verdunstungszahl von 324 mit 2592000 kg/ha für die Vegetationszeit, bzw. mit einem entsprechenden Zuschlage für die von den Nadelhölzern im Winter verbrauchte Wassermenge auf etwa 3000 m³/ha und Jahr, entsprechend einer Wassermenge von 300 mm. Auch die Berechnung unter Zugrundelegung der Verdunstungszahl nach Höhnel für die verschiedenen Hauptholzarten ergab unter Berücksichtigung der zum Aufbau des Holzkörpers verbrauchten Wassermengen hiermit ziemlich gut übereinstimmende Zahlen.

Mit der Zunahme der Holz- und Blattproduktion wächst selbstverständlich auch der Wasserverbrauch, so daß sich daraus eine natürliche Erklärung für die voneinander abweichenden Ziffern ergibt, die weiter noch durch die verschiedene Besonnung und Wasserversorgung beeinflußt werden.

Die sommergrünen Hölzer verbrauchen im Frühjahr zur Erneuerung der Blätter viel mehr Wasser als die wintergrünen Nadelhölzer, doch ergibt sich ein gewisser Ausgleich, weil die Nadeln der letzteren mehrere Jahre, die Blätter der ersteren jedoch nur etwa ein halbes Jahr an den Zweigen haften bleiben.

Den Wasserbedarf der Wiesen und der Äcker des Versuchsgebietes im Emmentale berechnet Engler unter Zugrundelegung eines Ertrages von 160 q Grüngewicht = 4000 kg Trockengewicht und der Hellriegl-schen Transpirationszahl auf 1296 m^3/ha, also rund 130 mm, jenen der Weiden unter Annahme einer Gesamtproduktion an Gras, dann an vorkommenden Farnkräutern, Fichten- und Erlenanflug von rund 2000 kg Trockensubstanz auf 648 m^3/ha oder rund 65 mm.

Nach Riesler verbrauchen Wiesen und Kleefelder während des Wachstums in fünf Monaten eine Wasserhöhe von 750 mm, Getreide in vier Wachstumsmonaten 408 mm; Strecker gibt hingegen den Wasserverbrauch der Nutzpflanzen im allgemeinen mit 350 mm, Schleiden den eines Klee- oder Haferfeldes mit 340 mm, Schübler den einer wohl reichlich bewässerten Kunstwiese sogar mit 1200 mm an.

Aber auch diese Zahlen können eine allgemeine Gültigkeit nicht beanspruchen, da sich ja die Vegetation bis zu einem gewissen Grade auf die verfügbare Wassermenge einstellt, nach ihr das Wachstum modifiziert und weil noch verschiedene andere Umstände den Wasserbedarf beeinflussen.

4. Versickerung, Grundwasser und Quellen.

Die Versickerung wird durch zahlreiche Umstände beeinflußt. Die Sickerwassermenge ist abhängig von den Niederschlägen, besonders ihrer Dauer, von der Kulturart und Bewirtschaftung des Bodens, dann von der Bodenneigung und Bodentemperatur, ganz besonders aber von der Art und Lockerheit des Bodens und der geognostischen Beschaffenheit des Untergrundes. Selbst bei den stärksten Platzregen sickert das Wasser nur wenige Zentimeter tief in den Boden ein und sinkt dann erst allmählich in die Tiefe; es versickert daher bei anhaltenden, wenn auch schwächeren Niederschlägen mehr Wasser als bei kurzen heftigen Regen. In fest gefrorenen Boden dringt das Wasser nicht ein; eine langsame Schneeschmelze bei offenem Boden begünstigt aber die Versickerung.

In hervorragendem Maße wird diese letztere vom Walde und seiner Bodendecke beeinflußt. Während normal zersetzter Humus Wasser an den Untergrund abgibt, sind die unteren Lagen alter unzersetzter Streudecken für Wasser beinahe undurchdringlich. Besonders ungünstig in dieser Hinsicht wirkt der Rohhumus, auch starke Moosdecken geben kein Wasser an den Untergrund ab und beschränken die Versickerung hauptsächlich auf jene Stellen, wo die Bodendecke unterbrochen ist und sich das abfließende Wasser staut. Wenn der Waldboden auch große Unterschiede in seinem Wasseraufnahmevermögen zeigt, so ist er doch im allgemeinen infolge der ständigen Beschirmung, des Humusgehaltes, der lebenden und toten Baumwurzeln und der Tätigkeit der Bodenfauna viel lockerer als der Freilandsboden und seine Teilchen sind bis in beträchtliche Tiefe in ständiger Umlagerung begriffen. Nach den schweizerischen Bodenuntersuchungen erstreckt sich der lockernde Einfluß der Bestockung unter günstigen Verhältnissen nicht selten auf 2 bis 3 m Tiefe.

Infolgedessen ist der Waldboden imstande, große Wassermengen aufzunehmen und unterirdisch weiterzuleiten. Hierbei wird ein Teil in den Hohlräumen vorübergehend gespeichert und der Abfluß wesentlich verzögert und ausgeglichen. Hierin liegt die Hauptwirkung, die der Wald auf den Wasserhaushalt ausübt.

Nach in der Bodenseegegend ausgeführten Versuchen versickert im Waldboden ungefähr um 50% mehr Wasser als im Freilandboden, ja nach Burger ist der Waldboden 10 bis 30mal durchlässiger als der Weideboden.

Der kurze Weiderasen, dessen feine Wurzeln die oberste Bodenschichte bis auf 30 cm Tiefe filzartig durchziehen und den Untergrund fast von der Außenschichte abschließen, ist für die Versickerung am ungünstigsten; hier kommt noch dazu, daß der Weideboden durch den Tritt des Viehes festgestampft wird. Nach Einstellung der Viehweide bessern sich die Bodeneigenschaften bald durch Ansiedlung tiefer wurzelnder Pflanzen, die den Rasen verdrängen. Besser als Weideböden erweisen sich Dungwiesen; Ackerböden sind wohl oberflächlich lockerer, besitzen aber meist eine dichte Pflugsohle. Es nimmt daher auf Freilandsböden im Gegensatz zum Walde nur die oberste Schichte Wasser auf und dieses dringt meist nicht in die Tiefe, der größte Teil fließt vielmehr oberirdisch ab.

Trotz der größeren Wasseraufnahme sind die Waldböden im allgemeinen nur in der obersten Bodenschichte feuchter, hingegen im Wurzelraume der Bäume, also in 20 bis 100 cm Tiefe, trockener als die Freilandsböden, was seine Begründung darin findet, daß einerseits mehr Wasser in größere Tiefe absinkt, andrerseits die Baumwurzeln dem Boden Wasser aus Schichten entziehen, die von den Wurzeln der Kulturpflanzen nicht mehr erreicht werden.

Mit dem größeren Wasserverbrauche steht es auch im Zusammenhange, daß in der Ebene der Grundwasserspiegel im Walde im allgemeinen tiefer steht als im benachbarten Freilande, daß er sich nach Aufforstungen senkt, nach Waldabstockungen hebt, ja daß nach solchen mitunter sogar Versumpfungen eintreten. Insoweit solche Erscheinungen nicht etwa auf Klimaschwankungen zurückzuführen sind, finden sie in obigen Verhältnissen ihre Begründung.

Was die Sickerwasserspeicherung betrifft, so ist sie in der Hauptsache durch die geologischen Verhältnisse bedingt und unabhängig vom Walde, nur begünstigt dieser durch die Bodenlockerung die Ausnützung der unterirdischen Speicherräume, wie sich solche im lockeren Untergrunde in großer Ausdehnung vorfinden. So verschlucken z. B. Schotter oder Grobsand außerordentlich große Wassermengen, die nach längerer oder kürzerer Zeit, vielleicht erst an weit entfernten Stellen, wieder zu Tage treten, während fester Untergrund, wie z. B. kompakter Lehm, Ton u. dgl. nur wenig Wasser aufnimmt, es aber festhält und nur schwer wieder abgibt.

Durch diese Umstände, die Verschiedenheiten der Jahresniederschlagsmengen, des Wasserverbrauches der Pflanzendecke, der Bodenneigung usw. erklären sich auch die einander widersprechenden Beobachtungen, nach denen der Wald einmal die Quellbildung begünstigt, ein andermal die Ergiebigkeit der Quellen schmälert.

Im Gebirge ist der Einfluß des Waldes auf die Quellbildung im allgemeinen ein günstiger, und es hat das Speichervermögen des Waldes einen Ausgleich der Quellenergiebigkeit zur Folge; diese nimmt in Zeiten langer Trockenheit nur langsam ab, wird aber auch durch schwächere Regen nicht wesentlich vermehrt, die bei Quellen mit unbewaldeten Sammelgebieten rasch eine Zunahme bewirken.

In der Ebene scheint der Wald weniger als alle anderen Kulturarten zur Speisung der Quellen beizutragen.

5. Wasserabfluß.

Soweit das Niederschlagswasser nicht verdunstet oder versickert, fließt es zunächst über die Lehnen oberflächlich ab. Dieser Abfluß wird durch die Pflanzendecke wesentlich verzögert. Die Verzögerung ist im Walde größer als bei jeder anderen Vegetationsform, weil der Regen zunächst auf die Baumkronen fällt, von denen er langsam zu Boden gelangt und weil sich im Walde dem Abfluß durch die Stämme, Stöcke, oberflächlich verlaufenden Wurzeln und die Bodendecke unzählige Hindernisse entgegenstellen.

Es ergibt sich wohl auch bei den landwirtschaftlichen Kulturen eine solche Verzögerung, jedoch in weit geringerem Maße und nur vor der Ernte. Durch diese werden die Hindernisse, welche die Vegetation dem Wasserabfluß entgegenstellt, größtenteils entfernt. In Gebieten, woselbst Bergwiesen einen großen Teil der Bodenflächen einnehmen, macht sich der Wegfall der Retention und der Verzögerung durch erhöhte Hochwassergefahr nach der Mahd auffallend stark fühlbar.

Selbst dicht stehendes Gras und Getreide kann übrigens den abfließenden Wassermengen keinen starken Widerstand leisten, im Gegenteile kommt es häufig vor, daß die Halme durch das Gewicht des anhaftenden Wassers oder durch den Wind niedergedrückt, von dem durch beraste Mulden oder Gräben abfließenden Wasser zu Boden gepreßt werden und dann ein äußerst glattes Bett bilden, über welches das Wasser mit großer Geschwindigkeit zu Tal schießt, mitunter auch die Grasnarbe zerstört und den Boden aufreißt.

Das von den Hängen abfließende Wasser gelangt in die Gerinne und wird durch zutage tretendes Sicker- und Quellwasser vermehrt. Da sich der unterirdische Abfluß viel langsamer abspielt, als der oberirdische, wird durch ihn die Abflußdauer verlängert, was sich in einem gewissen Ausgleich des Abflusses und mithin auch in einer Abflachung der Flutwelle auswirkt.

Bei den vorerwähnten Messungen im Emmentale wurde das Hauptaugenmerk auf die Ermittlung der Wasserabflußverhältnisse des Waldes und des Freilandes gerichtet.

Es ergab sich hierbei für den bewaldeten Sperbelgraben und den schwach bewaldeten Rappengraben annähernd dasselbe Abflußverhältnis von rund 60%. Es wird also der Mehrverbrauch des Waldes an Wasser infolge der Transpiration der Vegetation und der Verdunstung auf dieser gegenüber dem Freilande durch die bedeutend geringere Wasserverdunstung des Waldbodens wieder ausgeglichen. Engler stellte auf Grund dieser Messungen und der oben besprochenen sonstigen Beobachtungen für das niederschlagsreiche Gebiet der Schweizer Voralpen nachstehende Wasserbilanz auf:

Von der Jahresniederschlagsmenge entfallen:

	im Walde	im Freilande
auf den Abfluß	60%	60%
auf der Vegetation verdunsten	15%	10%
der Wasserverbrauch der Vegetation erfordert	20%	6%
und auf die Verdunstung des Bodens entfallen	5%	24%
zusammen	100%	100%

Die erwähnten Messungen lassen deutlich den Einfluß erkennen, den der Feuchtigkeitszustand des Bodens und der Pflanzennarbe auf den Wasserabfluß hat: verfolgt man die Schwankungen der Regenintensität und vergleicht sie mit jenen des Abflusses, so zeigt sich deutlich, daß zu Beginn des Regens heftige Niederschläge nur ein viel schwächeres Anschwellen des Abflusses zur Folge haben, als wenige Stunden später nachfolgende minder heftige. Es zeigt sich auch, daß zu Beginn der Niederschläge der Abfluß stärker verzögert wird als später, nachdem das Retentionsvermögen der Pflanzendecke bereits größtenteils erschöpft ist.

Die Abflußverzögerung ist im bewaldeten Gebiete stärker als im unbewaldeten, doch kommt dieser Unterschied in den schweizerischen Messungsergebnissen wegen der geringen Größe der Versuchsflächen nur schwach zum Ausdruck. Auf größeren Flächen müßte er sich weit schärfer ausprägen.

Die maßgebende Abflußzeit beträgt im Sperbel- und Rappengraben im Mittel je eine halbe Stunde. Vergleicht man nun die höchste sekundliche Abflußmenge mit der unmittelbar vorher gefallenen halbstündigen Regenmenge, so ergibt sich im allgemeinen bei kurzen heftigen Gewitterregen und Wolkenbrüchen ausnahmslos eine bedeutende Abflachung der Hochwasserwelle durch den Wald, das heißt die aus dem bewaldeten Sperbelgraben abfließende Höchstwassermenge erreicht im Vergleiche zur größten Regenintensität nur einen wesentlich kleineren Prozentsatz als jene aus dem schwach bewaldeten Rappengraben. Es prägt sich somit der Einfluß des Waldes auf die durch solche Elementarereignisse bedingten Hochwässer der Wildbäche sehr deutlich aus.

Wesentlich anders hingegen verhält sich die Sache bei Landregen und längeren Regenperioden. Hier ist zwar in der Regel das Abflußprozent in waldarmen Gebieten ebenfalls größer als das des Waldes, mitunter jedoch kehrt sich dieses Verhältnis auch um. So erreichte z. B. bei annähernd gleichen Niederschlägen der Höchstabfluß aus dem bewaldeten Sperbelgraben beim Landregen vom 14. bis 15. Juli 1910 53% der größten halbstündigen Regendichte, jener des schwach bewaldeten Rappengrabens hingegen nur 48% und auch die Gesamtabflußmenge im Verhältnis zur Regenmenge war im ersteren größer als im letzteren. Dies beweist, daß der Wald unter Umständen sein Retentionsvermögen einbüßt, ja daß aus ihm sogar größere Wassermengen abfließen können als vom Freilande. Engler führt dies darauf zurück, daß zugleich mit dem Niederschlagswasser auch das im Waldboden gespeicherte Wasser zum Abfluß gelangt, wenn den kritischen Elementarereignissen längere Perioden kühler und feuchter Witterung vorausgegangen sind.

Die Hochwässer der Flüsse werden aber durch Landregen und Regenperioden verursacht, und es folgt aus obigen Ausführungen, daß der Wald nicht imstande ist, Hochwässer der Flüsse oder Ströme zu verhüten oder auch nur unter allen Umständen zu mäßigen. Hieraus erklärt es sich, daß wiederholt auch vorzüglich bewaldete Flußgebiete von furchtbaren Überschwemmungen verheert wurden. Ein Beispiel hierfür aus jüngster Zeit bildet das Hochwasser vom März 1930 im Agoût[23] in Südfrankreich, das trotz der guten Bewaldungsverhältnisse des Gebietes eine bis dahin niemals beobachtete Höhe erreichte und dessen Maximum sich in Les Pons einstellte, woselbst vor rund 40 Jahren auf eigens angekauftem Boden ausgedehnte Aufforstungen zwecks Bekämpfung der Hochwassergefahr angelegt und seither sorgfältig unterhalten wurden[139].

Bei derartigen Landregen kommt es aber mitunter auch vor, daß sich die Niederschläge örtlich zu einem äußerst heftigen Wolkenbruch verdichten, der ein beschränktes Gebiet mit enorm großen Wassermengen überschüttet, die vielleicht noch durch das von Stürmen aus den Baumkronen herabgeschüttelte Wasser vermehrt werden, und dies zu einer Zeit, wenn die Pflanzendecke und der Boden bereits gesättigt sind und kein Wasser mehr aufnehmen können. Der Wald kann dann natürlich auch in kleinen Gebieten das Entstehen exzessiver Hochwässer nicht verhindern. Tatsächlich ist ja auch bei vielen Hochwasserkatastrophen, die sich auf große Gebiete erstrecken, zu beobachten, daß in den Niederschlagszentren Murgänge aus gut bewaldeten Einzugsgebieten abgehen, während außerhalb dieser Zentren die kleinen Wasserläufe verhältnismäßig ruhig bleiben.

Wenn auch während des Beobachtungszeitraumes, auf den sich die vorhin erwähnte Publikation Prof. Englers bezieht, im Emmentale Regenfälle, welche den früher angeführten Beispielen besonders heftiger Niederschläge nahegekommen wären, nicht aufgetreten sind, so kann trotzdem aus den veröffentlichten Messungsergebnissen ersehen werden, daß sich bei außergewöhnlichen Elementarfällen Vegetation und Boden auch im Walde rasch mit Wasser sättigen und sich das Retentionsvermögen vorzeitig erschöpft. Nach Burger hat die Retentionswirkung des Waldes im Emmentale innerhalb eines Zeitraumes von 24 Jahren bei 23 vergleichbaren Fällen besonders ausgiebiger Landregen dreimal versagt, das ist durchschnittlich einmal in 8 Jahren.

Man kann sich also auf eine ausschlaggebende Retentionswirkung des Waldes nicht verlassen, vielmehr muß man stets mit den ungünstigsten Verhältnissen und auch mit solchen Hochwässern rechnen, die sich in der Regel nur selten, vielleicht in Jahrhunderten einmal einstellen, mitunter aber auch in kurzen Zeitabschnitten im selben Gebiete wiederholen können. Es sei daran erinnert, daß man sich nach der Hochwasserkatastrophe des Jahres 1897 in Oberösterreich damit tröstete, es sei dies eben ein säkulares Ereignis, das sich nicht so bald wiederholen werde, und doch stellte sich dort schon zwei Jahre später, im Jahre 1899, ein noch größeres Hochwasser ein, und der furchtbaren Katastrophe, welche im September 1882 Südtirol und Kärnten verheert hatte, folgte dort schon im Oktober desselben Jahres eine zweite und im Jahre 1885 eine dritte.

Unter dem Titel „Wald und Wasserhaushalt"[140] berichtet Burger nach einer Veröffentlichung von Beates und Henry über das Ergebnis von Untersuchungen, welche in den letzten Jahren in zwei Gebieten der Rocky Mountains über die in Rede stehende Frage durchgeführt worden sind und die günstige Wirkung des Waldes auf den Abfluß zu verneinen scheinen. Da die Verhältnisse in diesen Gebieten aber außerordentlich stark von jenen in unseren Gegenden abweichen, so können diese Untersuchungen hier außer Betracht bleiben.

Zusammenfassend kann man sagen, daß die Speicherwirkung des Waldes wesentlich größer ist als die des Freilandes und daß jener den Wasserablauf wesentlich stärker verzögert als dieses, ferner daß der Wald für gewöhnlich und bei normalen Hochwässern, namentlich im Gebirge, einen sehr günstigen Einfluß auf den Wasserabfluß ausübe. Diese Wirkung wird auch allgemein anerkannt, sie ist aber beschränkt, und der Wald kann bei außergewöhnlichen Elementarfällen Hochwasserkatastrophen an Flüssen und Strömen und Überschwemmungen der Talsohlen nicht verhüten, ja mit vollkommener Sicherheit kann er auch Katastrophen in den Wildbächen nicht verhindern.

Die Wirkung, welche der Wald auf den Wasserabfluß und den Wasserhaushalt überhaupt ausübt, ist natürlich in hohem Maße abhängig von seiner Beschaffenheit, das heißt von der Holzart, der Bestockung, dem Bestandesalter, der Bewirtschaftung und den Wachstumsverhältnissen, welche außerordentlich weit reichende Verschiedenheiten bedingen.

Ein gleichaltriger, geschlossener, reiner Fichtenbestand z. B. wird zwar wertvolle hohe und astreine Stämme hervorbringen, er kann jedoch wasserwirtschaftlich nur eine geringe Wirkung ausüben: die Baumkronen sind hoch angesetzt, verhältnismäßig schwach entwickelt, ein Unterwuchs fehlt, ebenso eine lebende Bodendecke. An deren Stelle ist nur tote Nadelstreu vorhanden, die das Eindringen des Wassers in den Boden erschwert und in feuchten, kalten Lagen die Bildung von Rohhumus begünstigt, welch' letzterer die Wasseraufnahmsfähigkeit des Bodens noch weiter herabsetzt.

Im Gegensatz hierzu weist der ungleichaltrige Plenterwald tief angesetzte Baumkronen, eine weit herabreichende, kräftige Beastung mit reichlicher Blattentwicklung auf; zwischen den älteren Stämmen entwickelt sich Jungwuchs und in den Lücken ein Unterwuchs von mitunter staunenswerter Üppigkeit. Hier wird nicht allein von der Vegetation eine bedeutend größere Regenmenge aufgefangen, zurückgehalten und verbraucht, sondern es stellen sich auch dem Wasserablaufe auf dem Boden unzählige Hindernisse in den Weg und verzögern ihn, und vor allem wird die Bildung von normalem Humus begünstigt, der dem Boden einen hohen Grad von Lockerheit und Durchlässigkeit verleiht.

Auch eine Holzartenmischung wirkt günstig auf die Humusbildung und damit auf den Wasserabfluß ein.

Prof. Engler und Burger weisen nach, daß der Plenterwald die für den Wasserabfluß günstigsten Bodenverhältnisse schafft und daß diese letzteren in lichten Altholzbeständen ohne Unterwuchs schon weniger günstig und in reinen, gleichaltrigen Nadelholzbeständen am ungünstigsten sind, und zwar besonders dann, wenn es sich um Aufforstungen auf früheren Weideböden handelt.

Der richtigen Pflege und Bewirtschaftung der Wälder muß gleichfalls eine außerordentliche Bedeutung für den Wasserhaushalt beigemessen werden. Nähere Ausführungen folgen in Abschnitt VIII, doch sei hier nochmals darauf verwiesen, daß die Wasseraufnahmsfähigkeit des Bodens in hohem Maße von seinem Humusgehalte abhängt und daher alle Maßnahmen, welche die Bildung und normale Zersetzung des Humus begünstigen, auch vorteilhaft auf den Wasserhaushalt und den Abfluß wirken.

Kahlschläge sind sehr nachteilig und es liegt bei ihnen die Gefahr, daß durch unvorsichtige Holzlieferung eine Bodenverwundung verursacht wird, besonders nahe. Auch die Streunutzung, besonders im Gebirgswalde, wirkt äußerst schädlich.

Gegenüber der Wirkung, die ältere Bestände auf den Abfluß und die Bodenbefestigung ausüben, bleibt jene junger Aufforstungen natürlich wesentlich zurück; auch hierauf wird in Abschnitt VIII näher eingegangen.

C. Die Bodenbindung und Geschiebebildung.

Jede geschlossene Pflanzendecke schützt den Boden bis zu einem gewissen Grade vor den Angriffen des Wassers und vor oberflächlicher Abtragung. Bei Überflutungen werden z. B. sehr oft Wege tief ausgekolkt, während die angrenzenden Wiesen und Weideflächen, auch wenn sie nicht höher liegen, durch die Rasendecke geschützt werden und unbeschädigt bleiben.

Von allen Vegetationsformen übt der Wald die stärkste Schutzwirkung aus; die günstige Wirkung, die er auf die oberflächliche Bindung und Befestigung des Bodens ausübt, wird auch ziemlich allgemein anerkannt. Der Wald schützt diesen gegen Abschwemmung, erschwert die Verwitterung, bildet einen Schutzwall gegen Steinschläge und kleinere Felsstürze; er verhindert die Bildung von Regenrissen und Runsen und erschwert das Entstehen von Rutschungen; er schützt den Boden gegen die Einwirkungen des Windes, befestigt lockere Böden und bindet Flugsand und Dünen; er verhindert in seinem Bereiche das Abgehen von Lawinen, ja er kann sogar unter günstigen Verhältnissen von oben kommende Schneerutsche und kleinere Lawinen wieder zum

Stillstande bringen. Diese Wirkungen des Waldes werden von keiner anderen Vegetationsform erreicht und viele Autoren sehen auch in ihnen den Hauptnutzen des Waldes in bezug auf das Verhalten unserer Gewässer.

Aber auch in dieser Hinsicht werden dem Walde oft genug Wirkungen zugeschrieben, die er nicht ausüben kann, und es sind die Erwartungen und Hoffnungen, die man auf ihn setzt, mitunter übertrieben. So ist es selbstverständlich, daß er Bergstürze, Felsschlipfe und ähnliche Bodenbewegungen, die bei entsprechendem Schichtenbau des Gesteins durch tiefgreifende Verwitterung oder eine Unterschneidung des Lehnenfußes u. dgl. ausgelöst werden, nicht hintanzuhalten vermag. Wohl aber kann eine geschlossene Pflanzennarbe, und zwar am besten der Wald, das Gestein gegen die Einwirkung der Atmosphärilien und sohin auch bis zu einem gewissen Grade gegen die oberflächliche Verwitterung schützen. Diese läßt sich daher unter Umständen durch kulturelle Maßnahmen — Berasungen, Bebuschungen und besonders Aufforstungen — einschränken, doch ist der Erfolg solcher Maßnahmen meist ein recht bescheidener, weil die Verwitterung gerade dort — in den Hochlagen — am intensivsten arbeitet, wo schon die klimatischen Verhältnisse der Entwicklung der Vegetation, namentlich des Waldes, enge Schranken ziehen.

Die oberflächliche Bodenabschwemmung macht sich namentlich auf vegetationslosen, nicht felsigen Hängen geltend. Beraste Hänge leisten schon stärkeren Widerstand; sind die Lehnen aber mit Wald bestockt, so wird eine oberflächliche Bodenabschwemmung nicht stattfinden und der Wasserablauf wird sich meist schadlos abspielen. Der Wald befestigt den Boden, er verhindert, wie schon oben ausgeführt, im allgemeinen die Bildung von Runsen und oberflächlichen Rutschungen. Solche treten im Freilande außerordentlich häufig, im Walde jedoch viel seltener und meist nur an Stellen auf, welche durch irgendein Ereignis, z. B. Windwürfe, eine Bodenverwundung erlitten haben. Dies zeigt, daß die Befürchtung, das in den Waldboden eingedrungene Wasser befördere dessen Neigung zu Rutschungen, im allgemeinen nicht zutrifft. Wie oben ausgeführt, sind die Waldböden trotz vermehrter Versickerung im Wurzelraume der Bäume im allgemeinen trockener als die Freilandböden und die Baumwurzeln können durch ihr weites Ausstreichen und ihre Festigkeit in Grenzfällen vielleicht dem Boden noch Halt bieten und das Entstehen von Rutschungen verhüten.

Es sei hier nochmals auf die schon erwähnten Beobachtungen Tiefenbachers über die Folgen von Waldabtrieben und die Mitteilungen Wangs über durch Windwürfe verursachte Runsenbildungen im Walde verwiesen.

Unter allen Umständen kann aber auch der gut geschlossene und vollkommen unversehrte Wald das Entstehen von Abrutschungen nicht verhindern; es kommt vielmehr, besonders auf undurchlässigem Lehmboden vor, daß sich Rutschungen im Walde bilden, ohne daß der Lehnenfuß angegriffen worden wäre und es sind zahlreiche Fälle bekannt, in denen mitten im geschlossenen Walde, veranlaßt durch unterirdische Wässer, Rutschungen losbrachen.

Hierher gehört die bereits beschriebene Entstehung des Murbruches bei Bruck im Zillertale. Als weitere Beispiele mögen angeführt werden der 1891 erfolgte Murbruch im Karmelitergraben bei Lienz im Pustertale, wo sich aus dem geschlossenen Walde eine Scholle ablöste

Abb. 19. In Rutschung befindliche Waldpartie, Rotmoosgraben bei Lungern, Kanton Obwalden (Aus „Geologie und Bauwesen" 1932, Heft 2).

und als Mure durch den Graben zu Tal fuhr, diesen tief aufschürfend, die Entstehung mehrerer Erdschlipfe in den Wäldern des Zillertales gelegentlich der Hochwasserkatastrophe des Jahres 1908[141], die 1930 entstandene Rutschung am Stoß im Widenbache an der Grenze der Kantone Appenzell-Außerrhoden und St. Gallen und die Abrutschung einer sanft geneigten Waldpartie im Rotmoosgraben, einem Seitenarm der Laui im Kanton Obwalden (Abb. 19). Diese Beispiele ließen sich noch beliebig vermehren.

Auf Gleichgewichtsstörungen der Lehnen zurückzuführende Bodenbewegungen vermag auch der beste Wald nicht hintanzuhalten. Noch weniger können bereits entstandene derartige Bodenbewegungen durch Aufforstungen allein wieder zur Ruhe gebracht werden. Ebensowenig kann der Wald Schutz gegen Uferangriffe durch rasch strömendes Wasser bieten.

Die einzelnen Holzarten wirken in bezug auf die Bodenbindung sehr verschieden; flachwurzelige Bäume vermögen dem Boden natürlich nur weniger Halt zu bieten als solche mit tiefreichender Pfahlwurzel; auch die horizontale Ausbreitung des Wurzelgeflechtes ist von großer Bedeutung. Es ist ja bekannt, wie klein und flach z. B. die Wurzelteller selbst hoher Fichten in geschlossenen Beständen sind, während im freien Stande erwachsene Stämme durch weit ausstreichende Wurzeln fest im Boden verankert sind. Die flach wurzelnde Fichte gibt natürlich dem Boden weniger Halt als tiefer wurzelnde Tannen, Föhren, Zirben oder Lärchen. Von den bei uns heimischen Laubbäumen bildet besonders die Eiche eine starke Pfahlwurzel; eine kräftige Bewurzelung weisen die Buche und die Robinie auf und auch die Weißerle und die Pappeln bilden weit ausstreichende Wurzeln.

Die Wirkung der Aufforstungen auf die Bodenbindung kann sich ähnlich wie jene auf den Wasserabfluß erst nach ihrer Erstarkung geltend machen. Verhältnismäßig rasch kann eine oberflächliche Bindung der Rutsch- und Bruchflächen erzielt werden durch die Anpflanzung von Schutzholzarten wie Erlen, Pappeln, Weiden, Robinien u. dgl., die sehr raschwüchsig sind und unter günstigen Umständen schon innerhalb weniger Jahre dem Boden einen oberflächlichen Schutz zu bieten vermögen; doch ist ein solcher Schutz viel rascher durch Berasung zu erzielen, da sich die Grasnarbe rasch schließt. Diese erreicht aber auch nicht annähernd jenes Maß von bodenbindender Kraft, welches der Wald, wenn er einmal groß geworden ist, entwickelt. Kann dieser auch keine unbedingte Sicherheit gegen Bodenbewegungen und Geschiebebildung gewähren, so sehen wir doch in ihm bei richtiger Bewirtschaftung und Pflege den besten Schutz für den Boden und ebenso in den Aufforstungen das beste Mittel, um in Verbindung mit den notwendigen Verbauungen eine Beruhigung der Wildbäche zu erzielen.

In dieser Hinsicht muß auf die in Frankreich gemachten Erfahrungen verwiesen werden, die schon frühzeitig dazu führten, den Aufforstungen auf Kosten der früher vielfach bevorzugten Berasungen einen größeren Umfang zu geben.

Noch wichtiger und erfolgversprechender als neue Aufforstungen ist jedoch eine gute Pflege der bestehenden Wälder. Es unterliegt keinem Zweifel, daß durch unvorsichtige und übermäßige Abholzungen viel mehr Schaden angerichtet, als durch Aufforstungen wieder gut gemacht werden kann. Daß die Erhaltung und Verbesserung des bestehenden Alpwaldes wichtiger sei als die Aufforstungen, welche sich meistens nur auf vereinzelte Flächen der Wildbachgebiete erstrecken können, wurde auch schon wiederholt anerkannt. — Aber auch die entsprechende pflegliche Bewirtschaftung der landwirtschaftlichen Grundstücke ist von großer Wichtigkeit für die behandelten Fragen.

Weitere Quellenangabe 142 bis 169.

Sechster Abschnitt.

Die Unschädlichmachung der Wildbäche.

Da die von den Wildbächen verursachten Schäden zurückzuführen sind einerseits auf ein übermäßiges Anschwellen der Wassermenge und andrerseits auf das von letzterer mitgeführte Geschiebe, so können die Maßnahmen zu ihrer Unschädlichmachung einerseits eine Verminderung der Wassermenge und andererseits eine Bekämpfung der Geschiebeführung, sowie endlich die unschädliche Ableitung der Wässer zum Ziele haben. Die Maßnahmen zur Erfüllung der beiden letztgenannten Aufgaben greifen ineinander über und werden daher im folgenden unter der Bezeichnung „Verbauungsgrundsätze und Systeme“ zusammen behandelt.

A. Verminderung der Hochwassermenge.

Die Niederschlagsmengen können durch Eingriffe des Menschen nicht merklich beeinflußt werden, wohl aber können die Abflußverhältnisse wesentlich geändert werden. Zwecks Verminderung der Hochwassermenge kommen nachstehende Maßnahmen in Betracht:

1. Die Ausnutzung des Speichervermögens natürlicher Seen.

2. Die Drosselung der Wasserzufuhr aus den Quellgebieten mittelst künstlicher Flutspeicherbecken.

3. Vorkehrungen zur Verhütung von Seeausbrüchen u. dgl.

4. Die Ableitung von Zuflüssen zwecks Umgehung gefährdeter Stellen des Bachlaufes oder in ein benachbartes Gerinne.

5. Die Auffangung des Niederschlagswassers in Sickergräben.

6. Kulturelle Maßnahmen zur Erhöhung der Retention der Pflanzennarbe und zwecks Verzögerung und Ausgleichung des Wasserabflusses; bezüglich dieser wird auf die Abschnitte V und VIII über den Einfluß der Vegetationsdecke und die wirtschaftlichen Maßnahmen verwiesen.

7. Zu erwähnen sind auch die Maßnahmen zur Verhütung der Überschwemmungen in Karsttälern.

Zum Zwecke der Beschränkung der Hochwasserschäden ist es ferner notwendig, alles zu vermeiden, was eine Erhöhung der Hochwassergefahr herbeiführen kann; hierher gehören die unvorsichtige Bewirtschaftung des Bodens, besonders die unpflegliche Behandlung der Wälder, die Auflassung von natürlichen und künstlichen Wasserspeichern und die unzweckmäßige Bedienung derselben, die zu sehr konzentrierte Abführung der Hochwässer, die Vernachlässigung von Entwässerungsanlagen, die Zuleitung von Fremdwasser ins Bachbett u. dgl.

1. Ausnützung der Seeretention.

Schon die normale Seeretention wirkt mäßigend auf die Hochwässer. Einer Eingabe des schweizerischen Wasserwirtschaftsverbandes ist z. B. zu entnehmen, daß der Klöntalersee im Kanton Glarus beim Hochwasser vom 13. bis 15. Juni 1910 die 90 m^3/sek betragende Zuflußmenge zum Teil zurückgehalten und den Abfluß derart vermindert habe, daß das Klöntal vor einem katastrophalen Hochwasser bewahrt wurde[170]. Ebenso wurde die Hochwassermenge des Jahres 1899, die beim Einflusse der Traun in den gleichnamigen See 1437 m^3/sek betrug, durch die Aufspeicherung von 100600000 m^3 auf 1057 m^3/sek beim Ausflusse aus dem See, sohin um 26,4% vermindert und außerdem der Hochwasserstand der Traun beim Auslaufe um 32 Stunden verzögert[45].

Bei diesem Hochwasser hat sich allerdings der Spiegel des Traunsees auf einen Pegelstand von + 3,87 m gehoben und es wurden die tiefer gelegenen Stadtteile von Gmunden überflutet. Eine solche Überflutung ließe sich jedoch, wie Klunzinger und Ölwein nachgewiesen haben, ohne Beeinträchtigung der Retention und ohne Seeabsenkung unter den Pegel-Nullpunkt durch Erbauung und entsprechende Bedienung eines Schleusenwehres beim Seeausflusse verhüten, nur würde in diesem Falle der Höchststand des Abflusses wesentlich früher eintreten.

Die Idee, das Speichervermögen der Seen durch künstliche Anlagen besser auszunützen, liegt nahe. Als Beispiel für ihre Verwirklichung sei der Umbau der alten für Triftzwecke nicht mehr benötigten Klause am Ausflusse des Vorderen Langbathsees erwähnt. Um den dort nutzbaren Speicherraum von 1000000 m^3 für den Hochwasserrückstau auszunützen, wurden zwei je 4 m weite Durchlässe in möglichst tiefer Lage im Klauskörper so ausgestaltet, daß normale Hochwässer ohne Stauung abfließen können, außerordentliche Hochwässer aber gedrosselt werden. Die Anlage kann bei der geringen Größe des Speicherraumes ihre Wirkung hauptsächlich bei besonders heftigen Platzregen und kurzen Wolkenbrüchen entfalten und ist imstande, bei einem innerhalb von zwei Stunden fallenden Niederschlag von 120 mm, dem eine Wasserspende von 168 m^3/sek entspricht, den Seeabfluß auf ungefähr 32 m^3/sek zu drosseln.

2. Künstliche Flutspeicherwerke.

Ein äußerst wirksames Mittel zur Hochwasserspeicherung ist die Anlage von künstlichen Staubecken oder von Stauweihern.

Bei der Regulierung des Wienflusses wurden seitlich des neuen Gerinnes mehrere, durch Überfälle voneinander getrennte Flutspeicherbecken angelegt[83, 171]. Dieselben werden für gewöhnlich leer gehalten.

Das Hochwasser gelangt zunächst in ein zur Zurückhaltung von Geschiebe und Treibzeug bestimmtes Vorbecken, in dem eine Verteilung der Wassermenge erfolgt, ein für den Unterlauf unschädliches Maß fließt durch das Wienbett unmittelbar und rasch ab, der Überschuß muß die Speicherbecken passieren, die 37 ha Fläche umfassen und 1600000 m^3 Fassungsraum besitzen. Sie sind imstande, einen Hochwasserüberschuß von 210 m^3/sek durch zwei Stunden hindurch aufzunehmen, was bei dem wildbachartigen Charakter des Wienflusses, dessen gefährliche Anschwellungen durch kurze Starkregen verursacht werden, ausreichend erscheint. Die Entleerung der Becken erfolgt langsam durch offene Durchlässe, also selbsttätig, in den Wienfluß.

Solche seitliche Becken können nur geringe Tiefen erhalten, erfordern daher, um wirksam zu sein, große Flächen, die aber in beschränktem Maße landwirtschaftlich genutzt werden können, weil sie ja nur bei außergewöhnlichen, also selten eintretenden Elementarfällen überflutet werden.

Abweichend von diesem Prinzipe sperren die Staumauern günstig gestaltete natürliche Becken ab. Zu diesem Zwecke eignen sich enge Felsschluchten, hinter denen sich weite, mit geringem Gefälle ausgestattete Stauräume finden.

Die Stauweiheranlagen können natürlich nur den Wasserstand unterhalb der Baustelle beeinflussen. Eingeschränkt wird ihre Wirkung durch die Hochwässer der weiter unten einmündenden Zubringer und dies um so mehr, je größer deren Gebiet im Verhältnisse zum Einzugsgebiete des Stauweihers ist.

Der Abfluß aus diesen Staubecken wird auf ein für den Unterlauf unschädliches Maß gedrosselt und erfolgt allmählich, und zwar bei größeren Anlagen womöglich durch seitlich des Bauwerkes im Fels angelegte Stollen.

Wenn in den Stauweiher geschiebeführende Bäche einmünden, liegt die Gefahr einer raschen Verlandung des Fassungsraumes vor, welche sich durch Spülungen meist nicht aufhalten läßt.

Die meisten Stauweiheranlagen dienen der Kraftgewinnung, sind daher zur Aufspeicherung des Wassers für die Zeit der Niederwässer bestimmt, zu welchem Zwecke die Becken tunlichst vollgehalten werden, während der Hochwasserschutz aufnahmsfähige, daher tunlichst leere Becken erfordern würde. Bei manchen Stauweihern ist die Freihaltung eines Schutzraumes zur Aufnahme der Hochwässer vorgesehen. Sie dienen daher beiden Zwecken, deren Erfüllung durch entsprechende Betriebspläne gesichert wird.

Zum Zwecke des Hochwasserschutzes erbaut wurden z. B. auf Grund des Preußischen Hochwasserschutzgesetzes die großen Talsperren am Bober, am Queiß und am Katzbache in Preußisch-Schlesien.

Zur Anlage von Stauweihern geeignete Stellen finden sich im Hügellande öfters, im Hochgebirge aber nur äußerst selten.

Als Beispiel für eine im Hochgebirge errichtete Hochwasserschutzsperre sei die Staumauer am Oberlaufe der Albigna in Bergell, Kanton Graubünden, genannt[172]. Sie besitzt eine aufgehende Höhe von 18,5 m und sperrt ein weites flaches Becken mit einem Fassungsraum von 2900000 m^3 ab. Aus demselben findet der Abfluß in Hinkunft durch einen 157 m langen Stollen statt und wird auf 11 m^3/sek gedrosselt, während das verheerende Hochwasser vom 25. September 1927 128 m^3/sek führte.

3. Vorkehrungen gegen Seeausbrüche.

Zu den Vorkehrungen, die eine Mäßigung der Hochfluten zum Ziele haben, gehören auch die Maßnahmen a) zur Unschädlichmachung und b) zur Verhütung von Seeausbrüchen. Sie erstrecken sich in erster Linie auf die Gletscherseen.

a) Die Unschädlichmachung von Seeausbrüchen kann bei entsprechenden Geländeverhältnissen durch die Wiederaufstauung der ausgebrochenen Wassermassen mittels Stausperren erreicht werden.

Der älteste, einem solchen Zwecke dienende Bau, von dem wir Kunde haben, ist die am Agglsboden westlich Sterzing erbaute Wasserstube[104, 173, 174], die schon 1745 bestand und die Aufgabe hatte, die von Ausbrüchen des Eissees am Übeltalferner herstammenden Wassermengen neuerdings zu stauen und am allzu raschen Ablaufe zu hindern. Sie wurde 1879 bis 1881 erneuert, ist aber dermalen überflüssig, weil durch den seither eingetretenen Gletscherrückgang die Neubildung des Eissees vorläufig unmöglich geworden ist.

Ein anderes Beispiel ist der Staudamm am Zufallboden im Martelltale in Südtirol, der in den Jahren 1891 bis 1893 errichtet wurde, um eventuell neuerliche Ausbrüche des dortigen Eissees unschädlich zu machen[3, 58]. Der letzte Ausbruch, dessen Wassermasse auf 650000 m^3 berechnet wurde, erfolgte am 17. Juni 1891. Die Stausperre schließt etwa 1,5 km talauswärts vom Gletschertore die Schlucht unterhalb des Zufallbodens ab, der in 2300 m Seehöhe ein geeignetes Staubecken bildet, und quert als trockener Mauerdamm den Talboden. Ihre Kronenlänge beträgt insgesamt 332 m. An der tiefsten Stelle der Schlucht erreicht der Mauerdamm eine Höhe von 15 m, er ist so berechnet, daß sich gegenüber der Wassermenge des letzten Ausbruches noch ein Sicherheitsraum von 70000 m^3 ergibt. Für den Wasserlauf wurde ein Stollen ausgesprengt, dessen Querschnittsfläche 7 m^2 beträgt. Unter der Voraussetzung, daß die ausbrechende Wassermenge jene des Jahres

1891 nicht übersteigt, gestattet er einen Höchstabfluß von 66 m^3/sek, der für die untere Bachstrecke erträglich ist. Da der Gletscher mittlerweile weit zurückgegangen ist, hat sich der Eissee seither nicht wieder gebildet und ist die Staumauer noch nicht in Wirksamkeit getreten.

Die Erbauung solcher Staumauern ist zweifellos ein vorzügliches Mittel zur Unschädlichmachung von Ausbrüchen, setzt aber ein ausreichend großes Staubecken und ein geeignetes Felsprofil zur sicheren Abschließung desselben voraus. Diese Bedingungen sind aber um so weniger leicht erfüllt, je größer die gestaute Wassermenge ist. Während der Inhalt des Marteller Eissees nicht sehr groß war, steigt er bei andern auf eine wesentlich größere Höhe an, bei dem schon erwähnten Stausee hinter dem Gétrozgletscher im Val de Bagne z. B. auf 30000000 m^3, sohin nahezu das Fünfzigfache des Erstgenannten.

b) Verhütung von Seeausbrüchen.

Schon vor Jahrhunderten hat man auf Mittel und Wege gesonnen, um eine Seebildung durch Eisströme zu verhindern oder das gestaute Wasser unschädlich abzuleiten. Zu diesem Zwecke wurden im Laufe der Zeit die verschiedensten, zum Teil grotesk anmutenden Vorschläge gemacht, von denen hier aber nur solche besprochen werden sollen, die ausführbar erscheinen oder schon ausgeführt wurden.

Hier wäre in erster Linie zu nennen die Herstellung von Stollen, die den Wasserabfluß aus dem Staubecken unabhängig vom Gletscher ermöglichen. Zum ersten Male dürfte ein derartiger Vorschlag wohl nach den verhängsnisvollen Ausbrüchen des Rutorsees im Tale der Dora Baltea 1594 und 1595 gemacht worden sein[175]. Er kam aber wegen der hohen Kosten ebensowenig zur Ausführung wie die 1680 und 1770 gemachten Vorschläge, zwecks Ableitung des Rofner-Eissees im Ötztal die Zwerchwand mittels eines Stollens zu durchbohren.

Wohl aber wurde ein derartiger Stollen zur Ableitung des schon erwähnten Märjelensees in den Jahren 1889 bis 1894 ausgeführt und dadurch der Stauraum des Sees von 10000000 auf 6500000 m^3 vermindert. Wegen des seither eingetretenen Gletscherrückganges hat er bisher nur einmal im Jahre 1896 während sechs Wochen seiner Bestimmung gedient[60, 61].

Durch einen ähnlichen Stollenbau wurde auch eine Spiegelabsenkung des bereits erwähnten Kratersees von Kloet auf Java erzielt, so daß dessen Wiederanfüllung nicht mehr möglich ist[68].

Mit den heutigen Hilfsmitteln wäre natürlich auch in vielen anderen Fällen eine allmähliche Wasserableitung aus Stauseen leicht durchführbar, nur besteht bei manchen Eisseen die Schwierigkeit darin, daß die Breite der stauenden Gletscherzunge wechselt, die Wahl der Stellen für die Stollenmündungen daher sorgfältigster Überlegung bedarf.

Es sei hier nur an den Vernagtferner erinnert, dessen Zunge sich im Jahre 1848 im Haupttale talein- und -auswärts bis auf 1200 m verbreiterte, so daß sie die Form eines an einem Stiele sitzenden Hammers annahm[62].

Zu den interessantesten Arbeiten, die den Zweck haben, die Bildung von Stauseen durch Gletscher zu verhindern, bzw. die gestauten Wässer unschädlich abzuleiten, gehören die von Ingenieur Venetz im Wallis ausgeführten. Sie begannen im Jahre 1818 mit der Anlage eines Stollens durch die Gletscherzunge zwecks Entleerung des Stausees, die aber mit einer Ausbruchskatastrophe endete. In den Jahren 1822 bis 1824 trachtete Venetz mit Erfolg, eine neuerliche Seebildung dadurch zu verhüten, daß er Wasser auf die Eisbarre leitete und sie dadurch zerstörte. Später baute er dortselbst mehrere Grundschwellen und erzielte damit eine derartige Verbreiterung des Wasserspiegels der Drance, daß das Eis diesen nicht mehr frei überwölben konnte, ständig mit dem Wasser in Berührung blieb, partienweise abbrach und vom Bache weggeführt wurde. Tatsächlich gelang es durch diese Arbeiten, die Wiederbildung des Eisdammes (es handelte sich um einen regenerierten Gletscher) zu verhindern[57, 104, 173, 176].

Ob die hier angewendeten Mittel auch in anderen ähnlichen Fällen anwendbar und wirksam sind, kann natürlich nur von Fall zu Fall beurteilt werden.

Im Jahre 1681 wurde ein Abzugsgraben über den das Rofental absperrenden Vernagtferner im Ötztale ausgehackt und der Seespiegel um 8 m gesenkt, doch war damals das Ende des Gletschervorstoßes, der in den drei vorhergehenden Jahren zu verheerenden Seeausbrüchen Anlaß gegeben hatte, schon erreicht und der Eisdamm bereits stark geschwunden. Während der Vorstöße aber, bei denen das Zungenende mit unerhörter Geschwindigkeit (1848 bis zu 12 m im Tage!) vorrückt und seine Zunge nicht einmal betreten werden kann, wäre die Ausführung ähnlicher Arbeiten vollkommen ausgeschlossen[62].

Bei den weiteren Vorstößen des Vernagtferners wurden dortselbst keinerlei Arbeiten ausgeführt, vielmehr ordnete die Regierung schon im Jahre 1771 an, Schutzvorkehrungen längs des Laufes der Ötztaler Ache zu treffen, deren Bett zu vertiefen, die Uferschutzbauten an derselben zu erhöhen und zu verstärken, niedrige Brücken zu heben oder abzutragen und das Nachbargelände tunlichst frei zu legen. Durch diese Maßnahmen wurde auch tatsächlich insoferne ein Erfolg erzielt, als die Schäden eingeschränkt wurden[173].

Zu erwähnen sind auch die von 1894 bis 1908 am Crête sèche-Gletscher in Wallis ausgeführten Arbeiten. Sie bestehen in der Herstellung eines Einschnittes in einen Wall vor dem Gletscherende. Dieser Wall war gebildet aus der Stirnmoräne und den durch sie vor dem

Abschmelzen bewahrten Eismassen. Hinter ihm hatten sich die Schmelzwasser gestaut und waren wiederholt verheerend ausgebrochen[10].

Die furchtbare Katastrophe, der, wie schon erwähnt, das Bad von St. Gervais zum Opfer gefallen war, gab Veranlassung zur Ausführung von Arbeiten, um sich gegen einen neuerlichen Ausbruch einer intraglazialen Wasserstube aus dem Gletscher an der Tête Rousse zu schützen. Sie bestanden in der Herstellung eines Stollens, der einen Felsgrat durchfährt und unter dem Eise fortgesetzt wurde. Bei den 1898/99 ausgeführten Arbeiten wurde keine Wasseransammlung erschlossen, bei ihrer Fortsetzung im Jahre 1904 aber der unschädliche Abfluß einer solchen erzielt. Ihr Inhalt betrug 18000 m^3, der Abfluß vollzog sich innerhalb $2^1/_2$ Stunden[3,177].

Die Ableitung intraglazialer Wasseransammlungen setzt natürlich voraus, daß man ihr Vorhandensein erkennen kann. Sie ist nur durchzuführen, wenn es sich um eine nicht anderweitig leichter zu erreichende Sicherung wertvoller Liegenschaften oder um den Schutz von Menschenleben handelt und wenn der weitere Abfluß der erschlossenen Wässer gefahrlos erfolgen kann. Jedenfalls ist auch bei der Ausführung solcher Stollenbauten die größte Vorsicht nötig, um die dabei beschäftigten Arbeiter nicht zu gefährden.

Die Maßnahmen, die zur Verhütung des Ausbruches von anderen als Eisseen getroffen werden können, beschränken sich — soweit nicht etwa die künstliche Entleerung in Betracht kommt — auf die sorgfältige Instandhaltung des natürlichen oder künstlichen Abschlußdammes und der Ausflußöffnung, welch' letztere so beschaffen sein muß, daß sie auch die größten Hochwässer zu fassen und sicher abzuleiten vermag. Bei künstlichen Aufstauungen ist auf ihre peinlich genaue Instandhaltung und die sorgfältigste Überwachung besonderes Gewicht zu legen. Sind diese nicht dauernd gewährleistet, so ist von der Errichtung des betreffenden Stauwerkes besser abzusehen, ein etwa schon bestehendes Stauwerk aber abzutragen oder wenigstens das Staubecken zu entleeren.

In dieser Hinsicht ist namentlich auf die nicht mehr in Benützung stehenden Triftklausen das Augenmerk zu richten, bei denen die Gefahr einer Verlegung der Tore bei Hochwasser besteht, was eine unbeabsichtigte Spannung der Klause herbeiführen kann.

Stauungen, deren Durchbruch in Wildbächen häufig große, aber rasch verlaufende Hochwasserwellen verursacht, können entstehen durch Materialabbrüche, Lawinenstürze, Verklausung von Wildholz und dergleichen. Zur Abwendung dieser Gefahr sind die Ursachen solcher Stauungen tunlichst zu beseitigen. Die von solchen Verklausungen bedingten Gefahren sind um so größer, je größer die Wassermasse ist, die sich dahinter ansammeln kann; sie nimmt daher mit der Steilheit der Bachbette ab.

Unter Umständen kann die Festsetzung solcher Materialmengen, namentlich von Holz, durch die Beschaffenheit des Bachbettes begünstigt werden, in welchem Falle vorsichtige Räumungsarbeiten und Bachbettverbreiterungen von Nutzen sein können.

4. Bachableitungen und Entlastungsgerinne.

Ein mitunter anwendbares Mittel zur Verringerung der in einer bestimmten Bachstrecke abfließenden Hochwassermenge ist die vollständige oder teilweise Abfangung und Ableitung der zufließenden Wässer in ein anderes Gerinne.

Eine solche Ableitung entspricht einer Verkleinerung des Einzugsgebietes und ist umso wirksamer, je größer das Verhältnis der abgeleiteten zur belassenen Wassermenge ist.

Zweck der Verringerung der Wassermenge kann entweder die Bekämpfung der weiteren Einwühlung oder die Begünstigung der Sohlenhebung sein. Letzteren Falles kann die entsprechend gehobene Sohle dann allenfalls befestigt und es können hierauf die abgeleiteten Wässer ohne Gefahr wieder in ihr altes Gerinne rückgeleitet werden. Hier handelt es sich also nur um eine vorübergehende Ableitung während der Übergangszeit. In anderen Fällen ist aber die Ableitung eine endgültige.

Derartige Arbeiten wurden wiederholt mit Erfolg ausgeführt, so z. B. im Wiednerbache im Bregenzer Walde, in der Nolla[108] und an der Rabiusa bei Chur[83].

Voraussetzung ist natürlich, daß die Ableitung ohne Gefährdung für das nun in höherem Maße in Anspruch genommene neue Gerinne erfolgen könne und dieses nicht etwa in erhöhte Erosionsgefahr gebracht werde.

Daß bei der Ausführung von Entwässerungsarbeiten mitunter ebenfalls das Wasser aus einer Mulde in das Gebiet eines anderen Grabens geleitet wird, bedarf keiner besonderen Erwähnung.

Kann einem Gerinne, das durch eine Ortschaft führt, wegen der Nähe der Häuser oder wegen anderer Umstände nicht die nötige Größe zur Abfuhr der zu erwartenden Hochwassermenge gegeben werden, so kann man die Wassermenge durch eine Teilung des Wasserlaufes verringern. Zu diesem Zwecke zweigt man oberhalb der Ortschaft ein Entlastungsgerinne vom eigentlichen Bachbette ab, welches um die kritische Stelle herumführt und erst unterhalb dieser wieder in das Hauptbett mündet. Diese Entlastungsgerinne legt man so an, daß sie erst in Tätigkeit treten, wenn der Wasserstand eine gewisse Höhe übersteigt. Dies ist in einfacher Weise dann gewährleistet, wenn ihre Einlaufschwelle höher liegt als die Sohle des Hauptgerinnes. Um die Entlastung des letzteren möglichst ausgiebig zu gestalten, gibt man den Einlauföffnungen eine tunlichst große Weite und kann sie außerdem mit einem Überfalle verbinden. Die Einlauföffnungen werden nicht abgeschlossen, damit sie ohne Bedienung den Wasserüberschuß jederzeit aufnehmen können.

In Bächen mit starker Geschiebeführung ist eine solche Wasserteilung aber aus dem Grunde bedenklich, weil sie kaum ohne Verminderung der Schleppkraft möglich ist und daher Anlaß zu Geschiebeablagerungen im Hauptgerinne geben kann.

5. Sickergräben.

In den Achtzigerjahren trat der Tiroler Landes-Oberingenieur Geppert für die Ausführung horizontaler Stückgräben in den Einzugsgebieten der Wildbäche, und zwar namentlich auf den Weideflächen und den oberhalb der Waldgrenze gelegenen Kahlflächen ein und begründete dies damit, daß in diesen Gräben das von oben kommende Niederschlagswasser aufgefangen werde, in den Untergrund versickere und dort langsam und allmählich zum Abflusse gelange. Hiervon sei eine Verzögerung und ein Ausgleich des Wasserabflusses und eine Abschwächung der Hochwasserwellen zu erwarten. Diese Stückgräben sollten nach dem Verlaufe der Schichtenlinien in horizontalen Reihen derart angelegt werden, daß die Zwischenräume der oberen Reihe jeweils durch die Gräben der nächst unteren gedeckt werden. Die Reihen untereinander sollten in Abständen von 3 bis 10 m je nach der Bodenneigung angelegt werden, die Gräben selbst etwa 0,5 m mittlere Breite und 0,25 m Tiefe erhalten, der Aushub sollte als Damm an der Talseite aufgeworfen werden.

Die Ausführung solcher Gräben wurde auch von Prof. Breitenlohner und von Anderlind befürwortet[178, 179, 180].

Derartige Sickergräben sind in trockenen Gegenden, so im Orient und unter dem Namen Hügellaufgräben *(girapoggi)* in manchen Gegenden Italiens schon seit alter Zeit in Gebrauch und haben hauptsächlich den Zweck, die Feuchtigkeit des Bodens zu vermehren und die Vegetation, unter Umständen auch die Quellbildung zu begünstigen[181].

Zur Brechung der Wühlkraft des Wassers wurden sie 1847 vom französischen Wasserbautechniker Polonceau, dann auch vom florentinischen Ingenieur Duranti empfohlen. Bei durchlässigem, nicht rutschgefährlichem Boden und geringen Niederschlägen kann der angestrebte Zweck durch solche Gräben zweifellos erreicht und namentlich in Trockengebieten die Vegetation begünstigt werden; sie finden auch heute noch in Italien mit Vorteil Anwendung[182]. Doch ist dieses Mittel — abgesehen von der Entwertung der von den Gräben durchzogenen Weideflächen und der schwierigen Erhaltung der Gräben — nicht allgemein anwendbar, weil durch die letzteren das Wasser gesammelt und die Gefahr der Bildung von Rutschungen, Ausrissen und Runsen bedeutend vermehrt wird.

Tatsächlich haben auch die im Ederbache bei Ötz ausgeführten Versuche mit Mißerfolgen geendet, indem zwar schwächere Regen durch die Gräben aufgenommen wurden, bei den stärkeren Güssen jedoch der Schutt des Abhanges sich schwammartig vollsaugte und ins Rutschen geriet[63, 83].

Eine andere Art von Versickerungsgräben wurde im Projekte für die Verbauung des Kesselbodenbaches im Bezirke Kufstein vorgeschlagen, jedoch nicht ausgeführt, da die Verbauung dieses Wildbaches bisher unterblieben ist. Derselbe führt hauptsächlich Witterschutt aus dolomitischem Kalk und seine normalen Hochwässer versickern gänzlich auf dem Schwemmkegel, so daß an dessen Fuß und auf dem anschließenden Talboden überhaupt kein Gerinne vorhanden ist. Für außergewöhnlich große Hochwässer genügt aber das Schluckvermögen des Bachbettes nicht und es entstehen Schäden.

Es wurde nun vorgeschlagen, zunächst versuchsweise dem Bache, der vorher durch Sperrenbauten vom Geschiebe entlastet werden soll, eine größere Versickerungsfläche anzuweisen, indem, von seinem Gerinne rechts und links abzweigend, horizontal verlaufende, blinde Gräben angelegt werden, in die das Hochwasser eintreten und wo es in den Untergrund versinken kann.

6. Vorkehrungen in der Karstbächen.

Auf die Wasserstandsverhältnisse haben auch die Arbeiten großen Einfluß, die in einigen Karstbächen zur Ausführung gebracht wurden. Diese Bäche führen wenig Geschiebe und sind dadurch charakterisiert, daß sie streckenweise in unterirdischen Höhlen, Gängen und Spalten verlaufen. Tritt in diesen Bächen Hochwasser ein, so reicht die Schluckfähigkeit der Einlauföffnungen oder das Profil unterirdischer Engstellen häufig nicht mehr aus, das Wasser staut sich und überschwemmt den Talboden der Kesseltäler.

Um diese Überflutungen zu verhindern, wurden manchmal die engsten Stellen der Naturschächte und Gänge entsprechend erweitert oder verlegte Einlauföffnungen wieder freigelegt.

Gelingt die Wasserableitung, so ist damit für das betreffende Tal die Überschwemmungsgefahr behoben oder wenigstens wesentlich gemildert. Die beschleunigte Hochwasserabfuhr kann aber unter Umständen für das Gelände im nächsten Tale von schädlichen Folgen sein und die Überschwemmungsgefahr hier vergrößern. Es ist daher bei der Inangriffnahme solcher Arbeiten eine sorgfältige Überlegung der Folgen nötig, die sie nicht allein für die betreffende Örtlichkeit, sondern auch für die am weiteren Bachlaufe gelegenen Gegenden nach sich ziehen können.

Quellennachweis 83, 109, 183 bis 187.

B. Verbauungsgrundsätze und -systeme.

Um der fortschreitenden Hebung der Flußsohlen Schranken zu setzen, stehen uns drei Mittel zu Gebote; nämlich Baggerungen, Arbeiten zur Vermehrung der Schleppkraft und endlich Maßnahmen zur Herabminderung der Geschiebezufuhr.

Baggerungen leisten gewiß unter Umständen vorzügliche Dienste, sie erfordern aber einen bedeutenden Kostenaufwand und große Ablagerungsplätze für das Baggergut; trotzdem bleiben sie häufig eine Sisyphusarbeit, weil der ausgehobene Raum in der Regel durch das nachrückende Geschiebe bald wieder ausgefüllt wird.

Die Arbeiten zur Vermehrung der Schleppkraft umfassen Konzentrationsbauten und unter Umständen Gefällsvermehrungen durch Abschneidung von Flußkrümmungen u. dgl. Wenn sie ausreichen, um in der regulierten Flußstrecke weitere Geschiebeablagerungen zu verhindern, so sind sie doch mit dem Übelstande verbunden, daß sie das Material der flußabwärts anschließenden Strecke zuschieben, wo es vielleicht Anlaß zu neuerlichen Sohlenhebungen und Flußverwilderungen gibt. Sie verlegen daher häufig das Übel nur von einer Stelle an eine andere, ohne eine gründliche Abhilfe bieten zu können.

Es bleibt daher als bestes Mittel zur Verhinderung der Sohlenhebungen in der Regel nur übrig, zu trachten, die Geschiebezufuhr von oben nach Tunlichkeit einzuschränken und damit die Ursache des Übels gründlich zu beheben. Die Abschneidung der Geschiebezufuhr beseitigt auch die Gefahr, daß die an die Wildbäche unmittelbar anstoßenden Gründe versandet oder vermurt werden.

Abgesehen von der vergleichsweise geringen Geschiebemenge, welche die Flüsse etwa Uferanbrüchen entnehmen oder durch örtliche Sohlenvertiefung in Bewegung setzen, stammt das Geschiebe der Flüsse aus den Wildbächen. Aufgabe der Wildbachverbauung ist es, die Geschiebezufuhr aus diesen Bächen nach Möglichkeit zu verhindern und die Wässer unschädlich abzuführen.

1. Schutzbauten am Unterlaufe.

Die von den Wildbächen angerichteten Verheerungen zwangen den Menschen schon frühzeitig, Maßnahmen zu treffen, um sein Hab und Gut vor dem Andrängen der Fluten zu schützen. Die wertvollsten Liegenschaften, also in erster Linie Ansiedlungen, besonders die Ortschaften, befinden sich zumeist auf dem Schwemmkegel oder am Unterlaufe der Bäche. Es ist daher natürlich, daß man sich zunächst auf die Ausführung von Schutzbauten in diesen Örtlichkeiten beschränkte, um die Bäche zu hindern, dortselbst das benachbarte Gelände zu überfluten, zu versanden oder zu übermuren. Sie wurden seit Jahrhunderten in verschiedenster Bauart — vom einfachen Bockbau bis zur festgefügten

Ufermauer — ausgeführt. Dabei begrenzte man den Lauf der Bäche zunächst nur einseitig gegen das zu schützende Gelände und überließ dem Wasser weite Flächen, auf denen es in regellosem Laufe hin- und herpendelte, Geschiebe bald da, bald dort ablagernd und wieder aufnehmend, alles gröbere Material aber ausscheidend.

Lokale Schutzbauten können dort ihren Zweck erfüllen, wo es sich nur um die Sicherung einzelner Objekte handelt, und die Geschiebeführung des Baches verhältnismäßig gering ist, so daß der Bestand der Bauten gesichert und weder ihre Verschüttung, noch ihre Umgehung zu fürchten ist.

Allmählich kam man dann dazu, diese vereinzelten Schutzbauten zu verlängern und auszugestalten und dem Wildbache durch Begrenzung auch des anderen Ufers ein bestimmtes Rinnsal anzuweisen. Namentlich bei größeren Wildbächen mußte man diesen Gerinnen eine bedeutende Breite und ausreichenden Fassungsraum zur Abfuhr der zu erwartenden Hochwässer und Murgänge geben, um verhängnisvolle Stauungen durch mitgerissene Bäume, Steinblöcke usw. zu verhüten. Die Uferschutzbauten selbst mußten, um den mit großer Gewalt einherstürmenden, schuttbeladenen Wasserfluten Widerstand leisten zu können, entsprechend stark ausgeführt werden und doch gelang es in vielen Fällen nicht, Dammbrüchen vorzubeugen.

Für kleinere Wasserläufe wurden diese Rinnsale in der Regel sehr eng angelegt, um das Wasser zusammenzuhalten und es zu befähigen, die mitgeführten Geschiebemassen womöglich bis zum Hauptflusse oder mindestens bis zu einem Platze zu führen, wo sie sich, ohne viel Schaden anzurichten, ablagern konnten.

Alle diese Bauten, so verschieden sie nach ihrer Anlage und Ausführung sein mochten, hatten eines gemeinsam, nämlich, daß sie den Charakter des Baches gänzlich unbeeinflußt ließen. Es war daher die Folge, daß sich besonders in den breiten Rinnsalen bei jedem Hochwasser Geschiebe ablagerte, die Bachsohle immer mehr erhöhend und das Fassungsvermögen des Gerinnes stetig vermindernd. Wenn auch vielleicht stellenweise durch Entnahme von Steinen, Schotter und Sand vorübergehend eine geringfügige Eintiefung erzielt werden konnte, so wuchs die Sohle des Baches doch allmählich aber unaufhaltsam über das angrenzende Gelände empor und bald drohte eine Überflutung der Schutzbauten.

Auch in den engen Rinnsalen machten sich vielfach solche Sohlenhebungen geltend, entweder weil die Schleppkraft des Wassers bei dem abnehmenden Gefälle zur restlosen Geschiebeabfuhr nicht ausreichte oder weil vom untern Ende der Gerinne her ein Rückstau erfolgte. Es mußte daher an eine Erhöhung der Schutzbauten geschritten werden, nach der sich der besprochene Vorgang aufs Neue wiederholte.

Auf diese Weise entstanden die hoch aufgedämmten Gerinne zahlreicher Wildbäche, so beispielsweise der Talfer bei Bozen, deren Bett höher liegt als die Dächer der Häuser und nur durch die „Wassermauern“ von der tiefgelegenen Stadt und den benachbarten Weingütern getrennt wird.

Je höher der Bach über das umliegende Terrain emporwächst, desto größer wird die Gefahr von Ausbrüchen, desto verderblicher werden ihre Folgen. Nur mühsam und durch kostspielige Bauten kann der Bach in seinem Gerinne erhalten werden und dies ist um so schwieriger, als bei der ersten Herstellung der Schutzbauten auf ihre spätere Erhöhung kaum je Bedacht genommen worden ist.

Für die Flüsse sind derartige, am Unterlaufe der Wildbäche ausgeführte Schutzbauten, namentlich geschlossene Regulierungen und Schalenbauten, nicht nur ohne Nutzen, sondern sogar von Schaden, denn sie verhindern die Ausscheidung des Geschiebes auf den natürlichen Ablagerungsplätzen, führen es vielmehr den Flüssen unmittelbar zu.

Dieser Nachteil kann durch die Eingrenzung von Ablagerungsplätzen vermieden werden. Bei entsprechender Größe und Anordnung dieser Plätze erreicht man damit eine mehr oder minder vollständige Entlastung des weiteren Bachlaufes von Geschieben. Solche Ablagerungsplätze wurden z. B. im Kanton Glarus angelegt, woselbst schon gelegentlich der vor etwa 150 Jahren ausgeführten Linthkorrektion die Bestimmung getroffen worden war, daß sämtliche Bäche und Runsen vor der Einmündung in die regulierte Flußstrecke von Geschieben zu entlasten seien[176].

Ein Beispiel für die besonders großzügige Schaffung eines Ablagerungsplatzes ist die Unterlaufregulierung des Noceflusses in Südtirol, der früher gegenüber von St. Michele senkrecht in die Etsch mündete, diese mit Geschiebe belastete und staute. In den Fünfzigerjahren des vorigen Jahrhunderts wurde nun der Noce unterhalb der Ortschaft Mezolombardo gefaßt und in einem neuen, mehrere Kilometer langen Gerinne im Bogen in die Sümpfe von Zambana eingeleitet, so daß er nun rund 7 km unterhalb seiner alten Mündung in die Etsch fällt. In diesen Sümpfen lagert er sein Geschiebe ab und der so geschaffene Ablagerungsplatz erfüllt heute noch immer seinen Zweck.

In der Regel ist der Fassungsraum der Ablagerungsplätze aber sehr beschränkt und vermögen sie ihre Aufgabe nur dann auf längere Zeit zu erfüllen, wenn sie durch eine Vergrößerung des Fassungsraumes oder durch Räumungsarbeiten aufnahmsfähig erhalten werden können.

Eine gründliche Beseitigung der von den Wildbächen drohenden Gefahren können daher die Arbeiten am Unterlaufe der Bäche nicht erzielen. Trotzdem ist es aber oft unvermeidlich, derartige Schutzbauten auszuführen, da sich gerade auf dem Schwemmkegel in der Regel die wertvollsten Besitzungen, die meisten Siedlungen, die wichtigsten Verkehrswege und sonstigen Anlagen befinden, die dringend eines Schutzes bedürfen und die man nicht zugrunde gehen lassen darf. Ein solcher rascher Schutz kann durch die systematische Verbauung des Innern, die mehr Zeit zur Ausführung braucht und erst nach längerer Zeit am Unterlaufe zur Wirkung gelangt, nicht zeitgerecht erzielt werden; man muß deshalb zu Schutzbauten am Unterlaufe greifen. Es empfiehlt sich in vielen Fällen, diese zunächst als Provisorien auszuführen, welche man zu geeigneter Zeit durch definitive Bauten ersetzt. Entschließt man sich aber, letztere gleich in Angriff zu nehmen, so muß man sie auf starke Geschiebeführung berechnen, während sich ihre Herstellung bei vorhergehender Bekämpfung der letzteren, meist wesentlich einfacher und billiger gestalten würde; ja in manchen Fällen können Schutzbauten am Unterlaufe durch die Oberlaufverbauung sogar ganz entbehrlich werden.

Hat man solche Schutzbauten am Unterlaufe ausgeführt, so darf man damit die Aufgabe der Unschädlichmachung des Baches keineswegs als gelöst betrachten, vielmehr ist es, besonders wenn durch sie die Geschiebeabfuhr in den Hauptfluß konzentriert worden ist, dann erst recht notwendig, die Geschiebeführung tunlichst rasch und gründlich zu bekämpfen. Nur in Ausnahmsfällen kann der angestrebte Zweck durch Bauten am Unterlaufe allein erreicht werden.

2. Geschiebestausperren.

Die Schädlichkeit der Geschiebeführung hat man auch schon vor Jahrhunderten erkannt und schritt deshalb zu ihrer Bekämpfung.

Zu diesem Zwecke errichtete man Geschiebestausperren, die den Zweck haben, das von den Bächen mitgeführte Geschiebe im Talinnern wieder zur Ablagerung zu zwingen. Sie werden in der Schlucht der Bäche an tunlichst engen Stellen erbaut, hinter denen sich Bachbettverbreiterungen mit möglichst geringem Gefälle vorfinden (Abb. 20).

Wohl die älteste, diesem Zwecke dienende Talsperre in den Alpen ist die Pont'alto-Sperre bei Trient[1, 106, 188]. Sie steht in der etwa 70 m tiefen außerordentlich engen Felsschlucht der Fersina und schließt eine beckenförmige Erweiterung ab. Diese Sperre wurde 1537 das erstemal hauptsächlich aus Holz erbaut, aber schon 1542 vom Hochwasser zerstört; 1550 neuerdings errichtet, wurde sie in der Folge wiederholt zerstört oder schwer beschädigt, aber immer wieder hergestellt und schließlich bis auf ein Gesamtmaß von 38 m erhöht bei nur etwa 12 m oberer Spannweite. Da sich bei einer im Frühjahre 1882 vorgenommenen genauen Untersuchung der untere Sperrenteil als nicht mehr einwandfrei erwiesen hatte, und weil ein nochmaliger Sperreneinsturz den Untergang der Stadt Trient bedeuten könnte, mußte man, um dieser Gefahr vorzubeugen, in den Jahren 1885/86 in einiger Entfernung bachabwärts der alten Sperre in der Schlucht eine neue, die Madruzzasperre, erbauen, die eine Höhe von 40,6 m erhielt und die alte Sperre bis auf den obersten 12 m hohen Teil deckt.

Die Erfahrungen mit dieser ältesten Sperre waren also keineswegs günstig. Trotzdem ließ man vom Baue nicht ab, stellte ihn nach jeder Zerstörung oder Beschädigung immer wieder her und schritt sogar in den Fünfzigerjahren zur Erbauung weiterer ähnlicher Werke in der Fersinaschlucht, nämlich der 10 m hohen Cornicchiosperre am unteren und der 17 m hohen Cantanghelsperre am oberen Schluchtausgange. Letztere schloß das breite flache Talbecken von Civezzano ab und besaß am linken Ufer einen 10 m breiten, in Fels eingesprengten Entlastungskanal; sie war aber zu wenig tief fundiert und stürzte beim Hochwasser des Jahres 1882 ein. Bei dieser Katastrophe sollen 1500000 m³ Verlandungsmaterial abgetrieben worden sein und ein Einbruch der Fersina in die Stadt Trient konnte nur durch aufopfernde Wehrarbeiten der Garnison verhütet werden[106].

Abb. 20. Stausperre im Frödischbach, Vorarlberg.

Trotzdem wurde die Sperre 1883/84 an der alten Stelle, und zwar unter Vertiefung des Entlastungskanales wiederum erbaut und erfüllt seither ihre Aufgabe.

Auch bei anderen in der Schlucht wasserreicher Wildbäche und wildbachartiger Flüsse erbauten ähnlichen Sperren waren wiederholt schwere Bauschäden zu beklagen. Es unterliegt aber keinem Zweifel, daß alle diese Beschädigungen und Zerstörungen auf Baugebrechen zurückzuführen sind, die hauptsächlich durch Mangel an Erfahrung verschuldet waren. Heute liegen ausreichende Erfahrungen bezüglich derartiger Geschiebestausperren vor und diese können so konstruiert werden, daß sie nach menschlicher Voraussicht allen Hochwasserangriffen standzuhalten vermögen. Tatsächlich sind auch in den letzten Jahrzehnten Einstürze von großen Schluchtsperren, wenigstens in Österreich, nicht bekannt geworden. Daß eine jede Gefahr ausschließende Konstruktion entsprechend hohe Baukosten verursacht, muß natürlich in Kauf genommen werden.

Der Hauptvorteil der Schluchtsperren ist der, daß ihre Erbauung eine sofortige Unterbindung der Geschiebeführung des betreffenden Wasserlaufes zur Folge hat und nur einen verhältnismäßig geringen Zeitaufwand erfordert. Auch sind bei ihrer Erbauung die Arbeiten an einer Stelle konzentriert, daher leichter zu leiten und zu überwachen, als die sich meist in viele einzelne kleine Arbeiten zersplitternden, örtlich weit zerstreuten Konsolidierungsbauten, welches Moment sich auch bei der Bauerhaltung geltend macht.

Die Stausperren sind um so wirksamer, je näher dem Schluchtausgange sie erbaut werden und je größer das Gewässer ist, das sie abriegeln; sie sind daher in der Schlucht wasser- und geschiebereicher wildbachartiger Flüsse am wirksamsten. Durch ihre Erbauung kann unter Umständen rasch die Verschüttungsgefahr von einem schwer bedrohten Gelände abgewendet werden, die auf andere Weise nicht beseitigt werden könnte.

Die Stausperren erstrecken jedoch ihre Wirksamkeit bachaufwärts nicht über das Staubecken hinaus, sie lassen die Geschiebeerzeugung unbeeinflußt und können Konsolidierungsarbeiten in den Sammelgebieten nicht ersetzen. Ihre Hauptwirkung erschöpft sich mit der Ausfüllung des Stauraumes durch Geschiebe, also mit der Verlandung. Die hierzu erforderliche Zeit läßt sich, da die Geschiebeführung vom Eintritte und der Höhe der Hochwässer und Murgänge abhängig ist, nicht berechnen. Selbst hohe Stausperren verlanden häufig in sehr kurzer Zeit, so die in den Sechzigerjahren erbaute 23,5 m hohe Vogelbachsperre bei Pontafel durch „die Herbstregen von ein paar Jahren“[189] und der Stauraum der 19 m hohen monumentalen Talsperre von S. Giorgio am Avisio wurde durch einige Hochwässer schon wenige Jahre nach der Bauvollendung der Hauptsache nach erschöpft.

Der Verlandungsraum der Sperren kann keineswegs zur Gänze zur Aufnahme von schädlich wirkendem Grobgeschiebe dienen, sondern füllt sich zum Teil mit Sand und Schlamm an, die unschädlich hätten abgeführt werden können, so daß also ein Teil des Stauraumes für den eigentlichen Zweck der Sperren verloren geht.

Nun büßen die Stausperren allerdings mit der vollständigen Verlandung keineswegs ihre ganze Wirksamkeit ein, vielmehr bewirken sie auch noch später einen gewissen Ausgleich der Geschiebeführung, indem durch besonders geschiebereiche Wässer auf dem Verlandungskörper weitere Materialmengen in einem größeren Ausgleichsgefälle abgelagert und erst von nachfolgenden geschiebeärmeren Hochwässern allmählich wieder abgetrieben werden, wobei die gröbsten Geschiebe zurückbleiben.

Dieser Geschiebeausgleich ist im allgemeinen von Vorteil, die durch ihn bedingten Schwankungen der Verlandungssohle können aber unter Umständen deshalb sehr unerwünscht sein, weil sie die Notwendigkeit mit sich bringen, etwa im Verlandungsraume erforderliche Schutzbauten und Uferversicherungen einerseits bis unter die Gleichgewichtssohle zu fundieren, andrerseits die Werkskronen entsprechend hoch über der Ausgleichssohle zu halten, und weil diese Schwankungen auch bei sonstigen Bauten im Verlandungsraume berücksichtigt werden müssen.

Auf der Verlandung wechselt die Strömung häufig ihre Richtung und kann unter Umständen auch örtliche Uferangriffe bewirken und Schutzbauten notwendig machen. Die plötzliche Drosselung der Geschiebeführung kann auch in der Bachstrecke talseits der Sperre unerwünscht starke Vertiefungen zur Folge haben, zu deren Bekämpfung weitere Maßnahmen erforderlich werden.

Die Notwendigkeit, den Geschiebestausperren größere Höhen zu geben, und der Umstand, daß die Bäche, in denen sie erbaut werden, meist sehr wasser- und geschiebereich sind, haben zur Folge, daß beim Absturze der Wassermassen über die Sperren außerordentlich große Kräfte wirksam werden, die unter Umständen den Bestand der Werke gefährden und häufig sehr hohe Erhaltungskosten bedingen.

Der Bruch derartiger Geschiebestausperren kann zwar nicht annähernd so böse Folgen nach sich ziehen wie der eines Wasserspeichers, aber doch das weiter unten liegende Gelände stark gefährden. Es ist daher für diese Werke eine Konstruktion zu wählen, bei der eine Gefährdung namentlich durch die abstürzenden Wasser- und Geschiebemassen tunlichst ausgeschlossen ist.

In dieser Hinsicht ist besonders zu bedenken, daß auch anscheinend fester und harter Fels solchen Angriffen auf die Dauer nicht zu widerstehen vermag und, wie Erfahrungen beweisen, auch seitliche Umlaufkanäle eine Gefährdung keineswegs immer ausschließen können[190].

Die nötige Sicherung gegen Gefährdung erhöht die Baukosten meist in sehr bedeutendem Maße. Hierzu kommen noch alle Nebenauslagen, nämlich allfällige Entschädigungen für durch die Verlandung betroffene Grundstücke und sonstige Objekte, Auslagen für die Sicherung und Verlegung von Verkehrswegen und für eventuelle Schutzbauten im Verlandungsraume unter Rücksichtnahme auf die Sohlenschwankungen, für allfällige Vorkehrungen zur Unschädlichmachung von Sohleneintiefungen im Unterlaufe und endlich für die künftige Bauerhaltung.

Die Erbauung von Schluchtsperren zum Zwecke des Geschieberückstaues bietet zwar unleugbare Vorteile, denen aber auch bedeutende Nachteile gegenüberstehen. Weder die einen noch die anderen können ein für allemal als größer oder kleiner bezeichnet werden, es ist vielmehr nötig, bei jeder einzelnen Sperre diese Vor- und Nachteile sorgfältig gegen einander abzuwägen, um ein Urteil zu gewinnen, ob nach den vorliegenden Verhältnissen der erforderliche Aufwand zur Erzielung des jedenfalls nur vorübergehenden Erfolges gerechtfertigt ist oder ob sich die Anwendung anderer Mittel als zweckmäßiger erweist.

Für jene Wildbäche, in denen sich eine Einschränkung der Geschiebeerzeugung entweder überhaupt nicht oder nicht im erforderlichen Maße durchführen läßt, wie z. B. in den hauptsächlich Witterschutt führenden Bächen, wird die Errichtung von Stausperren stets ein außerordentlich wichtiges, mitunter das einzig wirksame Mittel zur Bekämpfung der Geschiebeführung sein. Soweit diese Bäche nur verhältnismäßig kleine Gebiete entwässern, sind die Stausperren auch nicht einer so starken Inanspruchnahme ausgesetzt und ist ihre Erhaltung minder schwierig. Bezüglich der Werke in solchen Bächen fallen obige Bedenken ganz fort oder treten wenigstens zurück.

Es ist Aufgabe des Ingenieurs, die für Geschiebestausperren geeigneten Stellen möglichst zweckmäßig und so auszunützen, daß sich die Entlastung auf eine lange Zeit verteilt. Es ist meist nicht notwendig, die Geschiebeführung eines Baches vollständig abzuschneiden, sondern es genügt, sie auf ein gewisses Maß herabzumindern. Deshalb ist es zweckmäßiger, die Geschiebeführung durch längere Zeit einzuschränken, als sie durch kürzere Zeit vollständig abzuschneiden, nach deren Ablauf sie wieder mit der früheren Gewalt einsetzt. Man erbaue daher derartige Stausperren sowohl im selben Bache, als auch in mehreren sich vereinigenden Bächen nicht gleichzeitig, sondern nacheinander, also eine folgende erst dann, wenn die vorausgehende nicht mehr aufnahmsfähig ist. Auch ist es zweckmäßiger, hohe Werke nicht auf einmal auf die volle Höhe zu bringen, sondern sie je nach dem Fortschreiten der Verlandung allmählich zu erhöhen.

Eine eigene Art von Stausperren sind die sogenannten Entleerungssperren, die aber nur unter besonderen Umständen Anwendung finden können. Sie sind mit großen Durchlässen versehen, welche die Mittelwässer des betreffenden Baches ungestaut durchlassen und erst bei Hochwässern oder Murgängen in Wirksamkeit treten. Diese Sperren haben die Aufgabe, die aus dem unverbauten Sammelgebiete abgehenden Geschiebemassen vorübergehend zur Ablagerung zu bringen, namentlich auch größere Steinblöcke zurückzuhalten, und zu verhüten, daß die geschlossenen Unterlaufgerinne überlastet werden. Nach dem Sinken des Wasserstandes oder nach dem Aufhören des Murganges werden die bei diesen Elementarereignissen allenfalls verlegten Durchlässe wieder geöffnet und wird das angesammelte Geschiebe, nötigenfalls unter Nachhilfe, allmählich wieder abgetrieben[190].

Eine derartige Sperre wurde in den 1880er Jahren am Erlbache bei Abfaltersbach im Pustertale erbaut und funktionierte unter künstlicher Nachhilfe längere Zeit hindurch zur Zufriedenheit. Die abgetriebenen Geschiebemengen wurden durch das geschlossene Unterlaufgerinne über den Schuttkegel der Drau zugeführt, die dort mit großem Gefälle ausgestattet und befähigt ist, die Schuttmassen abzuführen. Im Laufe der Jahre scheinen sich die Verhältnisse im Sammelgebiete des Erlbaches gebessert zu haben und die Geschiebeabgänge schwächer geworden zu sein; die Interessenten ließen dann die Sperre endgültig verlanden und sahen von einer Wiederöffnung des Durchlasses ab.

Eine andere ähnliche Sperre wurde in den letzten Jahren am Fischbache bei Längenfeld im Ötztale erbaut, der sich durch sein außerordentlich grobes Geschiebe auszeichnet. Die vom Bache mitgeführten großen Steinblöcke blieben in dem hoch über das benachbarte Gelände aufgedämmten Gerinne auf dem Schwemmkegel liegen und brachten die Gefahr von Bachausbrüchen mit sich, während kleineres Geschiebe schadlos abgeführt wird. Die Sperre hat die Aufgabe, bei Hochwässern das Geschiebe zu stauen; Sand, Schotter und Schlamm sollen dann bei kleinen Hoch- und Mittelwässern, wie sie in diesem Gletscherbache durch längere Zeit regelmäßig eintreten, wieder abgetrieben werden, während die größeren Steine im Verlandungsraume zurückbleiben. Soweit die bisherigen Erfahrungen reichen, erfüllt die Sperre ihre Aufgabe.

Voraussetzung für ein entsprechendes Funktionieren solcher Anlagen bildet das Vorhandensein eines geschlossenen, mit ziemlich gleichmäßigem Gefälle ausgestatteten Gerinnes bis zum Vorfluter und die Fähigkeit des letzteren, das ihm auf diese Weise übermittelte Geschiebe abzuführen.

3. Konsolidierungsarbeiten.

Im Gegensatze zu den vorbesprochenen Arbeiten, die die Geschiebebildung unbeeinflußt lassen, zielt eine andere Gruppe von Arbeiten darauf hin, letztere zu verhindern oder doch tunlichst einzuschränken und so das Übel an der Wurzel zu fassen. Diese Arbeiten müssen sich selbstverständlich nach dem Charakter des zu verbauenden Baches und nach der Art der Geschiebebildung richten.

a) Einschränkung der Verwitterung.

Bei den Wildbächen, die hauptsächlich Witterschutt führen, ist eine Einschränkung der Geschiebebildung nur dort möglich, wo es gelingt, den Witterschutt an Ort und Stelle zurückzuhalten, so daß er als Decke auf der der Verwitterung ausgesetzten Felsoberfläche liegen bleibt und diese vor weiteren Angriffen der Atmosphärilien schützt.

Näheres über die diesen Zwecken dienlichen Bodenbindungs- und Begrünungsarbeiten wird an anderer Stelle ausgeführt.

Zur Verhütung von Steinschlägen, Felsstürzen usw. sind mitunter Stützmauern geeignet. Diese Vorkehrungen sind aber meist außerordentlich kostspielig und können wohl nur dort ausgeführt werden, wo es sich um den unmittelbaren Schutz menschlicher Siedlungen, besonders wertvoller Objekte oder wichtiger Verkehrswege handelt.

Dort, wo Steinschläge von steilen Bruchflächen dadurch ausgelöst werden, daß die zwischen den größeren Felsblöcken eingelagerten und sie stützenden feinen Materialteilchen entweder ausgewaschen oder durch den Wind entführt werden, kann durch eine Rasenbekleidung in Verbindung mit Stützmauerherstellungen eventuell Abhilfe getroffen werden.

So wurde der großartige Felssturz der Combe du Péguère bei Cauterets in den Hochpyrenäen durch die Errichtung von Stützmauern und das Anlegen von Rasenziegeln beruhigt[3, 32].

Die Geschiebeerzeugung durch Lawinen ist, wie schon ausgeführt, sehr gering; sie könnte durch eine Verbauung der Lawinenzüge verhindert werden; es gebricht aber an Raum, auf die Lawinenverbauung hier näher einzugehen. Die Glazialerosion entzieht sich vollständig jeder Beeinflussung durch den Menschen.

Wo die Gefahr besteht, daß schon abgelagerter Witterschutt durch Angriffe des Wassers, z. B. durch Einrunsung in Schutthalden u. dgl. aufgewühlt und wieder in Bewegung gesetzt wird, ist die Möglichkeit der Verhütung eines solchen Vorganges nach den Grundsätzen zu beurteilen, die für die Verbauung der unterwühlenden Wildbäche Geltung haben.

Wenn auch nach dem Vorgesagten die Bekämpfung der Verwitterung nicht unter allen Umständen ausgeschlossen ist, so wird man sich doch in den meisten Fällen damit begnügen müssen, eine weitere Verschlechterung der Verhältnisse durch sorgfältige Waldbehandlung und Erhaltung der Bodendecke zu verhüten.

b) Maßnahmen gegen Unterwühlung.

Ein dankbareres Feld der Tätigkeit bieten die unterwühlenden Wildbäche, bei denen es oft möglich ist, das Übel an der Wurzel zu fassen und die Geschiebeerzeugung gründlich zu verhindern. Diese rührt hier von einem Mißverhältnisse zwischen der Stoßkraft des Wassers und der Widerstandsfähigkeit des Bachbettes her, sie kann daher bekämpft werden durch eine Verminderung der ersteren oder durch Erhöhung der letzteren.

Die Stoßkraft des Wassers hängt bekanntlich ab von seiner Menge und Geschwindigkeit.

Die Mittel, die uns zur Verminderung der Wassermenge zu Gebote stehen, wurden bereits besprochen.

Die Wassergeschwindigkeit ist abhängig von der Wassertiefe oder dem hydraulischen Radius, der Form und Beschaffenheit des Gerinnes und vom Gefälle.

Dieses letztere läßt sich innerhalb gewisser Grenzen vermindern, indem man durch den Einbau von Querbauten — Grundschwellen und Talsperren — die Sohle an bestimmten Stellen des Gerinnes hebt, wodurch sich das Gefälle bergseits auf eine gewisse Strecke vermindert.

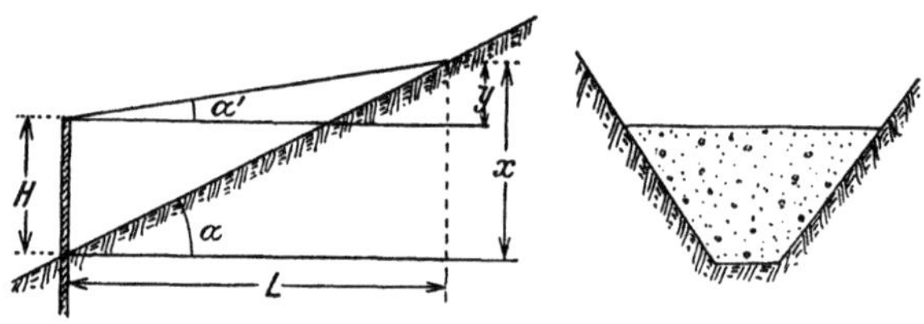

Abb. 21. Hebung und Verbreiterung der Bachsohle.

Diese Hebung bewirkt gleichzeitig auch eine Verbreiterung der Gerinnsohle und hat deshalb auch eine Verminderung der Wassertiefe zur Folge (Abb. 21).

Im Gegensatze zu den früher besprochenen Stausperren ist die Hauptaufgabe dieser Querwerke nicht die Zurückhaltung von bereits in Bewegung befindlichem Geschiebe, sondern die, das Gefälle des Baches zu brechen, ihm seine Stoßkraft zu nehmen, den unterwaschenen Lehnen wiederum eine Stütze zu bieten und die Geschiebeerzeugung zu verhindern. Da sie den Boden festigen, heißen sie Konsolidierungswerke.

Das Wasser verliert hinter diesen Querbauten seine Kraft, lagert das mitgeführte Geschiebe ab und der Querbau verlandet. Soweit die Verlandung zurückreicht, wird die Sohle vor Aufwühlung und neuerlicher Vertiefung geschützt. Diese Wirkung ist eine dauernde und hierdurch unterscheiden sich die Konsolidierungssperren von den Stausperren.

Das Oberflächengefälle, welches die Geschiebeablagerung im Verlandungsraume annimmt, ist wesentlich geringer als das Gefälle der Bachsohle. Nur bei der vollständigen Verschüttung eines Werkes durch einen Murgang kann sich eine Hebung annähernd parallel zur alten Sohle einstellen.

Beträgt (Abb. 21) das Sohlengefälle tg a und das Verlandungsgefälle tg a', so besteht zwischen der Werkshöhe H und der Reichweite des Werkes L die Beziehung:

$$H = L\,.\,(\mathrm{tg}\,a - \mathrm{tg}\,a')$$

und wenn x und y die Gefällswerte in Prozenten bezeichnen,

$$H = \frac{L(x-y)}{100} \text{ bzw. } L = \frac{100\,H}{x-y}.$$

Die Reichweite der Sperren ist also abhängig von der Werkshöhe und dem Gefällsunterschiede zwischen Bachsohle und Verlandung. Es ist ohne weiteres klar, daß man den Sohlenschutz einer Bachstrecke von der Länge L erreichen kann sowohl durch den Einbau eines einzigen Werkes von der Fallhöhe H, wie auch durch die Erbauung mehrerer entsprechend angeordneter Werke von derselben Gesamtfallhöhe (Abb. 22). Hierbei ist vorausgesetzt, daß das Verlandungsgefälle der niederen und des hohen Werkes gleich ist und die Verlandung eines Werkes jeweils bis zum Fuße des nächsten zurückreicht.

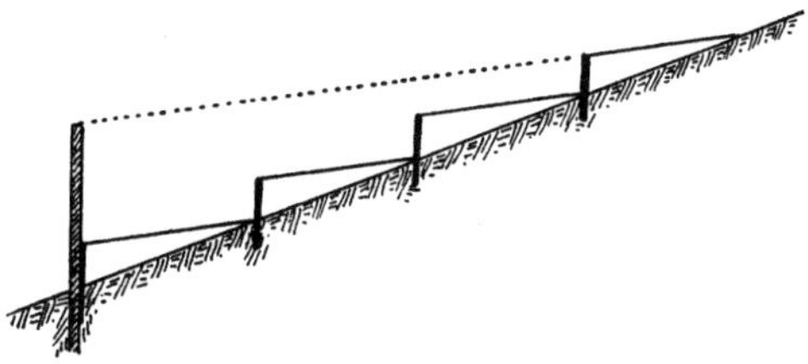

Abb. 22. Gefällsverminderung durch Querbauten.

Für die Wahl zwischen höheren und niedrigeren Werken sind bestimmend die örtlichen Verhältnisse, also die Beschaffenheit der Baustellen, besonders die Profilsform und das Zutagetreten von Fels, die Einmündung von Seitengräben, ferner die Wassermenge des Baches und endlich das verfügbare Baumaterial. Die Größe des Verlandungsraumes spielt bei dieser Wahl keine ausschlaggebende Rolle.

Ein höheres Werk erfordert in der Regel wegen der notwendigen größeren Sperrenstärke und der meist wesentlich größeren Spannweite eine größere Kubatur als mehrere niedrige Werke von derselben wirksamen Höhe, daher — auch abgesehen von den größeren Bauschwierigkeiten — höhere Bau- und Erhaltungskosten und ist einer ungleich größeren Inanspruchnahme ausgesetzt, die sich namentlich in der weit heftigeren Stoßwirkung des Wasserabsturzes auf das Vorfeld geltend macht. Eine etwa eintretende Beschädigung oder Zerstörung ist bei kleineren Werken von geringerem Nachteil und weniger verderblichen Folgen als bei den großen.

Im allgemeinen ist es daher zweckmäßiger, eine größere Zahl niedriger Werke als ein oder wenige hohe zu erbauen.

Bei den großen Gefällen, die in den Wildbächen auftreten, ist die Reichweite dieser Sperren, das heißt die Entfernung von der Krone bis zur Verschneidung der Verlandungslinie mit der Bachsohle eine beschränkte (Abb. 23). Um eine längere Bachstrecke vor Unterwühlung zu schützen, muß daher in diesem Verschneidungspunkte das nächste Werk errichtet und auf diese Weise die ganze Bachstrecke derart mit Werken besetzt werden, so daß sie einer großen Treppe ähnelt. Diese Art der Sperrenanordnung nennt man daher Abtreppung oder Abstaffelung.

Abb. 23. Sohlenabtreppung, Rabenbach am Ossiachersee, Kärnten.

Da nur eine im Gleichgewichtsgefälle befindliche Bachsohle für Wasser unangreifbar ist, muß den Abtreppungen dieses zugrunde gelegt werden. Man kann entweder von Haus aus die Entfernung und Höhe der Querbauten auf dieses Minimalgefälle berechnen oder aber die Abtreppung zunächst mit Werken erster Ordnung durchführen, die sich beim Ausgleichsgefälle gegenseitig stützen, und sodann auf die Verlandungen, je nach der Abnahme der Geschiebeführung, Werke zweiter und dritter Ordnung stellen, die den Unterschied zwischen den beiden in Rede stehenden Gefällswerten ausgleichen (Abb. 24).

Dieser letztere Vorgang wurde in Frankreich eingeführt und man wählt dort für die sekundären Werke wesentlich leichtere Konstruktionen (lebende Flechtwerks- und Faschinensperren u. dgl.). Hierdurch ist eine Kostenersparnis erzielbar, vorausgesetzt daß die leichteren Konstruktionen dauernd den Wasserangriffen zu widerstehen vermögen und daß die Entwicklung einer Vegetation im Gerinne selbst nicht etwa den Wasserablauf störe. Dies trifft wohl bei der Verbauung von Runsen und Bruchflächen, jedoch in wasserreichen Bächen oder in Rinnsalen, in denen wenigstens zeitweilig große Wassermengen zum Abflusse kommen, kaum zu.

Die Werke zweiter Ordnung kann man entweder unter die Linie des Ausgleichsgefälles versenken, wie die Werke *a*, *b* und *c* der Abb. 24, oder man kann sie über diese Linie erheben, wie die Werke *d*, *e* und *f*.

Da anzunehmen ist, daß bei einer Vertiefung des Baches in die Verlandung der Werke erster Ordnung gröbere Geschiebe zurückbleiben als jene, welche die Verlandung der erhöhten Werke bilden, so wird der Verlandungswinkel β der versenkten Werke etwas größer sein als der Verlandungswinkel γ der erhöhten Werke zweiter Ordnung. Dasselbe trifft sinngemäß auch für Werke dritter Ordnung zu, welche etwa zwischen die Werke zweiter Ordnung noch eingeschaltet werden.

Die gegenseitige Entfernung und Höhe der Werke in abgetreppten Gerinnen ist an eine gewisse untere Grenze gebunden, weil das Hochwasser mit beinahe unverminderter Geschwindigkeit und ungebrochener Kraft über die Werkskronen hinschießt, wenn diese zu nahe aneinander gerückt sind, das Wasser in der Zwischenstrecke sich nicht einigermaßen

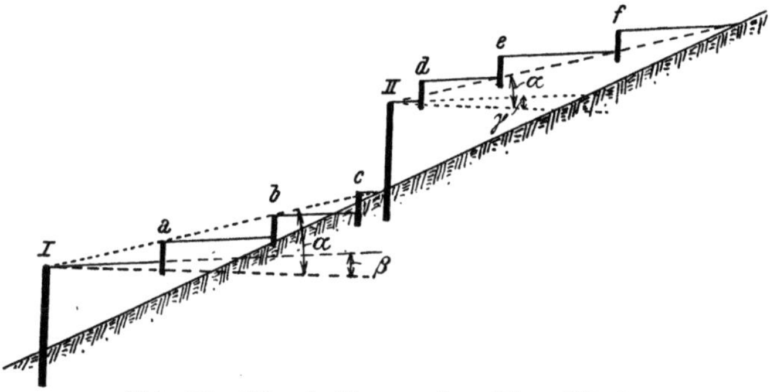

Abb. 24. Einschaltung sekundärer Werke.

beruhigen kann und die Saugwirkung beim Überfalle über das untere Werk bis zum Vorfelde des oberen zurückreicht.

Eine Verringerung der Wassergeschwindigkeit kann weiter angestrebt werden durch Erhöhung der Rauhigkeit des Bachbettes. Solche Arbeiten umfassen die Verpfählung von Runsensohlen derart, daß die vorragenden Pfahlköpfe das Wasser zerteilen, die Einbringung von rauhen Steinwürfen, die Bebuschung der Ufer, bei provisorischen Herstellungen das Einhängen von Rauhbäumen u. dgl. Zur Vergrößerung der Rauhigkeit empfiehlt es sich auch, bei Längs- und Uferschutzbauten im Erosionsgebiete glatte Wandflächen tunlichst zu vermeiden und, wo dies nicht möglich ist, mindestens den Vorgrund möglichst rauh zu gestalten.

Eine zweite Gruppe von Arbeiten setzt sich zum Ziele, die Widerstandskraft des Bachbettes und die Festigkeit des Bodens zu erhöhen. Diese Arbeiten erstrecken sich sowohl auf die Sohle und die Ufer der Wasserläufe, als auch auf die Lehnen.

Zur Sohlenbefestigung dienen versenkte Grund- und Sohlschwellen und Pflasterungen. Die vollkommenste Ausbildung der letzteren sind die Ausschalungen, bei denen für die Wasserläufe ein geschlossenes Gerinne hergestellt wird, das nicht allein die Sohle, sondern auch gleichzeitig die Ufer durch eine Steinverkleidung schützt (Abb. 26).

Akb. 25. Abstaffelung mit Holzschwellen, Gunzmoosriese bei Dornbirn, Vorarlberg.

Zur Befestigung der gefährdeten Ufer dienen Längsbauten verschiedenster Bauweise. Sie können entweder als Leitwerke (Abb. 27) und Uferdeckungen annähernd parallel zum Wasserlaufe oder aber als Sporne und Buhnen normal oder schief zu diesem ausgeführt werden. Bei unterwühlungsfähiger Bachsohle oder falls eine Hebung der letzteren nötig ist, werden sie in Verbindung mit Querbauten errichtet bzw. auf deren Verlandungen erstellt, sonst können sie für sich allein bestehen. Mitunter genügen zum Uferschutze auch lebende Deckungen, als welche sich namentlich Berasungen unter Umständen gut bewährt haben.

Eine besondere Wichtigkeit kommt den Längsbauten bei der Verbauung der Wildbäche in den Hügelländern zu, die hauptsächlich

Abb. 26. Schalenbau zur Abhaltung des Baches vom Fuße der Bruchlehne, Rivo Majo, Cadino, Südtirol.

in den eigenen Schotterbarren wühlen. Hier kann eine Gefällsverminderung mittels Querwerken meist entfallen und die Geschiebeerzeugung ausschließlich durch Uferschutzbauten und Regulierungen eingeschränkt oder verhindert werden.

Zur Sicherung der Lehnen und Beruhigung der Rutschungen ist sehr oft auch die Ausführung von Entwässerungsarbeiten nötig.

Ein ganz besonderes Augenmerk ist ferner der Erzielung einer geschlossenen Vegetationsdecke auf den Bruchflächen und allenfalls auch auf anderen Ödflächen des Einzugsgebietes zuzuwenden. Dieser Gegenstand wird in Abschnitt VIII behandelt.

Die Arbeiten zur Verhinderung der Geschiebeerzeugung in den unterwühlenden Wildbächen umfassen also die Verhinderung der Sohlenerosion, die Sicherung der Lehnenfüße, die unschädliche Ableitung der Quell- und Sickerwässer, die Festigung und Sicherung der Hänge, die Besserung der kulturellen und wirtschaftlichen Verhält-

Abb. 27. Uferschutzbauten und Bruchflächensicherung, Langbathbach bei Ebensee, Ob. Österreich.

nisse und endlich die Verhinderung der Abführung des bereits in den Gräben angesammelten Geschiebes.

Zur Vollständigkeit einer Verbauungsanlage gehören außer diesen Arbeiten im Talinnern auch noch Schutzbauten und Regulierungsarbeiten auf dem Schwemmkegel und am Tallaufe (Abb. 28).

Alle die vorerwähnten Maßnahmen zur Verbauung der Geschiebeherde bilden zusammen das sogenannte forstliche System der Wildbachverbauung, wie es zuerst in Frankreich zu vorbildlicher Ausbildung kam.

Systematische Verbauungsarbeiten wurden aber schon lange vorher ausgeführt, beispielsweise sei nur auf die schon in den Jahren 1650 bis 1662 ausgeführte Verbauung der Spital- und Weißlahn bei Brixen in Südtirol verwiesen, die eine systematische Abtreppung der steilen, in Glazialschutt eingeschnittenen Gräben mittels trocken gemauerter Sperren umfaßte und zusammen mit der 1651 fertig gestellten Unterlaufregulierung eine so vollständige Unschädlichmachung der genannten Bäche erzielte, daß das Interesse an diesen abflaute und die an abgelegenen, schwer zugänglichen Stellen erbauten Werke im Laufe der Zeit bei den Stadtvätern gänzlich in Vergessenheit gerieten, bis sie 200 Jahre später wieder entdeckt wurden[191].

Abb. 28. Regulierung des Schloßbaches bei Zirl, Nordtirol.

Auch der tirolische Gubernial-Baudirektionsadjunkt Josef Duile hat schon vor mehr als 100 Jahren mehrere gut gelungene Verbauungsarbeiten ausgeführt, von denen einzelne Sperren, so jene im Marbeltale bei Graun auf der Malserheide heute noch ihrem Zwecke dienen. Von ihm rührt auch die erste Druckschrift her, in der die verschiedenen Maßnahmen der Wildbachverbauung eingehend besprochen werden[192]. Nach Anleitung Duiles, der 1841 als Sachverständiger nach Glarus in die Schweiz berufen wurde, wurden sodann in den Wildbächen des gleichnamigen Kantons die ersten Konsolidierungsbauten ausgeführt, welche, wie Culmann[176]) berichtet, als Muster dastünden, während er noch im Jahre 1860 in den französischen Alpen, die er mit hochgespannten Erwartungen bereiste, zu seiner großen Enttäuschung nur in der wenig gefährlichen Roise bei Grenoble drei kleine Sperren vorgefunden habe.

Wenn sich auch an diese beispielsweise angeführten älteren tirolischen Verbauungsanlagen noch eine lange Reihe anderer anfügt, so hat die planmäßige Verbauungstätigkeit in den Wildbächen doch erst in den letzten vier Jahrzehnten des vorigen Jahrhunderts eingesetzt, und zwar wurde sie zuerst in Frankreich von den Staatsforsttechnikern unter der Leitung des Generalforstinspektors Prosper Demontzey[193] zum forstlichen System ausgebaut. Dasselbe fand später Nachahmung auch in anderen Ländern und namentlich Österreich hat diesem Zweige des Wasserbaues großes Augenmerk zugewendet, ihn nach dem französischen Muster Forsttechnikern übertragen und viele mustergültige Arbeiten ausgeführt.[194]

4. Allgemeine Grundsätze.

Ein voller Erfolg kann nur durch gründliche Maßnahmen erzielt werden; unzureichende oder unvollständige Bauten führen in der Regel zu Mißerfolgen und schweren Enttäuschungen.

Außer den allgemeinen Forderungen nach Standfestigkeit und kunstgerechter Ausführung der Bauten gehört hierher das Gebot, mit nicht zu kleinen Wassermengen zu rechnen. Während ein derartiger Fehler bei Wasserläufen mit geringem Gefälle in der Regel nur Überflutungen im Gefolge hat, kann er in steilen Wildbächen zu ausgedehnten Bauzerstörungen führen. Auch die Annahme eines zu hohen Verlandungsprozentes hat sich wiederholt schwer gerächt.

Es wird häufig über die hohen Kosten der Verbauungen geklagt und die Wahl einfacher Bautypen und einer billigen Bauweise gefordert. Auch seitens mehrerer angesehener Forstleute, wie Bernardeau, Fankhauser und Albisetti wurde empfohlen, größere Talsperren und Kunstbauten möglichst zu vermeiden und sich auf kleinere Arbeiten, hauptsächlich auf Faschinenwerke, Verflechtungen, sowie auf Grundschwellen, kleine Sperren u. dgl. zu beschränken, das Hauptgewicht aber auf die Wiederbewaldung zu legen.

Die Mißerfolge, die bei manchen Verbauungen zu beklagen waren und auf die die genannten Autoren wiederholt hingewiesen haben, sind zum Großteil aber gerade darauf zurückzuführen, daß man glaubte, mit kleinen Werken auszukommen, oder daß die Bauten auf zu geringe Wassermengen berechnet waren u. dgl. Es soll damit keineswegs in Abrede gestellt werden, daß man mitunter auch mit kleinen Werken sehr günstige Verbauungserfolge erzielen kann. Dies ist der Fall bei der Verbauung kleiner Runsen, bei denen es sich nicht um tiefgreifende Bodenbewegungen, sondern nur um oberflächliche Abschwemmungen handelt. Man darf aber nicht erwarten, an wasserreichen Bächen und bei ungünstiger Bodengestaltung mit kleinen Arbeiten das Auslangen zu finden.

Eine Einschränkung der Bauten unter das nötige Mindestmaß ist ein Sparen am unrechten Orte, das sich oft schwer und bitter rächt. Erzielen solche Bauten die erhoffte Wirkung nicht oder werden sie bei Elementarfällen beschädigt oder gar zerstört, so heißt es oft, das System sei verfehlt und es sei damit der Beweis erbracht, daß die Bauten zwecklos seien und nur von anderen Mitteln Erfolg zu erhoffen sei, während doch in Wirklichkeit das System gut gewesen wäre, wenn man nicht am unrechten Orte gespart hätte.

Die Beurteilung des notwendigen Mindestmaßes der Bauten ist häufig sehr schwierig und bedarf langer Erfahrung. Auch die richtige Anordnung der Bauten ist Sache der Erfahrung. Eine unrichtige Anordnung kann schwere Gefahren und Schäden, viel verlorene Arbeit und unnützen Geldaufwand bedingen. Durch zweckmäßige Anordnung, richtige Abwägung der Inanspruchnahme und der Wirkung der Bauten kann der Aufwand eingeschränkt werden und dies ist der einzige Weg, Ersparungen zu erzielen, ohne den Erfolg zu beeinträchtigen.

Es ist gewiß nicht nötig, auf besondere Schönheit der Bauten, z. B. eine sorgfältige Bearbeitung der Stirnflächen der Steine u. dgl., Wert zu legen und dafür Arbeit aufzuwenden, keinesfalls aber darf unter dem Sparen die Zweckmäßigkeit der Anlage und die Solidität des Baues leiden. Alle Dimensionen der Bauwerke müssen ausreichend bemessen und das zum Bau verwendete Material muß von entsprechender Beschaffenheit sein.

Höchst wichtig ist es, schon bei der Projektierung der Verbauungsanlagen auf die künftige Bauerhaltung Bedacht zu nehmen und die Bauanordnung so zu treffen, daß die Erhaltung erleichtert wird, also schwer zu erhaltende Bauten nach Möglichkeit zu vermeiden.

Bei der Inangriffnahme von Wildbachverbauungen ist ein rechtzeitiges Eingreifen von Wichtigkeit, durch ein solches können nicht nur oft große Schäden vermieden werden, sondern die Arbeiten selbst gestalten sich auch wesentlich einfacher und billiger.

In manchen Fällen, besonders nach Katastrophen, wird es vielleicht zweckmäßig sein, einzelne Bauten nur provisorisch oder halb permanent auszuführen, z. B. als Bockbauten und sonstige einfache Holzbauten, die mit der Zeit wieder außer Funktion treten, dies besonders dann, wenn mit starken Sohlenschwankungen zu rechnen ist, die außerordentlich hohe Auslagen für eine sichere Gründung ständiger Bauten erforderlich machen würden. Durch solche provisorische Bauten kann einerseits den bedrohten Objekten rasch der nötige Schutz geboten und der späteren Ausbildung des Rinnsales vorgearbeitet werden. In solchen Fällen erzielt man durch derartige — wenn auch nur kurze Zeit bestehende — Bauten trotz des Aufwandes für sie noch eine Ersparnis.

Mitunter läßt sich der gewünschte Erfolg durch verschiedene Bausysteme, z. B. entweder durch eine systematische Abtreppung oder durch einen Schalenbau erreichen. In solchen Fällen werden die Vor- und Nachteile der verschiedenen Bausysteme sorgfältig gegeneinander abzuwägen sein. Ähnliches trifft auch zu für die Auswahl der Baumaterialien.

Bei der Finanzierung von Verbauungsarbeiten ist es also geboten, eine möglichst vollständige Verbauung von vorneherein in Aussicht zu nehmen und auch die Kosten der künftigen Erhaltung zu berücksichtigen. Ergibt sich dann, daß das Gesamtunternehmen wegen zu hoher Kosten nicht durchführbar ist, so wird man sich die Frage vorlegen müssen, ob einzelne Arbeiten, wenn auch unter Schmälerung des Verbauungserfolges, aber doch ohne Nachteil für die übrigen Arbeiten ausgeschaltet oder auf eine spätere Zeit zurückgestellt werden können, wie z. B. die Verbauung einzelner Seitengräben oder Bruchflächen. Man möge sich aber nicht verleiten lassen, aus einer Gruppe von Bauten, die sich gegenseitig beeinflussen und stützen, einzelne auszuschalten oder ein System lückenhaft zur Ausführung zu bringen. Dies kann nicht nur den Erfolg schmälern, sondern auch die Wirkung der andern Bauten beeinträchtigen, ja unter Umständen sogar deren Bestand in Frage stellen. Lassen sich aus dem Gesamtprojekte nicht einzelne Arbeitsgruppen auswählen, die auch bei Nichtausführung der anderen für sich bestehen und wirken können, so erscheint es besser, von der Verbauung überhaupt abzusehen, als nur ein Stückwerk auszuführen, das selbst Gefahren ausgesetzt ist, ja vielleicht solche infolge seiner Unzulänglichkeit auch noch für die zu schützenden Liegenschaften birgt. Von großer Wichtigkeit ist auch das richtige Ineinandergreifen der einzelnen Arbeiten; dasselbe setzt eine einheitliche Bauleitung voraus.

5. Reihenfolge der Arbeiten.

Die Reihenfolge der Arbeiten hat sich nach ihrem Zwecke und den örtlichen Verhältnissen zu richten. Ist es geboten, die Geschiebeabfuhr in den Unterlauf möglichst rasch einzuschränken, so wird man die Geschiebeentlastung, wo dies zweckmäßig erscheint, durch Stausperren oder durch größere Konsolidierungssperren in der Schlucht oder am Mittellaufe des Wildbaches anstreben und namentlich die ausgiebigen Geschiebequellen nahe der Ausmündung der Gräben zuerst in Angriff nehmen. Hat man hingegen mit der Arbeitseinteilung freie Hand, so empfiehlt es sich, an der Wurzel des Übels zu beginnen; man erreicht dadurch den Vorteil, daß die Arbeiten während der Bauausführung der geringsten Gefährdung durch von oben kommende Murgänge ausgesetzt sind. Dies gilt aber nur als allgemeine Richtschnur für solche Bäche, in denen die Geschiebeherde im Oberlaufe nicht viel weniger gefährlich und ausgiebig sind, als jene im Mittel- und Unterlauf.

Meist lassen sich die Verbauungsarbeiten in Gruppen einteilen, die verschiedene Geschiebeherde betreffen und voneinander ziemlich unabhängig sind. Trifft dies zu, so wird man in erster Linie jene Arbeiten wählen, von denen man sich den raschesten und besten Erfolg verspricht, mag dieser auch nur in der Verhütung einer drohenden Verschlechterung der Verhältnisse bestehen; ja gerade derartige vorbeugende Maßnahmen sollen unter Umständen tunlichst rasch bewerkstelligt werden, weil sie meist mit geringen Mitteln großen Schäden vorbeugen.

In den einzelnen Arbeitsgruppen sind jeweils jene Werke zuerst zur Ausführung zu bringen, die den anderen als Stütze zu dienen haben, also in jeder Teilstrecke des Baches die untersten Werke. Hierbei sind diese Stützwerke, wenn möglich, in Felsprofile zu stellen, wo ihr Bestand unabhängig von etwa eintretenden Vertiefungen der unteren Bachstrecke gesichert ist. Stehen solche Felsprofile nicht zur Verfügung, so muß in sonstiger Weise die Sicherheit dieser Hauptstützwerke gewährleistet werden.

Abb. 29. Verbaute Grabenstrecke, Meßnergraben bei Hopfgarten, Nordtirol.

Es ist ferner selbstverständlich, daß für in Bewegung befindliches Terrain zunächst ein entsprechender Fuß geschaffen bzw. der Fuß der Lehnen gegen Wasserangriffe gesichert werden muß, bevor im beweglichen Terrain selbst irgendwelche bauliche Maßnahmen oder Bodenbindungsarbeiten zur Ausführung gebracht werden. Der von mancher Seite vertretenen Ansicht, daß die zur Befestigung in Rutschung befindlicher Hänge erforderlichen Arbeiten in der Regel erst nach den kulturellen Arbeiten ausgeführt werden sollen, muß unbedingt entgegengetreten werden.

Soweit es sich um die Begrünung von Bruchflächen handelt, ist diese oben empfohlene Arbeitseinteilung schon deshalb die richtige, weil — auch abgesehen von der mit der Ausführung von Konsolidierungsarbeiten unvermeidlich verbundenen Beschädigung der Berasungen und Anpflanzungen — durch erstere ja erst die Vorbedingungen für die Befestigung der Hänge, die nötigen Stützpunkte für die Entwässerungsanlagen usw. geschaffen werden. Handelt es sich aber um die Aufforstung anderer Flächen, so ist kein Grund einzusehen, warum die Ausführung für notwendig erkannter Bauten, von denen ein rascher Erfolg zu hoffen ist, zugunsten von Maßnahmen verschoben werden soll, deren Wirkung sich erst nach langen Jahren geltend machen kann und dies um so weniger, als ja meist die Notwendigkeit vorliegt, die den Liegenschaften von den Wildbächen drohenden Gefahren möglichst bald zu beseitigen.

Auch die meisten Fachleute, die sich mit der Wildbachverbauung beschäftigen, so unter anderen Prof. Wang und der französische Forstinspektor Mougin, vertreten den Standpunkt, daß es notwendig sei, in erster Linie die Kraft des Wassers zu brechen und die Bodenbewegungen zur Ruhe zu bringen, dann erst die Bodenbindungsarbeiten und Aufforstungen folgen zu lassen, zumal ja auch diese durch Rutschungen und dergleichen, sowie durch die Bauausführung empfindlich gestört werden können.

Was die Schutzarbeiten und Regulierungen auf den Schwemmkegeln bzw. am Unterlaufe der Bäche betrifft, so sei nochmals wiederholt, daß es grundsätzlich richtig wäre, sie erst auszuführen, nachdem sich die Wirkung der Oberlaufverbauung eingestellt hat, daß von dieser Arbeitseinteilung aber oft abgegangen werden muß, um wichtige Liegenschaften, besonders Siedlungen vor dem Untergang zu retten oder sie möglichst rasch einer drohenden Gefahr zu entziehen.

6. Wahl der Baumaterialien.

In der Auswahl der Baumaterialien hat man bei den Wildbachverbauungen viel weniger freie Hand, als bei den meisten anderen Bauführungen, denn man ist in der Regel darauf angewiesen, das unweit der Baustelle erhältliche Material zu verwenden. Bei den schwierigen Transportverhältnissen ist die Zufuhr von Stein, Schotter, Sand, Holz usw. aus größeren Entfernungen zur Baustelle in der Regel nicht durchführbar, weil dies übermäßige Kosten erfordern würde.

Wenn auch an dieser Stelle nicht näher auf die Eigenschaften der verschiedenen Baumaterialien eingegangen werden kann, so müssen doch einige für die Wahl derselben wichtige Momente kurz besprochen werden.

Für die Erbauung der Längs- und Querbauten kommen der Hauptsache nach in Betracht: Stein, Beton, Holz und Faschinenmaterial; Erddämme werden für Querbauten nur zur Herstellung von Flügeln, hingegen häufig für Längsbauten verwendet, müssen aber an der Wasserseite einen entsprechenden Schutz erhalten und so hoch gehalten werden, daß sie nicht überflutet werden können, da sie andernfalls kaum der Vernichtung entgehen würden.

Wo in den Wildbächen Stein von entsprechender Beschaffenheit zu finden oder leicht zuzuliefern ist, ist seine Verwendung das Gegebene, und man stellt je nach den Verhältnissen Bauten in trockenem (Abb. 30) oder nassem Mauerwerk — letzteren Falles unter Anwendung von reinem oder von mit Weißkalk verlängertem Zementmörtel — allenfalls auch unter Zusatz von Traß her. Auch gemischtes Mauerwerk kommt mitunter zur Anwendung.

Abb. 30. Sperre in Trockenmauerwerk, Obersulzbach, Salzburg.

Ist guter Stein schwer zu beschaffen, hingegen geeigneter Sand und Kies vorhanden, so empfiehlt sich die Ausführung von Betonbauten, auf deren ja bekannte Vorzüge hier nicht weiter eingegangen werden soll. Als Nachteil haftet ihnen aber an, daß sie einer starken Abnützung durch rasch fließendes Wasser und namentlich durch Geschiebe unterliegen, weshalb jene Bauteile, an denen sich der Wasser- und Geschiebeangriff konzentriert, entweder aus anderen Materialien hergestellt oder wenn dies nicht durchführbar ist, mit Stein oder Holz u. dgl. verkleidet werden. Dies trifft z. B. zu für Sperrenkronen, Sturzböden, Schalenpflasterungen u. dgl.

Die Abnützung kann wesentlich vermindert werden durch fette Mischungen, sehr dichtes Gefüge und sorgfältige Glättung der Oberfläche, ferner durch Zusatz von Härtungsmitteln zum Mischgute.

Abb. 31. Sperren in Stampfbeton, Schieflingbach am Ossiachersee, Kärnten.

Eisenbeton hat bisher bei Wildbachverbauungen nur beschränkte Anwendung gefunden, ist aber zweifellos für manche Zwecke sehr empfehlenswert, z. B. für die Herstellung weit vorkragender Wassernasen, für Einwölbungen, für die Verkleidung von Holzsperren u. dgl. Er ermöglicht die Errichtung sehr schlanker Bauten und gestattet Konstruktionen in aufgelöster Bauweise, die sonst unausführbar wären. Die Vorteile, die er in vielen Fällen bietet, müssen voll anerkannt werden; doch ist davon abzuraten, in Hochgebirgsbächen allzu schlanke Bauten zu errichten, da es noch nicht erwiesen ist, daß ihre geringe Masse den Stößen von Murgängen, Lawinen und Steinschlägen genügenden Widerstand entgegenzusetzen vermag. Auch die von Andreocci empfohlene Herstellung von Steinkastenbauten unter Verwendung schwacher Eisenbetonbalken, von der später die Rede sein wird, wird ihre Widerstandsfähigkeit gegen vehemente Angriffe des Wassers und Geschiebes, wie solche in Wildbächen zu gewärtigen sind, erst zu erweisen haben, bevor sie zu ausgedehnter Anwendung empfohlen werden kann.

Ein Experimentieren in gefährlichen Wildbächen ist mit zu großer Verantwortung verbunden und man wird deshalb nur schrittweise und langsam die nötigen Erfahrungen sammeln können.

Auch die Verwendung von Kunststeinen und Klinkern hat sich

bei Wildbachverbauungen Eingang verschafft und mitunter als sehr zweckmäßig erwiesen. Kunststeine aus Beton können meist an Ort und Stelle hergestellt werden, hingegen stehen einer ausgedehnten Verwendung von Klinkern die hohen Transportkosten hindernd entgegen.

Ein anderes Baumaterial, das in Wildbächen häufig und in guter

Abb. 32. Abtreppung und Uferschutzbauten, Hinterer Glaselbach, Gosau, Ober-Österreich.

Beschaffenheit zur Verfügung steht, ist das Holz. Die Holzbauten besitzen gegenüber den Steinbauten zweifellos viele Vorteile, aber auch große Nachteile. Zu den ersteren gehören ihre rasche Ausführbarkeit und eine gewisse Elastizität, welche ihnen ein Nachsinken bei nicht zu starken Unterwaschungen gestattet, während die starren Stein- und Betonbauten gegen Unterwaschungen sehr empfindlich sind. Bei richtiger Konstruktion besitzen die Holzbauten einen guten Zusammenhalt und leisten auch nicht allzu starken seitlichen Drücken ausreichenden Widerstand, ohne Deformationen zu erleiden; eintretende

Beschädigungen nehmen in der Regel keinen großen Umfang an. In beweglichem Boden, woselbst mit Bauverschiebungen u. dgl. zu rechnen ist, sind deshalb Holzbauten dem Mauerwerk vorzuziehen. Hierzu kommt, daß in holzreichen Gegenden die heimische Bevölkerung mit der Holzarbeit gut und meist viel besser vertraut ist als mit der Steinarbeit, ferner daß die Bevölkerung durch die Holzbeistellung leichter einen Teil der Baukosten abtragen kann, als ihr dies sonst möglich wäre.

Abb. 33. Abtreppung mit hölzernen Grundschwellen, Klempferergraben bei St. Johann i. T.

Diesen Vorteilen stehen aber mehrere Nachteile gegenüber, so die Notwendigkeit, die Fundamentgräben auf die volle Länge der Stämme und die volle Tiefe unter einmal zu öffnen, und die Schwierigkeit, der das Einbauen langer Stämme begegnet, wenn sich Pölzungen der Fundamentgräben als notwendig erweisen. Der Hauptnachteil ist aber die rasche Vergänglichkeit des Holzes, soweit dieses nicht ständig unter Wasser oder in feuchter Erde sich befindet. Besonders rasch unterliegen jene Hölzer der Vermorschung, die einem häufigen Wechsel von Nässe und Trockenheit unterworfen sind.

Während Holzbauten in schattigen, feuchten Lagen viele Jahrzehnte lang bestehen können, sind sie in sonnigen Lagen rasch vergänglich. Die Unterschiede in der Dauer sind oft auch zurückzuführen auf die Holzart und die Qualität des Holzes. Langsam erwachsenes, engringiges Holz übertrifft das rasch erwachsene, weitringige an Dauer sehr bedeutend. Daß auch die Fällungszeit einen außerordentlich großen Unterschied bedingt, indem das außer der Saftzeit geschlagene Holz wesentlich dauerhafter ist als das in der Saftzeit geschlagene, ist ja allgemein bekannt.

Der ständigen Erhaltung setzen die Holzbauten unter diesen Verhältnissen große Schwierigkeiten entgegen. Abgesehen von der Auswechslung von Sperrenflügeln u. dgl. kann von einer Instandhaltung der Holzbauten kaum gesprochen werden, vielmehr wird sich meist die Notwendigkeit eines Neubaues, wenigstens der ober Wasser befindlichen Bauteile ergeben.

Deshalb ist es bei Holzbauten im allgemeinen zweckmäßig, große Werke zu vermeiden und dafür eine größere Zahl von kleineren Werken herzustellen.

Bei einem Kostenvergleiche zwischen Holz- und Steinbauten sind nicht allein die Herstellungskosten, sondern auch die Kosten der Erhaltung bzw. Auswechslung in Rechnung zu stellen und es ergibt sich hierbei häufig, daß die Holzbauten trotz der billigeren ersten Herstellung teurer sind als die Steinbauten. Wohl aber sind Holzbauten für solche Werke sehr zu empfehlen, die nach dem Erstarken der Vegetation entbehrlich werden, deren dauernde Erhaltung also nicht in Frage kommt.

Die Verwendbarkeit von totem Flecht- und Faschinenmaterial zu Bauherstellungen ist wegen seiner Vergänglichkeit ebenfalls sehr beschränkt. Eine wesentlich längere Dauer besitzen Bauten aus lebendem, das heißt ausschlagfähigem Material. Soweit möglich und wo auf die Entwicklung einer Vegetation gerechnet werden kann, ist daher für Flecht- und Faschinenwerke lebendes Material zu verwenden.

Über die Verwendung von Drahtschottergefäßen zu Bauherstellungen wird weiter unten Näheres ausgeführt.

Siebenter Abschnitt.

Die baulichen Vorkehrungen.

Es gehört zu den wichtigsten Aufgaben des mit der Verbauung eines Wildbaches betrauten Ingenieurs, die zweckdienlichen Baumittel auszuwählen, richtig anzuordnen und miteinander zu verbinden. Zur Lösung dieser Aufgabe ist es in erster Linie nötig, die Grundursachen zu erkennen, auf die in jedem einzelnen Falle die Geschiebebildung und allenfalls auftretende Bodenbewegungen zurückzuführen sind; treffliche Anhaltspunkte hierfür gibt Stiny[129]. In zweiter Linie ist ein richtiges Urteil über die Wirkung der einzelnen Baumittel nötig. Beides erfordert außer theoretischen Kenntnissen einen richtigen, durch Beobachtung und Erfahrung geschulten technischen Blick.

Über die verschiedenen in Abschnitt VI erwähnten Baumittel ist Folgendes zu sagen:

A. Querbauten.

Unter allen Bauten, die zur Beruhigung der Wildbäche bestimmt sind, kommt den Querbauten die größte Bedeutung zu. Wie schon der Name sagt, versteht man darunter quer über das Rinnsal gestellte Werke, die die Sohle heben oder doch ihre Eintiefung verhindern. Die größeren derartigen Werke nennt man Talsperren, die kleineren Grundschwellen, Grundsperren oder wenn sie gar nicht über die Sohle emporragen, auch Sohlschwellen. Eine scharfe Grenze zwischen Talsperren und Grundschwellen ist nicht zu ziehen, doch wird als Mindestmaß für die ersteren in der Regel eine aufgehende Höhe von 2 m angenommen.

Die Querbauten werden ausgeführt in trockenem, nassem oder gemischtem Mauerwerk, in Beton, Eisenbeton oder als Steinkasten- und sonstige Holzwerke, Graß- oder Rauhbaumsperren, Faschinen- oder Flechtwerksperren u. dgl.

Zweck der Querbauten.

Der Zweck der Querbauten ist entweder die Zurückhaltung des bereits in Bewegung befindlichen Geschiebes oder aber die tunlichste Verhinderung einer weiteren Geschiebeerzeugung. Dem ersteren Zwecke dienen die Stausperren (Abb. 20), dem letzteren die Konsolidierungswerke.

Bezüglich der ersteren wird auf Abschnitt VI verwiesen.

Die Konsolidierungssperren haben verschiedene Aufgaben zu erfüllen, nämlich: das Gefälle des Baches und seine Stoßkraft zu brechen und die fortschreitende Erosion zu verhindern oder die Bachsohle zu heben und dadurch einen festen Fuß für die unterwaschenen Lehnen und Bruchflächen zu schaffen. Der Zweck kann auch der sein, die Bachsohle zu verbreitern und dadurch eine Zerteilung des Hochwassers und der Muren herbeizuführen und die Ausbildung tiefer Runsen im Ablagerungsgebiete zu verhüten. Ein weiterer Zweck ist mitunter der, dem Bache durch eine entsprechende Anordnung der Abflußsektionen und durch hochaufgezogene Flügel einen bestimmten Lauf anzuweisen, also Ufer und Lehnen zu schützen. Dieses Ziel setzt, wenn es sich um eine längere Bachstrecke handelt, die Erbauung einer geschlossenen Reihe von Querwerken voraus; eine Sperre allein kann eine solche Wirkung nur auf eine kurze Strecke ausüben.

Zahlreiche Querwerke haben die Aufgabe, anderen Bauten als Sicherung gegen Unterwaschung oder unmittelbar als Stütze zu dienen; letzteres trifft zu bei Schalenbauten, Pflasterungen usw.

Abb. 34. Abtreppung mit gemauerten Grundschwellen, Naifbach bei Meran.

Wahl der Baustellen.

Während man bei Stausperren die Möglichkeit hat, solche Stellen zu wählen, die für die Herstellung, Instandhaltung und Wirkung die günstigsten Bedingungen aufweisen, ist man bei den Konsolidierungswerken von vornherein an jene Stellen gebunden, woselbst eine Befestigung oder Hebung der Sohle notwendig ist. Hier hat man freie Hand nur bezüglich der Höhe und Austeilung der Werke und kann nur geringfügige Verschiebungen vornehmen.

Innerhalb dieser beschränkten Grenzen wird man auch für solche Werke jene Stellen bevorzugen, wo Fels eine sichere Gründung und verläßliche Einbindung ermöglicht. Eine systematische Verbauung wäre aber unmöglich, wollte man die Querwerke nur auf derartige besonders geeignete Stellen beschränken. Wenn man auch im allgemeinen die engeren Stellen des Bachbettes bevorzugt, ist man doch häufig gezwungen, Konsolidierungssperren in Weitungen desselben einzubauen, ja in den französischen Wildbächen werden nach Wang Talsperren mitunter absichtlich in solche Bachweiten gestellt, weil hier die Gewalt der Murgänge geringer ist und der Verlandungsraum oft besser ausgenützt werden kann. Übrigens läßt sich durch Einfangflügel die Spannweite wesentlich verringern.

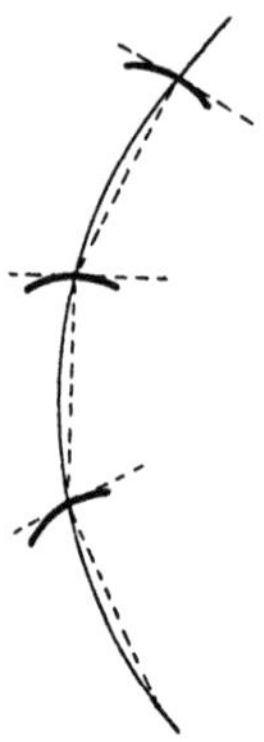

Abb. 35. Stellung der Sperren in Bachkrümmungen.

In geraden Bachstrecken sind die Querwerke normal zur Bachrichtung zu stellen in Krümmungen hingegen ist der auswärts gekehrte Flügel zwecks besserer Ablenkung der Strömung nach abwärts zu verschwenken. Prof. Kreuter[83] empfiehlt, sie in diesem Falle normal zur Sehne zu stellen, welche die Mitte der Abflußsektion mit der Mitte der Abflußsektion der nächst unteren Sperre verbindet (Abb. 35). Von der Normalstellung der Sperren muß auch, wo der Druck beweglicher Lehnen schief zur Bachachse gerichtet ist, abgegangen werden, um die Gefahr einer Verschiebung der Sperrenflügel zu vermeiden.

Bestimmung der Werkshöhe.

Die Stausperren sollen, um ihren Zweck möglichst vollkommen und lange erfüllen zu können, einen tunlichst großen Stauraum, daher im allgemeinen auch eine große Höhe erhalten. Es ist Sache der Rechnung, zu ermitteln, in welchem Maße der Rauminhalt der Sperren mit wachsender Höhe zunimmt und bei welcher Sperrenhöhe mit den aufzuwendenden Kosten die günstigste Stauwirkung erzielt werden kann. Da für die Stausperren vorwiegend enge Profile mit steilen Ufern in Betracht kommen, wird das Ergebnis meist für höhere Werke günstiger sein. Hohe Stauwerke erbaut man zweckmäßig nicht gleich auf die volle Höhe, sondern erhöht sie nach und nach.

Bei Konsolidierungsbauten läßt sich die gleiche Wirkung wie mit einem hohen Werke auch durch zwei oder mehrere Werke mit kleineren Fallhöhen erzielen. Was zweckmäßiger ist, kann nur von Fall zu Fall entschieden werden.

Häufig beschränken schon die Profilsverhältnisse die Höhe auf ein bestimmtes Maß. Auch wo dies nicht zutrifft, geht man — von Ausnahmsfällen abgesehen — bei Wildbachverbauungen nur selten über eine aufgehende Höhe von 10 bis 12 m hinaus, ja die meisten gemauerten Sperren übersteigen die Höhe von 5 bis 6 m nicht; Holzsperren sollen nicht über 2 m hoch gemacht werden.

Abb. 36. Konsolidierungssperren, Fendler Mure, Nordtirol.

Die Höhe der Konsolidierungswerke muß sich nach den örtlichen Verhältnissen und dem Zwecke des Baues richten. Wo es sich nur um eine Festigung der Sohle oder um die Verhütung einer weiteren Eintiefung handelt, reichen niedere, allenfalls auch ganz versenkte Grundschwellen vollkommen aus, hingegen sind dort höhere Werke notwendig, wo eine größere Sohlenhebung erzielt werden soll.

Handelt es sich um Bruchflächen, auf denen nur oberflächliche Nachbrüche zu erwarten sind, so ist die erforderliche Werkshöhe verhältnismäßig leicht zu bestimmen; sie muß so groß sein, daß die Neigung der Böschungen nach eingetretener Werksverlandung und Abböschung den natürlichen Neigungswinkel des Materiales nicht oder nicht wesentlich übersteigt. Hierbei ist zu beachten, daß das Gefälle der Lehnen normal zu den Schichtenlinien den größten Wert erreicht und die senkrecht zur Bachachse aufgenommenen Profile nicht immer das größte Gefälle zeigen; je steiler das Terrain in der Richtung der Grabenachse abfällt, desto mehr übertrifft auch die größte Neigung der Bruchflächen das in den Querprofilen zum Ausdruck kommende Gefälle.

Abb. 37. Sohlenhebung durch eine Sperrenserie.

Bei tiefeingeschnittenen Gräben reicht ein Werk oft nicht aus, sondern es müssen mehrere solche hintereinander gestellt werden, um die erforderliche Sohlenhebung zu erzielen (Abb. 37). In solchen Fällen sind die einzelnen Sperren möglichst nahe aneinander zu rücken und ist ihr gegenseitiger Abstand nur so groß zu wählen, daß der Wasserabsturz der oberen Sperre die nächst untere nicht mehr beeinflußt.

Abb. 38. Sperrenserie zur Sohlenhebung im Schesatobel bei Bludenz (nach einer Aufnahme des Postkartenverlages Josef Hegenbart in Bludenz).

Bei einer derartigen Werksanordnung kommen die oberen Sperren auf die Verlandung der nächst unteren zu stehen. Kann man die obere Sperre nach Abb. 39 auf ein Gewölbe stellen, so wird sie unabhängig von den Setzungen des Untergrundes. Ist dies nicht möglich, so müssen die oberen Werke auf die Verlandung der unteren gegründet werden, und zwar, da man ja nicht jahrelang mit ihrer Erbauung zuwarten kann, auf die frischen Verlandungen. Wie vielfältige und langjährige Erfahrung beweist, kann dies dann ohne Bedenken geschehen, wenn der Verlandungskörper der Hauptsache nach aus Steinen und Schotter

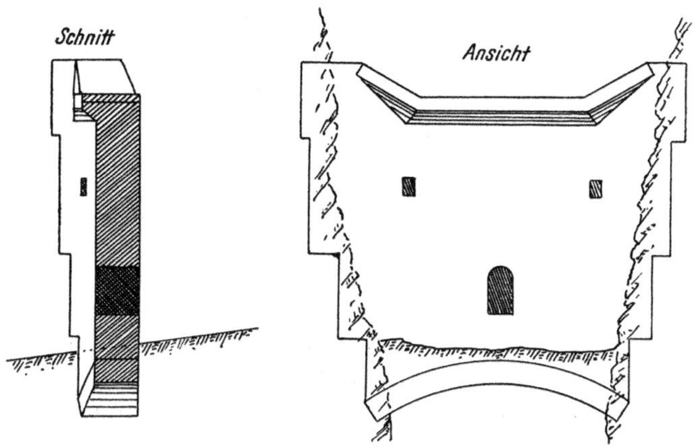

Abb. 39. Sperre auf Fundamentgewölbe.

besteht, deren Zwischenräume mit feinem Material ausgefüllt sind, wie dies bei Murgängen meist der Fall ist. Solches Material ist festgelagert, setzt sich sehr wenig und wird in kürzester Zeit tragfähig. So

Abb. 40. Unvollendete Sperrenserie im obersten Bruchkessel des Schesatobels bei Bludenz.

werden seit Jahrzehnten die Sperren im Schesatobel bei Bludenz auf ziemlich frische Verlandungen gegründet. Unregelmäßige Setzungen oder Rißbildungen im Mauerwerke wurden trotzdem niemals beobachtet.

Wo aber im Fundamentbereiche der Sperren nicht sicher tragfähige

Schichten auftreten, muß natürlich entsprechende Vorsicht bei der Fundierung angewendet werden (tiefe Fundamentgräben, liegende oder stehende Roste, Eisenbetongründungen u. dgl.).

Schwierig zu bestimmen ist die erforderliche Hebung der Grabensohle in jenen Strecken, wo die Lehnen vernäßt und in Rutschung sind und starken Seitendruck ausüben. Sie muß ein solches Maß erreichen, daß die Lehnen eine entsprechend flache Neigung annehmen können und der Druck der Hauptsache nach nicht auf die Sperren wirkt, sondern von den Verlandungen aufgenommen wird. Nebenbei sei bemerkt, daß selbstverständlich auch getrachtet werden muß, den Lehnendruck durch Entwässerungsarbeiten abzuschwächen.

Bei Abstaffelungen ist die Werkshöhe nach dem Verlandungsgefälle zu bestimmen.

Grundrißform der Querwerke.

Die Form der Querwerke ist vom verwendeten Baumaterial und der Konstruktion abhängig. Was die Grundrißform betrifft, so kommt für die gemauerten Sperren hauptsächlich das liegende Gewölbe in Betracht, dessen Scheitel bachaufwärts gerichtet ist (Abb. 41 *b*). Gewölbte Sperren zeichnen sich durch große Widerstandsfähigkeit gegen Druck und Stoß aus. Die Gewölbewirkung setzt aber außer einer tadellosen Bauausführung auch voraus, daß die Widerlager imstande seien, den Gewölbedruck aufzunehmen. Dies trifft bei Fels und höchstens noch bei breccienähnlich verfestigtem Glazialschutt zu. Bei größeren Spannweiten der Sperren ist auf eine Gewölbeverspannung, die den Wasser- und Materialdruck auf die Widerlager überträgt, nicht mehr zu rechnen. Als obere Grenze für die Spannweite gibt Prof. Kreuter[83] eine Basisbreite von etwa 25 m an unter der Voraussetzung, daß die

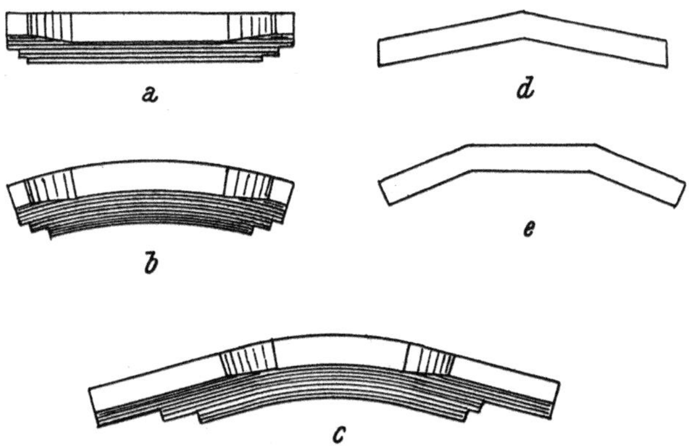

Abb. 41. Sperren-Grundrisse.

Grundrißform einem Viertelkreis entspricht. In diesem Falle erreicht die Pfeilhöhe etwas mehr als 20 und der Radius rund 70% der Spannweite. Gewöhnlich gibt man den Sperren aber nur eine Pfeilhöhe von 10 bis 14% der Spannweite, entsprechend einem Zentriwinkel von 50 bis 60° und einem Halbmesser von 110 bzw. 100% der Spannweite. Diese ist hierbei in der Höhe der Abflußsektion an der inneren Sperrenlaibung zu messen. Für solche Sperren kann man 18 bis 20 m als obere Grenze für eine verläßliche Gewölbeverspannung annehmen.

Abb. 42. Betonsperre, Galgentobel bei Bludenz, Vorarlberg.

Obschon Sperren, die größere Spannweiten besitzen oder nicht in felsige Widerlager eingebunden sind, nicht als Gewölbe berechnet werden können, sondern als Schwergewichtsmauern anzusehen sind, werden sie doch beinahe immer bogenförmig erbaut, weil sie dann auf alle Fälle widerstandsfähiger sind als geradlinige (Abb. 42).

Falls die Lehnen an den Einbindungsstellen vergleichsweise flach ansteigen, erhalten die Sperren an der Krone bedeutend größere Spannweiten als im Fundamente, daher lange Flügel, die — wenn nach demselben Krümmungsradius fortgeführt — aus dem Hange heraustreten würden oder mindestens eine unverhältnismäßig große Länge erhalten müßten. Dem läßt sich dadurch vorbeugen, daß man diese Flügel von einer entsprechenden Stelle an in der Bogentangente nach Abb. 41 *c* fortsetzt.

Wo mit starkem Seitendruck der Lehnen zu rechnen ist, dem das gerade Mauerwerk leichter zu widerstehen vermag als ein Gewölbe, gibt man den Sperren einen geradlinigen Grundriß; auch kleinere Werke, Grundschwellen u. dgl. werden häufig geradlinig ausgeführt (Abb. 41 *a*).

Diese Grundrißform ist auch für die Holzsperren die meist angewendete, doch werden manche Bautypen, wie z. B. Prügelsperren, nach einer einfach oder doppelt gebrochenen Grundrißlinie erbaut (Abb. 41 *d* u. *e*).

Flechtwerks- und Faschinensperren werden entweder geradlinig oder gekrümmt ausgeführt.

Eine starke Krümmung der Querwerke ergibt größere Kubaturen und lenkt den Wasserabsturz gegen die Mitte, schwach gekrümmte und geradlinige Werke konzentrieren den Wasserabsturz nur soweit, als dies durch die Form der Abflußsektion bedingt wird.

Querschnittsform.

Die Sperren und Grundschwellen müssen einen derartigen Querschnitt erhalten, daß sie imstande sind, dem Wasserdrucke und, nach eingetretener Verlandung, dem Drucke des Verlandungsmateriales Widerstand zu leisten. In beiden Fällen ist natürlich auch die Belastung durch das die Sperren überströmende Wasser in Rechnung zu stellen, ferner ist zu berücksichtigen, daß das im Verlandungsmaterial enthaltene Wasser dessen natürlichen Böschungswinkel verkleinert.

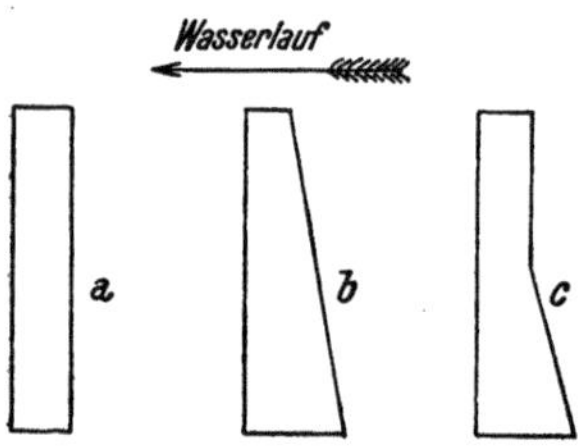

Abb. 43. Querschnitte gewölbter Sperren.

Den Wasser- und Erddruck übertragen die Querwerke entweder durch die Gewölbewirkung auf ihre Widerlager oder aber als Schwergewichtsmauern auf den Untergrund. In beiden Fällen müssen die bekannten Bedingungen für die Standfestigkeit erfüllt sein und ergibt die statische Berechnung die erforderlichen Mindestabmessungen.

Maßgebend für die Gestaltung des Querprofiles ist ferner die Rücksicht auf die tunlichste Vermeidung von Beschädigungen und die leichte Bauerhaltung.

Den als Gewölbe zu betrachtenden Sperren gibt man am besten einen rechteckigen oder trapezförmigen Querschnitt, talseits mit lotrechter, bergseits mit lotrechter oder geneigter Stirnwand (Abb. 43 *a* u. *b*). Die Kronenstärke soll nicht unter das Maß von 1,5 m und in Wildbächen, die schweres Geschiebe und viel Wasser führen, nicht unter 2 m betragen. Die Basisstärke und der Anzug der bergseitigen Stirnwand ergeben sich aus der statischen Berechnung. Allenfalls kann auch der oberste Sperrenteil bis hinab zu jenem Gewölberinge, der bei der angenommenen Kronenstärke der Inanspruchnahme noch genügt, eine Rechtecksform erhalten und die notwendige Verstärkung erst von hier nach abwärts platzgreifen (Abb. 43 *c*).

So gestaltete Sperren sind keinerlei Beschädigungen der Stirnwand durch über die Krone abstürzendes Material ausgesetzt. Diese Sicherheit kann noch durch die Anbringung einer Wassernase an der Krone erhöht werden.

Unter der Voraussetzung einer entsprechenden Stärke können gewölbte Sperren später jederzeit leicht erhöht werden. Ist auf eine Erhöhung zu rechnen, so muß von vornherein bei der Stärkenbemessung auf sie Rücksicht genommen werden. Falls bei der ersten Herstellung der Wasserdruck in Rechnung gestellt wurde, ist schon dadurch die

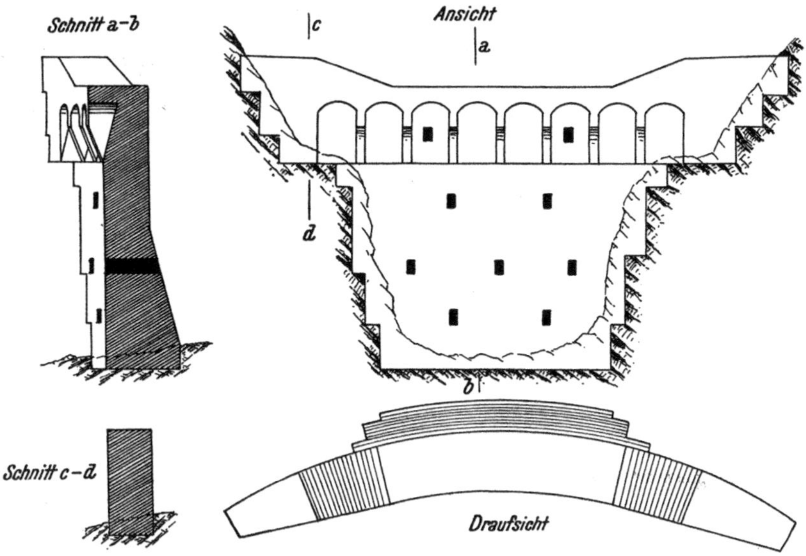

Abb. 44. Bogensperre mit Erhöhung als Schwergewichtsmauer.

Möglichkeit der Erhöhung gegeben, weil ja der Materialdruck der Verlandung wesentlich geringer ist.

Überschreitet der obere Sperrenteil das für die Gewölbewirkung anzunehmende Höchstmaß der Spannweite, so kann dieser Teil als Schwergewichtsmauer berechnet und dimensioniert werden (Abb. 44). Es muß aber dann der nach unten folgende Sperrenring, also der oberste als Gewölbe wirkende Ring, nicht allein den auf ihn selbst wirkenden, sondern auch jenen Druck aufnehmen, der auf die Schwergewichtsmauer entfällt. Der Berechnung dieses Gewölberinges kann eine der Mauerstärke gleiche Höhe zugrunde gelegt werden.

Den Schwergewichtsmauern gibt man gewöhnlich ebenfalls einen trapezförmigen Querschnitt, und zwar meist bergseits mit lotrechter Stirnwand, während die talseitige Stirnwand zwecks besserer Aufnahme des Druckes einen Anzug erhält.

Nach Demontzey[193] erhalten bei den Wildbachverbauungen Frankreichs die trockengemauerten Sperren in der Regel einen talseitigen Anzug von 25% und die halbe aufgehende Höhe als Kronenstärke (Abb. 45 *a*), die Sperren in Mörtelmauerwerk hingegen einen Anzug von 20% und die halbe Höhe als Stärke in der Sperrenmitte (Abb. 45 *b*).

In Österreich werden die trockengemauerten Sperren zumeist mit einem Anzuge von $^1/_4$ bis $^1/_5$, die Sperren in Mörtelmauerwerk mit einem solchen von $^1/_5$ bis $^1/_{10}$ erbaut (Abb. 45 *c*). Bei höheren Schwer-

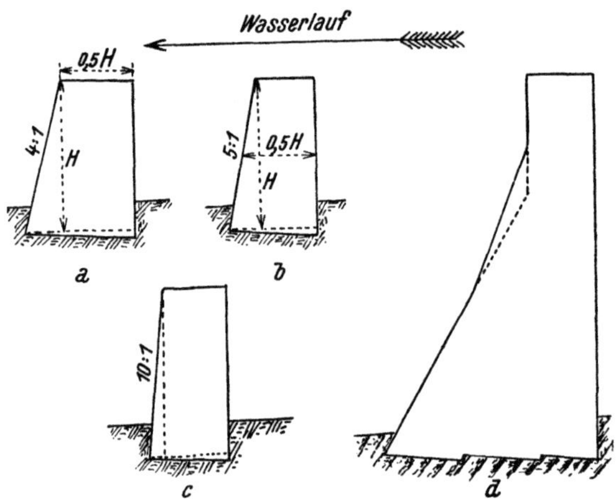

Abb. 45. Sperren-Querschnitte.

gewichtssperren (über 5 bis 6 m) wird die talseitige Stirnwand meist nach der Drucklinie ausgestaltet (Abb. 45 *d*).

Für die Bemessung der Sperrenstärken gibt Wang[3] die in den Tabellen 5 und 6 angegebenen Maße:

Tabelle 5. für geradlinige Schwergewichtsmauern.

Höchste Sperrenhöhe *h* in m	Höchster zulässiger talseitiger Anzug	Stärke der Basis		Obere Stärke des Profils	
		Fünfseitiges Profil*)	Trapezförmiges Profil	Fünfseitiges Profil*)	Trapezförmiges Profil
4,50	0,25 *h*	0,67 *h*	0,60 *h*	0,42 *h*	0,35 *h*
7,00	0,20 „	0,67 „	0,61 „	0,47 „	0,41 „
12,00	0,15 „	0,67 „	0,61 „	0,52 „	0,46 „
28,00	0,10 „	0,67 „	0,63 „	0,57 „	0,53 „
über 28,00	0,05 „	0,67 „	0,65 „	0,62 „	0,60 „

*) In Fig. 45 *d* punktiert.

Tabelle 6 für gewölbte Sperren.

Höchste Sperrenhöhe h in m	Höchster zulässiger talseitiger Anzug	Stärke der Sperren	
		An der Krone	An der Basis
4,50	0,25 h	0,08 h	0,33 h
7,00	0,20 „	0,13 „	0,33 „
12,00	0,15 „	0,18 „	0,33 „
28,00	0,10 „	0,23 „	0,33 „
über 28,00	0,05 „	0,28 „	0,33 „

Der Anzug der talseitigen Stirnwand, so günstig er für die Druckverteilung wirkt, hat den Nachteil, daß die über die Sperre abstürzen-

Abb. 46. Betonsperre mit Überfallskonsole, Kalmbach bei Saalfelden, Salzburg.

den Wasser- und Geschiebemengen auf die Stirnwand aufschlagen und sie erschüttern können. Diese Gefahr liegt namentlich bei Bächen, die grobes Geschiebe führen, vor und wächst mit der zunehmenden Sturzhöhe. Das Aufprallen von Wasser und Geschiebe auf die Stirnwand kann nicht stattfinden, wenn diese mit einer solchen Geschwindigkeit über die Sperrenkrone hinausgeschleudert werden, daß sie erst unterhalb des Sperrenfußes auffallen, also die Stirnwand nicht treffen. M. Vaultrin hat in einer Studie in der Revue des eaux et forêts, 1884, für den Höchstwert n des Böschungsverhältnisses, das diesen Voraussetzungen entspricht, nach der Fallparabel die Gleichung aufgestellt:

$$n = v \sqrt{\frac{2}{g \cdot h}}.$$

In derselben bedeutet v die Geschwindigkeit, mit der das Geschiebe die Sperrenkrone passiert, g die Beschleunigung der Schwere, h die Sperrenhöhe. Eine Sicherheit bietet aber diese Berechnung keineswegs, da gerade größere Steine leicht eine zufällige Geschwindigkeitsverminderung gegenüber der Rechnung erfahren können.

Um den Aufprall der abstürzenden Massen abzuschwächen, hat man früher mitunter die talseitige Stirnwand der Sperren staffelförmig ausgestaltet und den einzelnen Stufen nur eine geringe Höhe von je 2 bis 3 m bei einer Stufenbreite von 0,5 bis 0,8 m gegeben. Diese Bauweise hat sich aber nicht bewährt, vielmehr wurden auch bei Verwendung von sehr gutem Baumaterial die Steine der vorspringenden Stufen durch aufstürzende Blöcke zertrümmert, das Bauwerk erschüttert und schwer beschädigt; bei Verwendung minder harter Steine ergaben sich selbst bei geringer Geschiebeführung schon nach kurzem Bestande nicht unbedenkliche Beschädigungen durch Abschleifung und Auswaschung. In beiden Fällen wurden schwierige und kostspielige Erhaltungsarbeiten nötig.

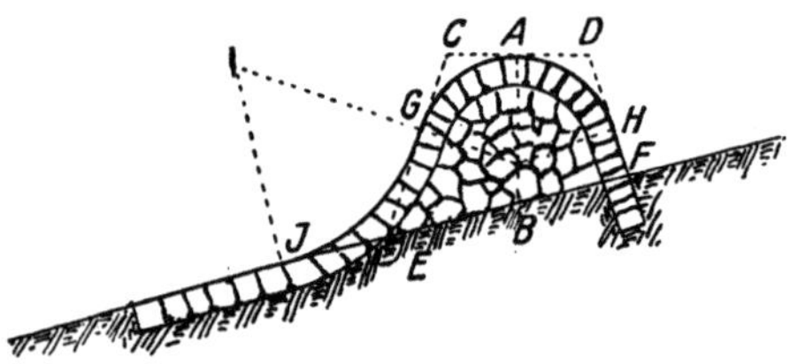

Abb. 47. Grundschwelle nach Ing. Aebi.

Eine Beschädigung der Stirnwand verhütet man durch Anbringung von Wassernasen (Abb. 46) oder Überfallskonsolen.

Will man einen Absturz vermeiden, so kann man die talseitige Stirnwand der Werke nach der Sinuslinie gestalten, bzw. ihr eine S-Form geben. Diese Art von Querbauten wurde vom Schweizer Ingenieur Aebi empfohlen (Abb. 47). Nach seiner Angabe wird das Profil wie folgt konstruiert: $CD = AB$, die Geraden CE und DF erhalten die Neigung 1 : 3, $CG = AC = AD = DH$, $EI = EG$, die Schnittpunkte der in den Punkten G, H und I errichteten Normalen auf CE, DF und EI geben die Mittelpunkte der die Profilsform begrenzenden Kreisbögen[3].

Bei ähnlich gestalteten Werken gleiten das Wasser und das Geschiebe über den Bau hin und es bildet sich an dessen Fuß eine stehende Welle oder Wasserwalze aus, welche die lebendige Kraft des Wassers aufzehrt. Die oben angegebene Querschnittsform ist aber nicht allgemein anwendbar, da ja die Wassergeschwindigkeit wechselt; sie muß vielmehr je nach dieser Geschwindigkeit so gewählt werden, daß sich der Wasserstrahl nirgends von der Oberfläche des Baues ablöst. Wenn mit großen Wassergeschwindigkeiten zu rechnen ist, bedingt dies aber eine sehr flache Ausgestaltung der Oberfläche (Abb. 49), so daß sich große Mauerkubaturen ergeben, welche diese Art von Werken für ausgiebigere Sohlenhebungen unzweckmäßig erscheinen lassen. Sie eignen sich für höhere Werke nur dann, wenn eine vorhandene Gefällsstufe zu fixieren ist. Zur Abtreppung geschlossener, mit geringem Gefälle ausgestatteter Gerinne und zur Sohlenfixierung in solchen haben sie sich gut bewährt. Sie vermeiden eine Stoßwirkung auf den Vorgrund der Werke, doch ist auch bei ihnen der konkave Pflasterteil einer verhältnismäßig starken Abnützung unterworfen. Das Wasser kommt hier mit großer Geschwindigkeit am Fuße des Baues an und kann, wenn das Pflaster nicht weit genug nach vorwärts verlängert ist, leicht Auskolkungen herbeiführen. Große Rauhigkeit des Pflasters vermindert diese Gefahr.

Abb. 48. Sinoidalschwelle, Rote Rüfe, Vorarlberg.

Die Krone der gemauerten Sperren wird in der Längsrichtung des Baches zumeist horizontal gehalten. Bei jenen Werken, an die sich bergseits eine geneigte Pflasterung anschließt, ist deren Gefälle auch für die Kronenneigung maßgebend (Abb. 50 *d*). Abb. 50 zeigt auch andere mitunter zur Anwendung gelangende Kronenformen. Für Kanten, die dem Anprall von großen Steinen oder schweren Baumstämmen besonders ausgesetzt sind, empfiehlt sich deren Abschrägung oder Abrundung.

Bei trockengemauerten Sperren gibt man mitunter auch der bergseitigen Stirnwand einen geringen Anzug.

Die Fundamentsohle macht man entweder horizontal oder man läßt sie in der Bachrichtung mäßig ansteigen. Das Fundament hoher, auf Wasserdruck berechneter Schwergewichtssperren soll nach Abb. 45 *d* abgestuft werden, um ein Gleiten des Mauerkörpers auf dem Fundamente sicher auszuschließen.

Ob eine Erhöhung der Schwergewichtssperren zulässig ist, ist nach den statischen Bedingungen zu beurteilen; allenfalls kann bei stärkerem Anzuge eine Verstärkung nach Abb. 51 *b*, *c* angeordnet werden. Eine solche Verstärkung unterliegt aber einer Setzung, was sich unter Umständen ungünstig auswirken kann. Aus dem schon oben angeführten Grunde darf die talseitige Stirnwand bei den Erhöhungen

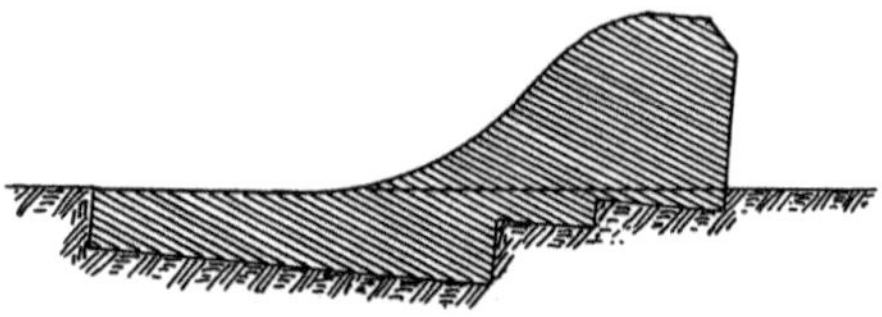

Abb. 49. Sinoidenförmige Schwelle.

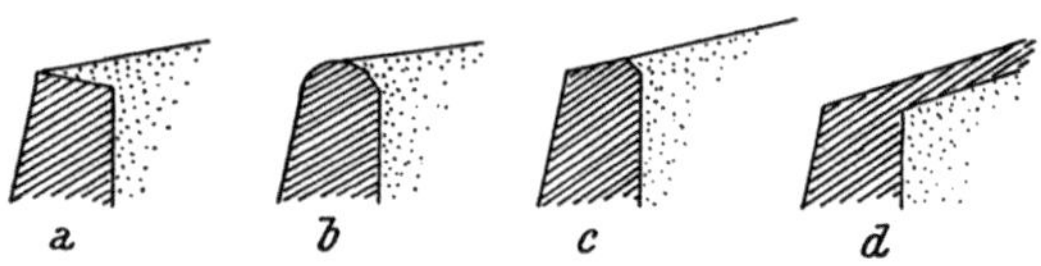

Abb. 50. Kronenformen der Sperren.

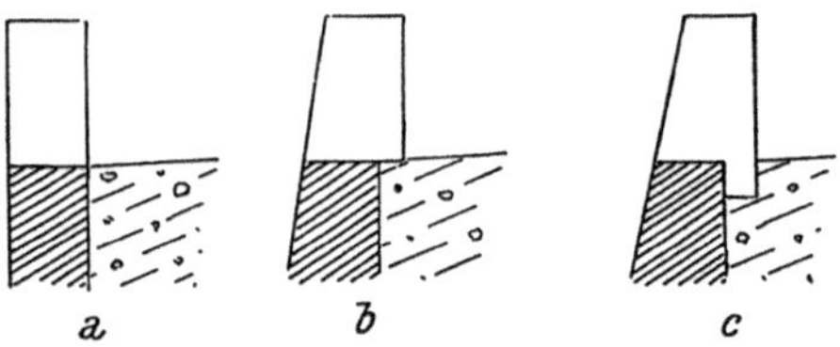

Abb. 51. Sperrenerhöhungen.

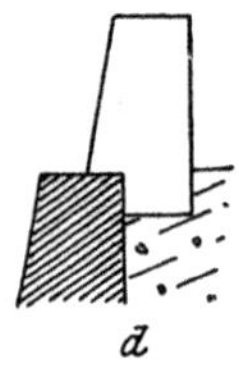

Abb. 52. Unzweckmäßige Sperrenerhöhung.

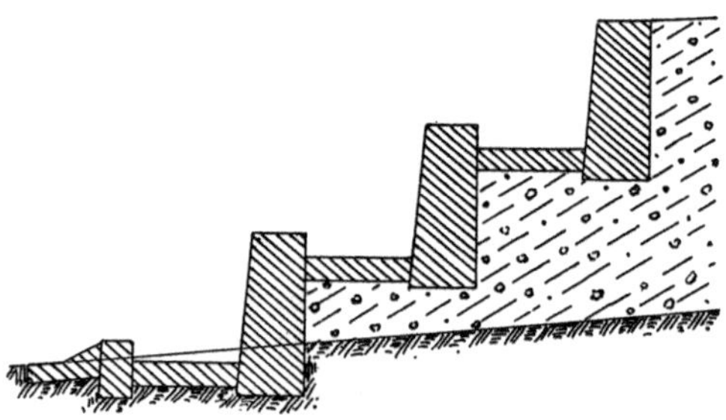

Abb. 53. Sperrenstaffel.

keinesfalls nach Abb. 52 stufenförmig gestaltet, also das Mauerwerk auf der alten Krone zurückgesetzt werden.

An Stelle einer Erhöhung der Sperren kann unter Umständen die Errichtung weiterer Stufen nach Abb. 53 zweckmäßig sein.

Abflußsektion.

Um dem abfließenden Wasser einen bestimmten Weg zu weisen und die Stelle festzulegen, an welcher der Absturz erfolgen soll, werden durch Erhöhung der Sperrenflügel die Abflußsektionen gebildet. Bei

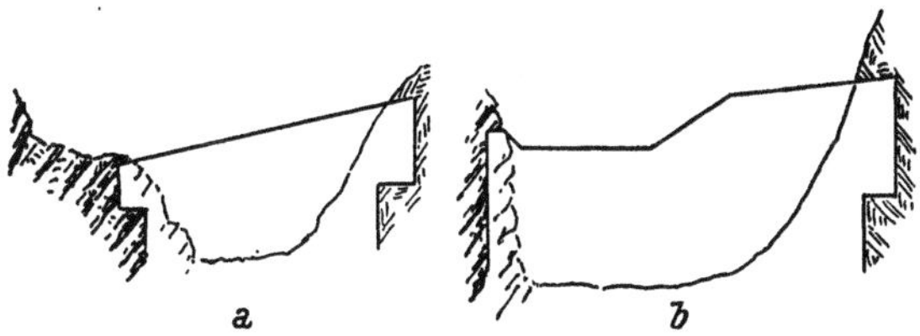

Abb. 54. Unsymmetrische Abflußsektionen.

ganz in Fels eingelassenen Sperren ist dies zwar von geringerer Wichtigkeit, doch ist es auch hier zweckmäßig, die Flügel zum Schutze der Einbindungen wenigstens soweit ansteigen zu lassen, daß diese dem Hauptangriffe des Wassers entzogen sind.

Das Vorhandensein von Fels nur an einem Ufer führt unter Umständen dazu, die Abflußsektion gegen dieses zu verlegen (Abb. 54 *a* u. *b*),

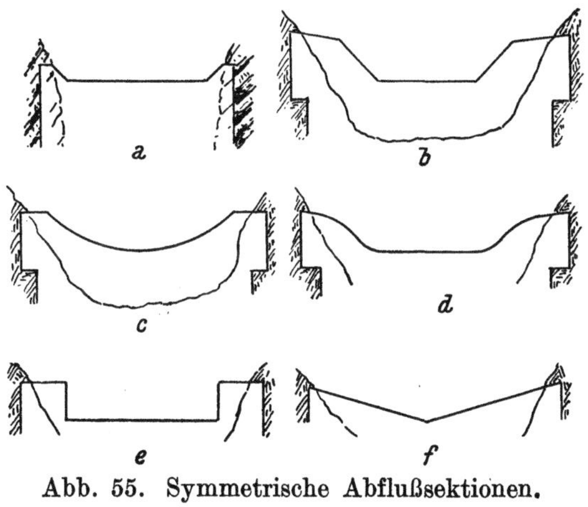

Abb. 55. Symmetrische Abflußsektionen.

um das andere zu schützen. Es ist aber hierbei darauf zu achten, daß das Wasser nicht etwa durch den Felsverlauf unterhalb der Sperre auf das gefährdete Ufer zurückgeworfen werden kann. Ist diese Gefahr gegeben, so ist ihr durch Absprengung der betreffenden Felsvorsprünge oder in sonst geeigneter Weise entgegenzuwirken.

Die Abflußsektionen der nicht ganz in Fels eingebundenen Sperren müssen so groß bemessen werden, daß sie den Höchstabfluß einschließlich des Geschiebes fassen können.

Zur Berechnung der Größe der Abflußsektionen stehen nur unsichere Grundlagen zur Verfügung, da weder die Höchstwassermenge, noch die Geschiebemenge und deren Einfluß auf die Geschwindigkeit des Wasserabflusses mit Sicherheit zu ermitteln sind; auch können Steine auf den Sperrenkronen liegen bleiben und das Fassungsvermögen der Abflußsektion vermindern. Deshalb ist es geboten, bei dieser Berechnung einen entsprechenden Sicherheitsfaktor in Rechnung zu stellen. Der Sicherheit halber läßt man die Sperrenkronen seitwärts der Abflußsektion noch gegen die Einbindungsstellen ansteigen oder setzt an diesen noch neue Steinscharen an.

Die Breite der Abflußsektionen richtet sich nach der Breite der Bachsohle unterhalb der Sperren und soll wenn möglich so bemessen werden, daß sich ein erweiterter Fallkessel ausbilden kann, ohne die Lehnen zu gefährden.

Abb. 56. Abtreppung mittels gemauerter Sperren, Zwerenbach, Vorarlberg.

Die symmetrischen Abflußsektionen erhalten verschiedene Formen, als Kreissegment, Trapez, Trapez mit abgerundeten oder abgeschrägten Ecken, Rechteck, Dreieck u. dgl. (Abb. 55 *a* bis *f*). Das Kreissegment mit entsprechend großem Zentriwinkel hält das abfließende Wasser am besten zusammen und erschwert am meisten die Ablagerung von Steinen in der Abflußsektion. Diese Form hat aber den Nachteil, daß sich bei ihr nicht nur die Kraft des Wassers, sondern auch der Geschiebeabtrieb an der tiefsten Stelle konzentriert, die infolgedessen der Abnützung stark ausgesetzt ist. Abflußsektionen mit ebener Sohle gestatten — wenn sie weit sind — dem Wasser sich auszubreiten, der Wasserstrahl wird dadurch abgeschwächt, die Wassertiefe vermindert sich und es wird daher auch der Anprall auf den Fallboden — die Inanspruchnahme des Pflasters und die Kolkwirkung — schwächer. Dies hat aber auch zur Folge, daß Steinblöcke in der Abflußsektion leichter liegen bleiben und sie verlegen können. Abflußsektionen von rechteckiger oder sich dem Rechteck nähernder Form sind außer in Verbindung mit anschließenden bergseitigen Einfangflügeln oder Leitwerken bedenklich, da die freistehenden Flügel dem Anpralle von Muren u. dgl. stark ausgesetzt sind und leicht abgeschert oder beschädigt werden können. Es sollen daher auch die Abflußsektionen der Holzsperren, wenn diese nicht mit Einfangflügeln versehen werden, nach Abb. 75 ausgebildet werden.

Bei manchen Bautypen der Holzsperren, insbesondere jenen, die nach einer einmal gebrochenen Grundrißlinie ausgeführt werden, so bei den Prügelsperren, ergeben sich dreieckige Abflußsektionen. Diese Form ist wegen der zu starken Konzentrierung des Wassers an einer bestimmten Stelle sehr ungünstig.

Dohlen und Durchlässe.

Je feinkörniger das Verlandungsmaterial ist und je mehr Wasser es enthält, desto größer ist der Druck, den es auf die Sperre ausübt. Es soll daher bei den höheren Querwerken dem Wasser Gelegenheit geboten werden, aus dem Verlandungskörper auszutreten. Zu diesem Zwecke werden in den Sperrenkörpern Dohlen und Durchlässe angebracht, deren Form, Größe, Anzahl und Verteilung sich nach den jeweiligen Verhältnissen richten. Die kleinen Dohlen erhalten eine Rechtecksform mit 30 bis 60 cm Höhe und 20 bis 40 cm Weite, die großen Durchlässe die Form eines Bogenfensters, eine Höhe von 2 bis 3 m und eine Weite von 1 bis 1,5 m.

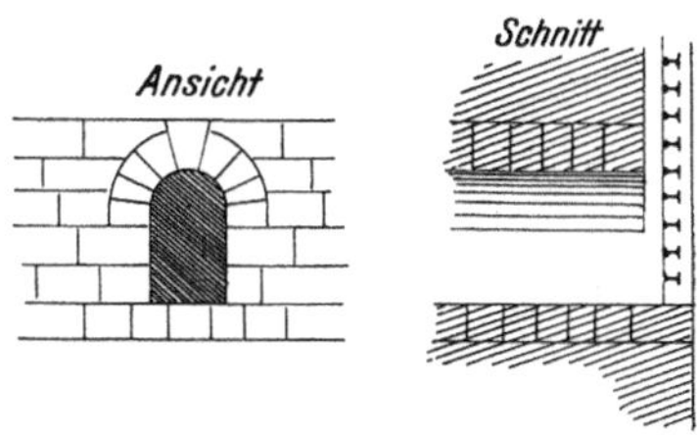

Abb. 57. Sperrendurchlaß.

Um ein rasches Verlegen der Dohlen und Durchlässe durch eingeschwemmte Steine, Treibzeug u. dgl. zu verhindern, bringt man hinter tiefliegenden Dohlen mitunter Steinschlichtungen an, deren große Zwischenräume dem Wasser den Durchtritt gestatten. Größere Durchlässe werden an der bergseitigen Stirnwand mittels hölzerner oder eiserner Rechen abgeschlossen. Die Wiedereröffnung verlegter Durchlässe wird erleichtert, wenn man an Stelle der Rechen eiserne Körbe anbringt, die bis zur Krone reichen.

Besser wird der letzterwähnte Zweck aber erreicht, wenn man nach Abb. 57 an der bergseitigen Stirnwand über den Durchlässen bis zur Krone reichende Schächte ausspart, die an der Wasserseite durch eingelegte waagrechte Schienenstücke abgeschlossen werden. Diese letzteren können nach Bedarf ausgehoben werden, um etwa eingedrungene Fremdkörper u. dgl. zu entfernen. Eine solche Anordnung empfiehlt sich namentlich, um Durchlässe von Entleerungssperren funktionsfähig zu erhalten, sie macht aber Vorkehrungen gegen Kolkungen des unter hohem Drucke ausströmenden Wassers nötig.

In manchen Fällen handelt es sich darum, durch Querbauten unterirdisch abfließendes Wasser zu stauen. Dies kann zutreffen bei Wehren, die zum Zwecke der Ableitung von Betriebswasser aus einem Gerinne erbaut werden oder auch, wenn der Grundwasserstand etwa zur Begünstigung der Vegetation zu heben ist. In solchen Fällen müssen die Stauwerke möglichst wasserdicht erbaut werden und ist daher von der Anbringung von Dohlen abzusehen.

Sicherung der Sperren gegen Beschädigungen.

Von allen Gefahren, denen die Querwerke ausgesetzt sind, ist jene der Unterwaschung die größte. Eine solche kann verursacht werden durch die nach oben fortschreitende Vertiefung der talseits anschließen-

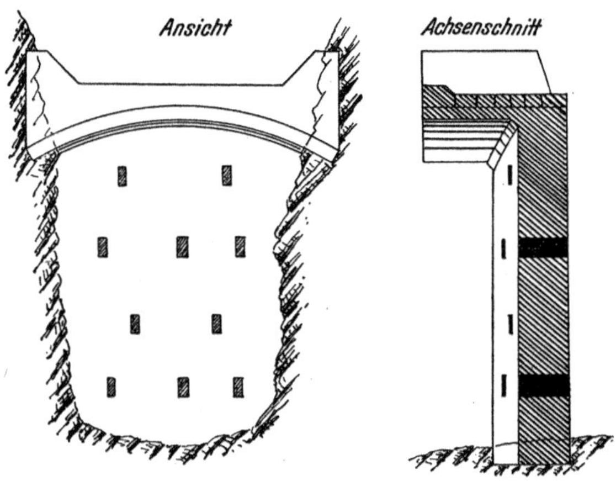

Abb. 58. Bogensperre mit gewölbter Schußtenne.

den Bachstrecke; hiergegen muß die Abhilfe darin bestehen, dieser Vertiefung rechtzeitig Schranken zu setzen, wenn erforderlich, die Bachsohle wieder zu heben. Viel häufiger wird aber eine Unterwaschung

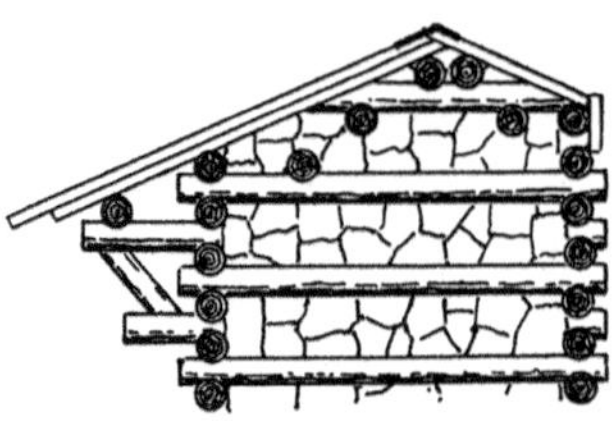

Abb. 59. Hölzerne Schußtenne.

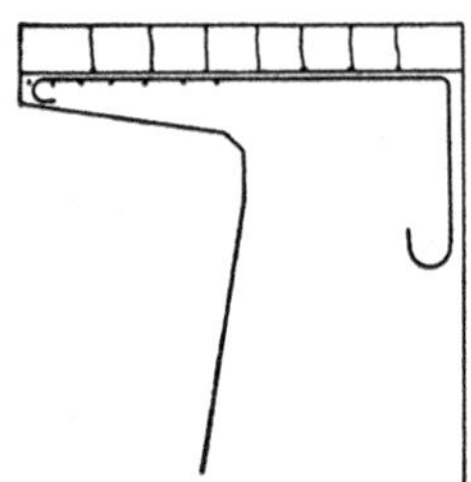

Abb. 60. Wassernase aus Eisenbeton.

eintreten durch die kolkende Wirkung des über die Sperre abstürzenden Wassers.

Der Stoßwirkung großer, aus der Höhe abstürzender Wassermengen vermag auch Fels auf die Dauer nicht zu widerstehen. Während aber in festem, harten Fels Auskolkungen sich nur langsam entwickeln, wird verwitterbarer, weicher oder lassiger Fels unter Umständen verhältnismäßig rasch zerstört.

So sind z. B. an der Wilson-Staumauer am Tennesseeflusse innerhalb 16 Monaten aus dem geschichteten Kalke des Sturzbodens ganze Felsblöcke losgelöst und abgetrieben worden und bis 3 m tiefe Kolke entstanden[195] und an der Calderwood-Bogenstaumauer am selben Flusse sind sogar beim Hochwasser vom 11. bis 31. Mai 1930 bis zu 15 m tiefe Kolke in der felsigen Sohle talseits der Sperre entstanden, wobei allerdings die Fallhöhe 56,5 m und die Wassermenge 280 m^3/sek betragen haben[196].

Abb. 61. Betonsperre mit Wassernase, Gunzmoosriese bei Dornbirn, Vorarlberg.

Tiefe Kolke in Fels sind aber seltene Ausnahmsfälle und in Wildbächen wird bei der Gründung auf Fels nicht leicht eine Gefährdung der Sperren eintreten, vielmehr Zeit genug bleiben, rechtzeitig etwa notwendig gewordene Unterfangungen durchzuführen.

Begünstigt wird die Auskolkung des Felsens durch unvorsichtige Sprengarbeiten bei Aushebung der Fundamentgräben, weshalb bei letzterer starke Erschütterungen des Felsens vermieden werden müssen und das Ausbrechen womöglich ohne Sprengmittel, sonst aber nur mit tunlichst schwachen Sprengschüssen erfolgen soll.

Weitaus die meisten Sperren können nicht auf Fels gegründet werden, trotzdem muß man ihnen oft eine ansehnliche Höhe geben. In solchen Fällen ist mit der Entstehung eines Fallkessels zu rechnen, der für den Bestand der Werke um so gefährlicher ist, je näher an der talseitigen Stirnwand der Wasserstrahl den Sturzboden trifft. Diese Gefahr kann man daher dadurch vermindern, daß man den Wasserabsturz möglichst weit vom Fuße des Werkes entfernt und zu diesem Zwecke Schußtennen nach Abb. 58 u. 59 anordnet. Derartige Schußtennen oder vorkragende Wassernasen (Abb. 60) schützen auch die talseitige Stirnwand der Sperren vor dem Aufprall von Geschieben (Abb. 61).

Reicht die Sohle des Fallkessels unter das Fundament des Baues herab, so wird dieser unterspült, es bildet sich unter ihm ein Hohlraum und der Bau wird sich setzen oder einstürzen.

In Felsschluchten kann eine derartige Zerstörung dadurch verhütet werden, daß man das Bauwerk auf ein Fundamentgewölbe stellt, welches das Bachbett überspannt (Abb. 39). Der Bestand solcher Sperren ist auch bei Unterwaschung gesichert. Diese kann aber trotzdem insoferne verhängnisvoll werden, als durch sie die Gefahr einer Entleerung der Sperre herbeigeführt wird. Es ist schon wiederholt vorgekommen, daß sich mit Kalkschotter bereits verlandete Sperren durch so entstandene, verhältnismäßig kleine Öffnungen vollkommen entleert haben.

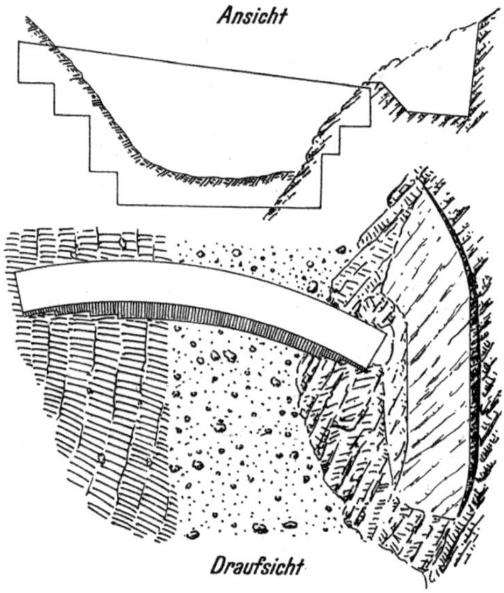

Abb. 62. Sperre mit seitlichem Umlaufgerinne.

Um dieser Gefahr vorzubeugen, müssen daher auch auf Gewölbe gestellte Sperren entsprechend tief fundiert werden und es empfiehlt sich, entweder eine das Fundamentgewölbe ausreichend deckende Vorsperre anzubringen oder aber hinter den Sperren eine nachgiebige starke Bettung von Faschinen oder Rauhbäumen anzubringen, die im Falle einer Unterwaschung in den Kolk nachsinkt, dessen weitere Vergrößerung einschränkt und das Abtreiben des Verlandungskörpers hindert.

Findet sich Fels nur auf einer Seite der Baustelle, so ist es mitunter zweckmäßig, einen Wasserabsturz über die Sperre dadurch zu vermeiden, daß in dem Fels ein Entlastungs- oder Umlaufskanal ausgehoben wird (Abb. 62 u. 63), in dem das Hochwasser abgeleitet wird, so daß es erst in einer solchen Entfernung von der Sperre in das Wildbett abstürzt, daß diese durch den entstehenden Kolk nicht mehr gefährdet ist. Es ist jedoch dafür zu sorgen, daß das Entlastungsgerinne nicht durch liegenbleibendes Geschiebe verlegt werden kann. Um die sichere Einleitung des Wassers in den Kanal zu gewährleisten, muß die Krone der Sperre ausreichend über die Kanalsohle erhöht werden und kann es auch zweckmäßig sein, die Sperre schief zur Bachachse zu stellen. Es ist nicht unbedingt nötig, daß das Umlaufgerinne die ganze Wassermenge aufnimmt; eine leichte Überströmung der Sperrenkrone ist meist unschädlich.

In diesen Umlaufgerinnen fließt das zusammengedrängte Wasser mit großer Geschwindigkeit ab; sie sind daher einer starken Beanspru-

Abb. 63. Betonsperre mit Umlaufkanal, Schloßbach bei Zirl, Nordtirol.

chung ausgesetzt und erleiden häufig Beschädigungen. Je enger das Gerinne und je wasserreicher der Bach, je schwerer und härter das Geschiebe und je weicher der Fels, desto größer ist die Gefahr einer Beschädigung. Es ist schon vorgekommen, daß der Felsriegel, in den solche Gerinne eingeschnitten waren, vollständig durchsägt wurde[190].

Eine solche Ableitung des Wassers leistet namentlich dort vorzügliche Dienste, wo vorspringende Felsköpfe den Wasserlauf gegen einen Anbruch werfen. Um die Ablenkung zu bewirken, sind an Stelle der Sperren mitunter Sporne oder leitwerkartige Bauten zweckdienlich.

In ähnlicher Weise kann das Wasser auch über große Felsblöcke abgeleitet werden, wenn sie eine ausreichende Größe besitzen, festgelagert sind und ihre Unterwaschung nicht zu befürchten ist oder durch entsprechende Maßnahmen ausgeschlossen werden kann.

In Bächen, die auch bei Hochgängen nur geringe Wassermengen führen und woselbst eine Vertiefung der unterhalb anschließenden Bachstrecke ausgeschlossen ist, kann eine Sicherung der Sperren gegen Unterwaschung bei nicht zu großen Fallhöhen durch tiefe Fundierung des Baues erreicht werden, auch liegende oder stehende Roste vermindern die Unterwaschungsgefahr.

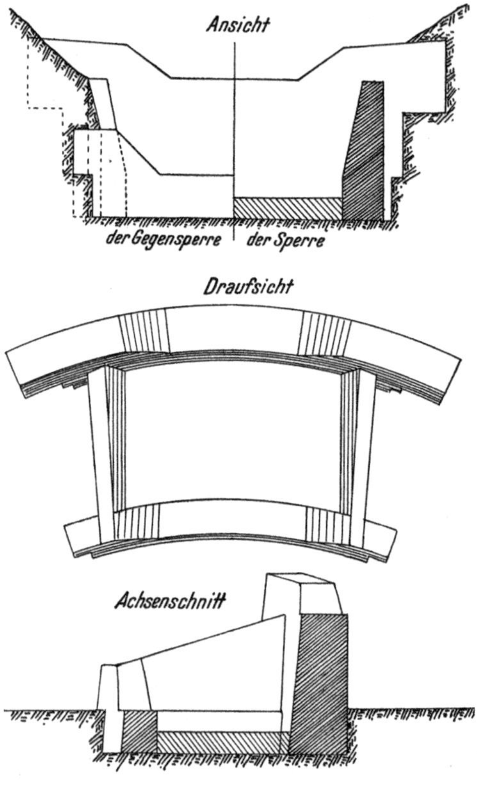

Abb. 64. Sperre mit Gegensperre und versenktem Sturzboden.

In wasserreichen Bächen reicht diese Maßnahme zur Sicherung der Werke aber nicht hin und es müssen andere Mittel angewendet werden. Als eines der zweckmäßigsten ist die Erbauung von Vor- oder Gegensperren zu nennen, welche die Hauptsperren auf eine entsprechende Höhe decken (Abb. 64). Bleibt die Sturzbettsohle unbefestigt, so entsteht zwischen beiden Werken ein Tosbecken, das die Kolkung einschränkt und dem Wasser die Möglichkeit bietet, sich zu beruhigen. Die Tosbecken sollen nicht allein eine ausreichende Länge, sondern auch eine entsprechende Breite erhalten, also gegenüber der Abflußsektion kesselförmig erweitert sein. Sie werden in der Regel durch seitliche Uferschutzbauten begrenzt, die sohin gegen die Ufer zurückgesetzt werden. Jedenfalls sind die talseitigen Flügelmauern so anzuordnen, daß sie vom abstürzenden Wasser nicht mehr getroffen werden.

Zwecks Hintanhaltung einer Kolkbildung greift man häufig auch zu einer Befestigung des Sturzbodens. Diesem Zwecke dient am häufigsten eine Pflasterung (Abbildung 66 *b*), für welche große, harte und gesunde Steine nötig sind. Die Pflasterstärke richtet sich nach der Fallhöhe und der Wassermenge. Sturzbettpflasterungen sind sehr starken Inanspruchnahmen ausgesetzt. Sie werden in der Regel trocken hergestellt; der Mörtel hält den fortgesetzten starken Erschütterungen nicht lange stand. Die Widerstandsfähigkeit gegen Beschädigungen wird durch ein Versenken des Pflasters unter die Krone von Gegensperren wesentlich erhöht (Abb. 66 *a*). Es bildet sich dann auf dem Sturzbette ein Wasserpolster, welches den Absturz schwächt und das Pflaster schützt. Zur Beschränkung von eintretenden Beschädigungen werden mitunter auch liegende Roste mit etwa 2×2 m großen Feldern eingebaut (Abb. 67).

Abb. 65. Sperre mit Tosbecken, Vordernbergerbach im Gailtal, Kärnten.

Abb. 66. Anordnung der Sturzbettpflasterungen.

Auch Bedielungen von Pflasterungen werden zu deren Schutz hergestellt; sie verhindern ein Aufprallen der Geschiebe- und Wassermassen auf die Pflastersteine. Nach einem von Ing. A. Zarboch erworbenen Patente können sie auswechselbar hergestellt werden (Abb. 68).

Bei sinoidenförmigen Querwerken wird ein Wasserabsturz vermieden und das Wasser gleitet über die Oberfläche ab, aber auch hier macht sich eine Kolkwirkung im Vorfelde geltend. Sie kann beschränkt werden durch die von Prof. Rehbock empfohlene Zahnschwelle (Abb. 69)[197, 198].

Auf dem gleichen Grundsatze der Teilung des Wasserstrahles beruht die Anbringung von Schikanen auf den Sturzböden oder die

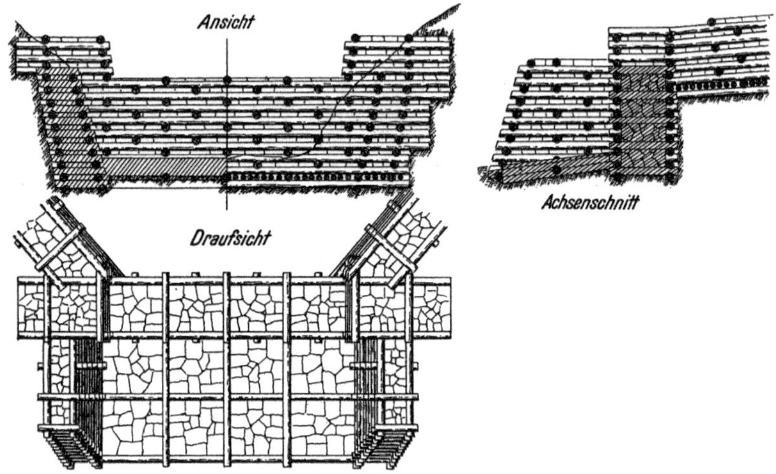

Abb. 67. Steinkastensperre.

schachbrettartige Einmauerung von hochkantig gestellten Steinen, die über die Sturzbodenoberfläche vorragen und den Schußstrahl teilen und nach oben ablenken[199, 200].

Für wasserreiche wildbachartige Flüsse empfiehlt sich die Verwendung von Kolkabwehrtafeln zum Schutze der Vorfelder. Als solche seien genannt die Floßfeder nach Hofbauer[201], Kolkabwehrtafeln nach dem Patent Huber & Lutz, Zürich[202], kolksichere Sturzböden System Pfletschinger[203]. Für eigentliche Wildbäche kommen solche Abwehrtafeln wegen der geringen Wassermenge kaum in Betracht. An ihrer Stelle kann ein Absturzboden durch nebeneinander in der Bachrichtung gelegte Stämme hergestellt werden, deren oberes Ende mittelst Kettengliedern an der Sperre oder an einem Vorlegestamme befestigt wird, während das untere Ende frei im Wasser spielt. Diese Stämme sind befähigt, auszuweichen und nachzugeben, sie begünstigen die Bildung von Wirbeln, welche die lebendige Kraft aufzehren, gestatten dem Geschiebe den Durchgang und verhindern die Bildung eines tiefen Fallkessels.

Abb. 68. Auswechselbare Sturzbettbedielung nach Ing. A. Zarboch.

In Bächen mit geringer Wasserführung wird das Vorfeld niedriger Werke mitunter auch durch Graß- und Faschinenbettungen nach Abb. 81 gesichert.

Die Ausfüllung etwa entstandener Kolke durch Einwerfen von Steinen hat nur dann den gewünschten Erfolg, wenn Blöcke von ausreichender Größe und Menge tief unter die Oberfläche des Niederwassers versenkt werden können. Andernfalls werden sie aus dem Fallkessel herausgeschleudert und vor diesem in Form eines Steinriegels abgelagert. Mitunter kann das Einbringen und Versenken von Rauhbäumen und ihre Beschwerung mit großen Steinen der Vertiefung eines Fallkessels ein Ziel setzen.

Besser ist die von Dr.-Ing. Ph. Krapf empfohlene Anbringung einer starken, tief versenkten und durch einen Rost aus Eisenbahn-

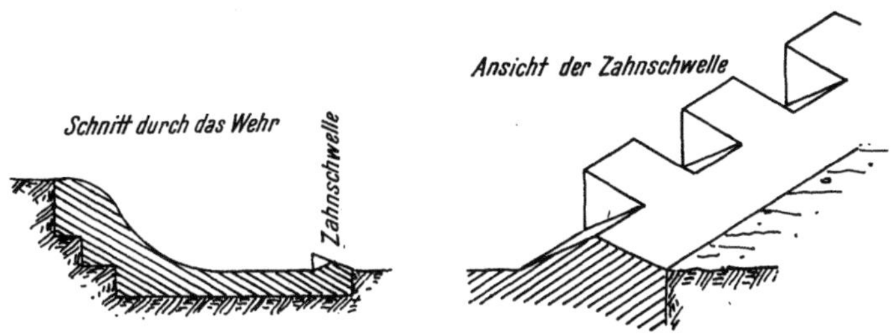

Abb. 69. Zahnschwelle nach Professor Rehbock.

schienen beschwerten und verstärkten Faschinenbettung, der eine gewisse Elastizität zukommt.

Holzsperren sind gegen Unterwaschung viel weniger empfindlich als Steinsperren. Wenn gut gebaut, senken sie sich zwar bei geringer, breiter Unterwaschung, erhalten sich jedoch lange ohne zu brechen. Rauhbaum- und Faschinensperren sind ziemlich unempfindlich gegen Unterwaschungen, da sie nachgiebig sind und, wenn gut beschwert, nachsinken. Wegen der geringen Höhe dieser Bauwerke ist die Kolkgefahr gering. Letzteres trifft auch für die Flechtwerkssperren zu, jedoch fehlt diesen die Möglichkeit der Setzung, sie werden, solange nicht gut verwachsen, nur durch die Pfähle gehalten und nach deren Unterwaschung leicht durchbrochen und zerstört.

Eine besondere Art der Unterspülung tritt mitunter bei Bauwerken auf, die auf Lehmboden gegründet sind. Hier können sich Wasseradern unter dem Fundamente ausbilden, sich allmählich erweitern, den Lehm aufweichen, auswaschen und das Mauerwerk zum Absturze bringen. Auch Ing. H. E. Gruner weist auf die durch das „Auslaugen“ des Bodens entstehenden Gefahren hin, die sich besonders dort fühlbar machen, wo das Wasser unter hohem Druck zirkuliert oder durch enge Rinnen gepreßt wird.

Eine weitere Gefahr für die Sperren bildet der Seitendruck der Lehnen, der unter Umständen einzelne Steine zerdrückt, Steinscharen hebt und ganze Sperrenteile verschiebt. In steilen Gräben mit beweglichen Lehnen trifft der Druck schief auf die Sperrenflügel und gefährdet die Einbindungen. Der Seitendruck wirkt sich auf hohe Werke besonders stark aus, weil talseits derselben ein widerstandsfähiger Verlandungskörper, der den Druck aufnehmen könnte, nicht vorhanden ist. Infolge der Kohäsion wirkt auf diese Sperren der Druck eines viel größeren Erdkörpers als der Sperrenstärke entsprechen würde.

Betonierte Sperren widerstehen dem Lehnendruck, wenn er nicht ein allzu hohes Maß erreicht, gut; am häufigsten ist das Abscheren von aufgesetzten Flügeln längs entstandener Arbeitsfugen zu beobachten.

Bei Bodenbewegungen sind die Bauten desto mehr einer Beschädigung unterworfen und werden desto rascher zerstört, je starrer sie sind. Am wenigsten leicht beschädigt werden elastische, nachgiebige Bauten. Holzsperren widerstehen dem Seitendrucke und den Verschiebungen besser, als starre Mauersperren und verfallen, auch wenn sie schon beschädigt sind, nicht so leicht der Zerstörung wie die letzteren.

Werke, an denen sich Anzeichen stärkeren Druckes zeigen, müssen sorgfältig beobachtet werden. Läßt der Seitendruck, wie das häufig zu beobachten ist, allmählich nach, so sind sie durch rechtzeitig einsetzende Ausbesserungsarbeiten unschwer vor dem Verfalle zu retten. Läßt der Druck nicht nach, so sind Ausbesserungen zumeist vergeblich und es muß getrachtet werden, den Druck von den Bauten abzulenken und ihn durch die Verlandungen aufnehmen zu lassen, die die alte Bachsohle ausreichend hoch überdecken. Zu diesem Zwecke darf aber die Sohlenhebung nicht erst in der gefährdeten Strecke beginnen, sondern muß schon an deren unterem Ende ein ausreichendes Maß erreicht haben.

Nicht verlandete Sperren oder freistehende Sperrenflügel sind auch der Stoßwirkung abgehender Muren oder Lawinen ausgesetzt. Zur Abschwächung dieser Stoßwirkung empfiehlt es sich, das Mauerwerk durch Anschüttungen oder Hinterbeugungen zu decken.

Murgänge üben eine starke Reibung auf das Mauerwerk der Abflußsektionen aus, die bei trocken gemauerten Sperren mitunter bewirkt, daß einzelne Steine, sogar solche von ziemlicher Größe, aus der Krone etwas vorgeschoben werden. Ist der Sperrengrundriß gekrümmt, so tritt sehr bald eine Verspannung auf. Bei sorgfältig ausgeführtem Mauerwerk führt eine derartige Steinverschiebung nicht zu schweren Schäden; ist jedoch das Mauerwerk minder gut, so können einzelne Steine aus der Krone herausgerissen werden, was den Beginn der Zerstörung bedeutet. Um eine solche Beschädigung zu vermeiden, verbindet man öfters die Kronensteine durch eiserne Dübel und Klammern miteinander und fixiert sie auf diese Weise. Zum Schutze der Kronen gemauerter Sperren gegen schwere Murgänge wurden z. B. im Bretterwandbache bei Matrei in Osttirol mit bestem Erfolge Kronenbedielungen ausgeführt (Abb. 70). Dieselben bestehen aus schwachen Rundhölzern, die beider-

Abb. 70. Sperrenserie im Bretterwandbach, Osttirol.

seits soweit behauen sind, daß sie gut aneinanderschließen. Sie werden parallel zur Bachachse so gelegt, daß sie in der Richtung bachabwärts ansteigen und das bergaufwärts gekehrte Ende durch die Verlandung gedeckt ist; mitunter werden zwei Lagen übereinander angebracht, von denen die obere die untere und diese die Krone nach vorne überragt (Abb. 71). Die vorragenden Dielhölzer schützen auch die talseitige Stirnwand vor dem Aufpralle abstürzender Geschiebemassen.

Eine weitere Beschädigung der Sperren kann durch den scharfkantigen Sand verursacht werden, der in manchen Wildbächen bei jedem mittleren und größeren Wasserstande abgeführt wird und Fugenausschleifungen an der Krone verursacht, die sich mitunter rasch vergrößern. Bei Holzsperren im Stampfangergraben in Nordtirol wurden so in die Kronenstämme und Vorlegstämme bei Pflasterungen tiefe Einkerbungen ausgefeilt, ja einzelne Stämme vollständig durchschnitten.

Wie rasch die Abnützung mitunter vor sich geht, beweist folgende Beobachtung: Am Langbathbache bei Ebensee hatte die Salinenverwaltung hölzerne Wehrbauten errichtet, deren Krone mit einer nach vorne abfallenden Bedielung versehen war. Den rückwärtigen Abschluß derselben bildete ein Langbaum, der zum Schutze gegen Abschleifung mit 7 mm starken Blechen beschlagen war. Beim Hochwasser 1899, nach dessen Ablauf der Bach noch lange Zeit ununterbrochen Schotter und Sand abführte, wurden diese Bleche in etwa drei Wochen durchgescheuert. Ebenso wurden in derselben Zeit die kurz vorher eingebauten 7 cm starken Bedielungspfosten derart abgenützt, daß sie ausgewechselt werden mußten.

Abb. 71. Gemauerte Sperre mit Kronenbedielung.

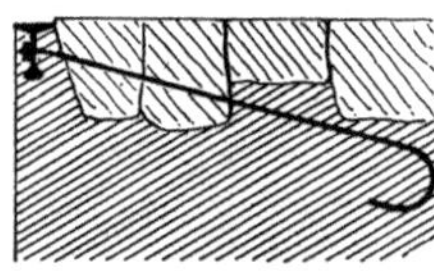

Abb. 72. Kronenarmierung mit Eisenbahnschienen.

Besonders stark unterliegen Betonbauten einer solchen Abschleifung. Um sie zu verhüten, empfiehlt sich die Kronenabdeckung mittels Steinen oder mit einer ansteigenden Bedielung. Auch eine Armierung der Überfallskanten mittels gut verankerter Eisenbahnschienen (Abb. 72) kann diesem Zwecke dienen. Zum Schutze der Holzsperren gegen eine solche Abschleifung wurden sie in einzelnen Fällen mit einer Steinkrone versehen.

Weitere Beschädigungen der Sperren in steilen, tief eingeschnittenen Gräben erfolgen mitunter durch Steinschläge. Zum Schutze gegen solche kann man die Sperrenkronen abdecken, indem man die Abflußsektionen mit einer Bedielung versieht und die Flügel durch Erdschüttungen deckt, die durch einen Holzrahmen fixiert werden.

Bautypen.

Soweit die einzelnen Bautypen einer Erklärung bedürfen, die nicht schon aus obigen Ausführungen erhellt, ist folgendes zu sagen:

Abb. 73 stellt eine geradlinige Sperre nach dem Vorschlage Angerholzers[204] dar, die mit Eisenbahnschienen und einem an diesen befestigten Tragnetzbleche armiert ist. Bei derselben müssen die Schienen den Wasser- und Materialdruck aufnehmen. Sie werden auf Biegung beansprucht und sind als eingespannte Träger zu betrachten. Da jede Kolkung am Fuße solcher Werke die Voraussetzungen, von denen bei

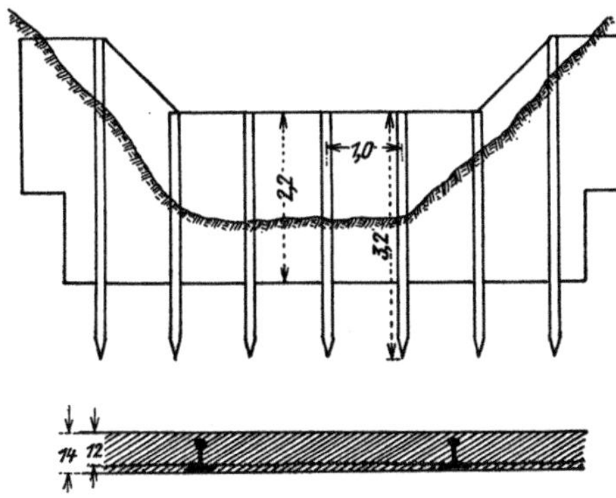

Abb. 73. Eisenbetongrundschwelle nach Ing. Angerholzer.

ihrer Berechnung ausgegangen wurde, grundlegend ändert, hängt die Widerstandsfähigkeit dieser Konstruktion davon ab, daß derartige Kolkungen ausgeschlossen bleiben. Diese Bauweise ist daher nur dort

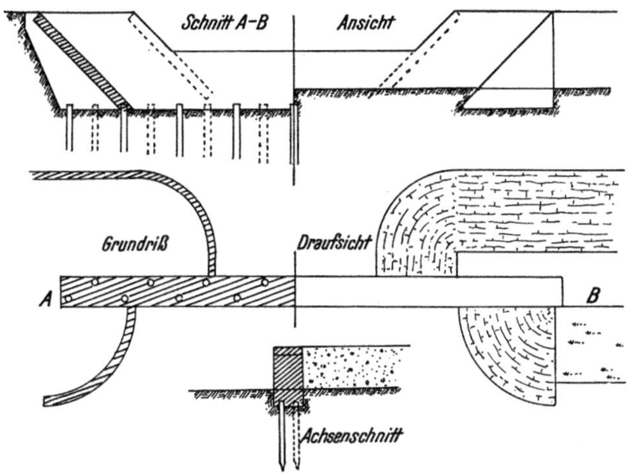

Abb. 74. Betonschwelle mit Flügeldämmen, bayrische Type.

anwendbar, wo obige Bedingung erfüllt ist, also in kleinen Runsen mit nur sehr geringer Wasserführung, und wo außerdem eine Inanspruchnahme der Werke durch Murstöße und auch eine starke Abnützung der Krone durch Geschiebe ausgeschlossen ist. Einige derartige Werke wurden in den Runsen des Riesengebirges erbaut.

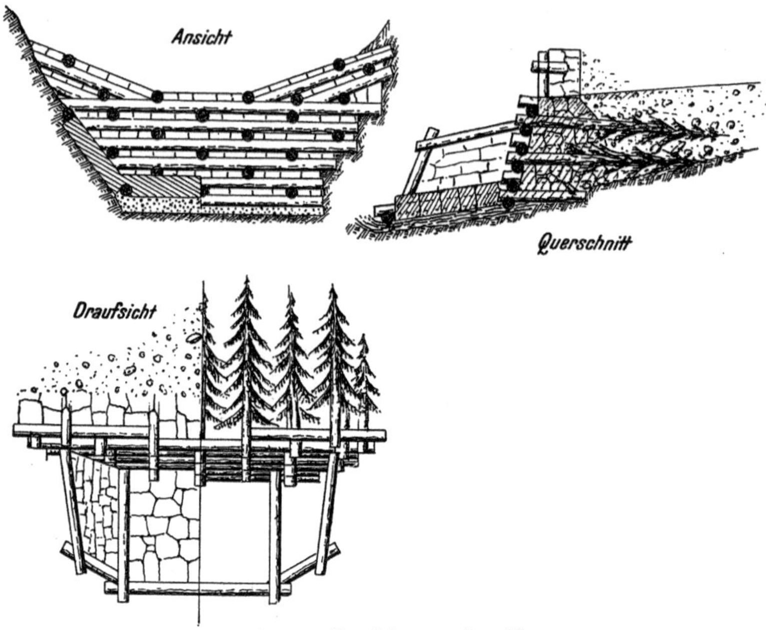

Abb. 75. Rauhbaumschwelle.

Abb. 74 stellt eine geradlinige, pilotierte Grundschwelle mit anschließenden Flügeldämmen dar, wie sie im bayrischen Allgäu zwecks Regulierung breiter Tallaufgerinne mitunter zur Anwendung gekommen ist. Derartige Sperren sind eigentlich nur eine Verbindung von zwei einander gegenüberstehenden Buhnen und sichern deren Kopf vor Unterwaschung. Ähnliche Werke mit längeren Anschlußdämmen dürfen nicht vereinzelt in die Rinnsale eingestellt werden, sondern nur reihenweise mit nicht zu weiten Abständen der einzelnen Sperren untereinander, so daß die Abflußsektionen eine Begrenzung für das anzustrebende Rinnsal ergeben. In dieser Hinsicht wird auch auf die weiter unten folgenden Ausführungen über die Buhnenbauten verwiesen.

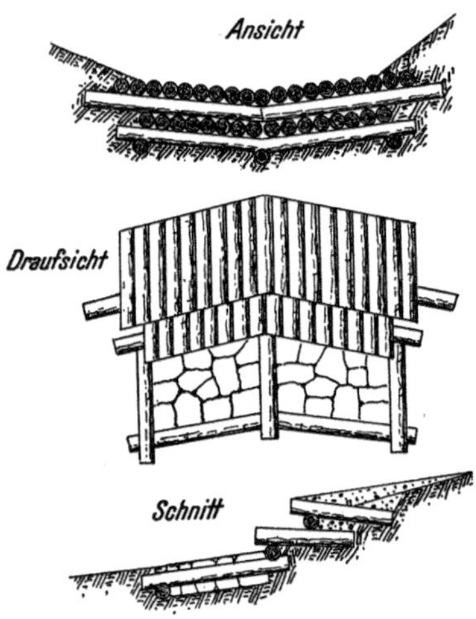

Abb. 76. Prügelsperre.

Abb. 75 ist eine einwandige Rauhbaumschwelle mit Sohlenpflaster.

Eine besondere Art von Rauhbaumschwellen bilden die Scherensperren, wie sie von Obering. Solca im Oberlaufe der Nolla bei Thusis eingebaut wurden. Sie werden aus schwachen Laubholzbäumen (hauptsächlich Erlen) in der Weise erbaut, daß die beasteten Stämme kreuzweise schief zur Bachachse eingebaut werden, das bachabwärts gekehrte Stockende wird an Wandbäumen befestigt, die Äste und Wipfel werden gut beschwert. Diese Bauten haben dort die Aufgabe, die Sohle einer Bachstrecke zu heben, wo der Lehnendruck so stark ist, daß die früher erbauten Stein- und Holzsperren zerdrückt wurden. Diese billigen,

Abb. 77. Abtreppung mittels Prügelsperren, Riedbach, Zillertal.

kunstlosen Bauten sind elastisch, geben dem Drucke nach; sie werden zwar wohl beschädigt, aber nicht zerstört und erfüllen auch im beschädigten Zustande noch den Zweck, eine Eintiefung des Baches zu verhindern. Es sind provisorische Herstellungen, die durch definitive Bauten ersetzt werden sollen, sobald die Sohlenhebung ein solches Maß erreicht hat, daß der Seitendruck der Lehnen aufhört oder mindestens wesentlich abgeschwächt ist.

Abb. 76 stellt eine Prügelsperre dar. Diese Bauweise wurde vor ungefähr 50 Jahren in Tirol vielfach und mit Erfolg angewendet. Sie braucht aber außerordentlich viel Holz von geringen Stärken und die Konzentration des Wasserlaufes im dreieckigen Abflußprofile wirkt außerordentlich ungünstig, so daß bei einzelnen Abstaffelungen steiler Gräben die Werke in der Mitte durchrissen wurden. Diese Gefahr liegt besonders dann vor, wenn die Holzwerke bereits durch Vermorschung gelitten haben.

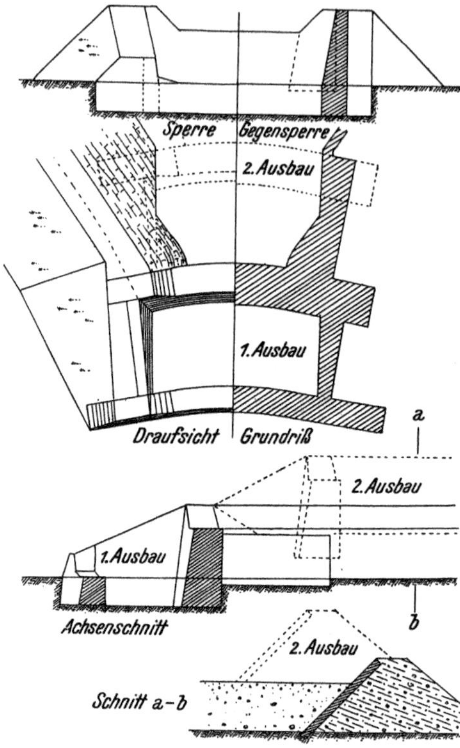

Abb. 78. Gemauerte Sperre mit Einfangflügeln.

Abb. 78 stellt eine gemauerte oder betonierte Sperre dar, die mit beiderseitigen Einfangflügeln an die Berglehne angeschlossen ist. Wenn die durch ein solches Werk erzielte Sohlenhebung unzureichend ist, oder wenn sich eine Vergrößerung des Stauraumes als nötig erweist, so kann nach eingetretener Verlandung hinter dem ersten Werke ein zweites Werk ähnlicher Bauweise errichtet und sein Anschluß an die Lehne durch Erhöhung der Einfangflügel hergestellt werden. Allenfalls können hinter dieser zweiten noch weitere Werke in gleicher Weise errichtet werden. Derartige Werke gestatten eine ausgiebige Sohlen-

Abb. 79. Betonsperre mit Einfangflügeln, Galgentobel bei Bludenz, Vorarlberg.

hebung in weiten Profilen, wo die Einbindung der Flügel auf Schwierigkeiten stoßen oder bedeutende Kosten verursachen würde.

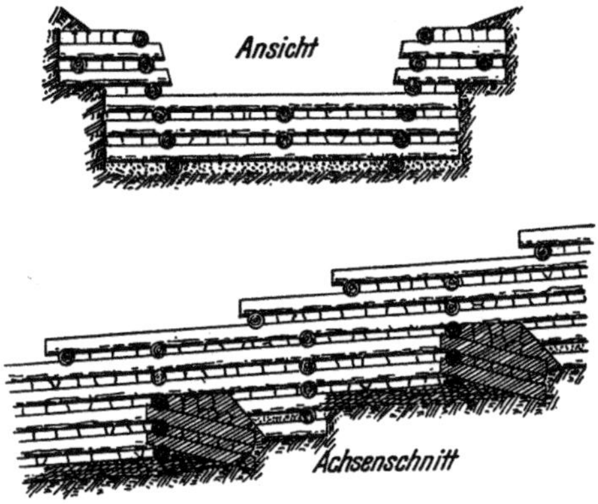

Abb. 80. Einwandige hölzerne Leitwerke und Grundschwellen.

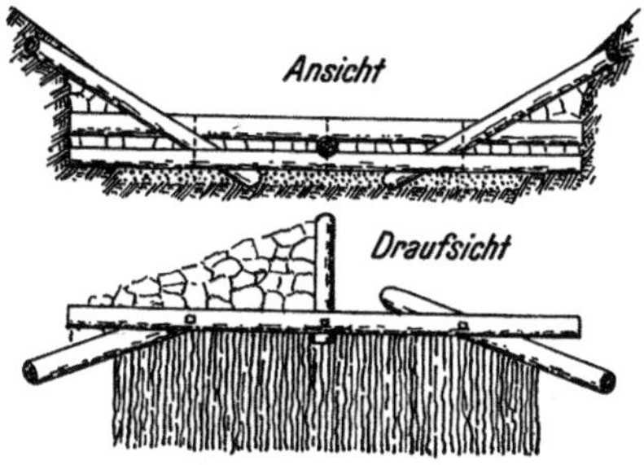

Abb. 81. Hölzerne Sohlschwelle.

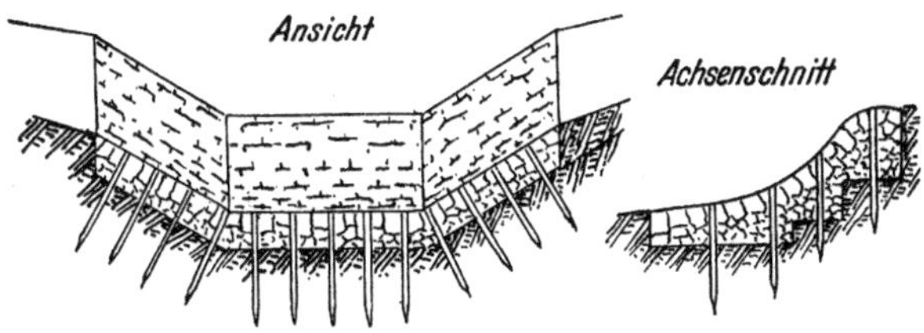

Abb. 82. Pfahltraverse.

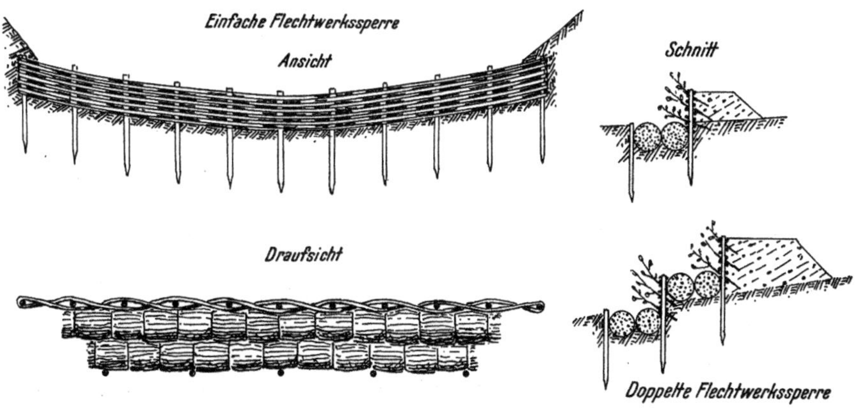

Abb. 83. Flechtwerksperren.

Die Abb. 80 bis 87 für weitere Querwerksbauten bedürfen wohl keiner näheren Erklärung.

Abb. 88 stellt das System Jenny zur ausgiebigen Hebung der Sohle von Runsen mittels kleiner einfacher Werke dar, welches der Schweizer „Tagwenvoigt“ Jenny ausgebildet hat und das nach ihm den Namen führt[3, 176]. Es besteht darin, daß quer über die Runsen

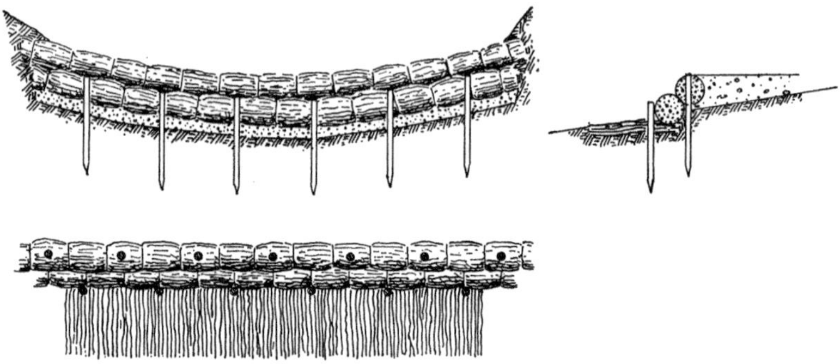

Abb. 84. Faschinensperre.

in Abständen von je 3 bis 4 m mehrere Reihen von starken Flechtzäunen hergestellt werden. Wenn auch durch abgehende Muren die obersten Flechtzäune vielleicht durchrissen werden, so bleibt doch Geschiebe liegen und erhöht die Sohle, die dann neuerdings durch Flechtzäune befestigt wird. Nach neuerlicher Verschüttung wird jeweils eine

Abb. 85. Verstärkte Flechtwerksperre.

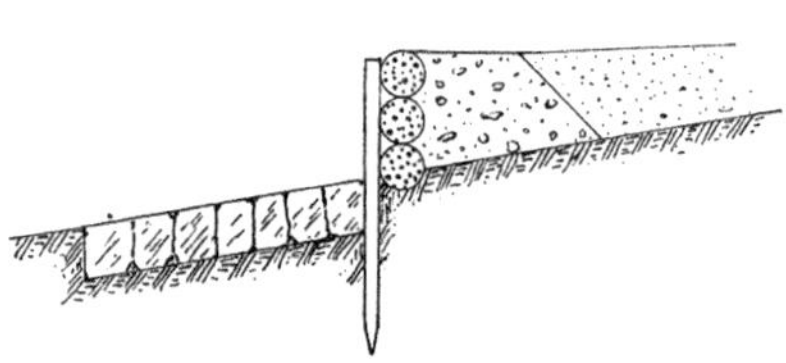

Abb. 86. Faschinensperre.

neue Serie von Flechtzäunen hergestellt, bis die erforderliche Sohlenhebung erreicht ist und die Hänge der Runse sich abböschen können. Auf diese Weise erzielte Jenny Sohlenhebungen bis zu 15 m. Ist die Sohle ausreichend gehoben, so wird sie durch eine mit Stützschwellen versehene Schale befestigt, welche das Wasser abzuführen hat. Aus dieser etwa austretendes Wasser und Geschiebe wird durch flügelartig angeordnete Flechtzäune wieder in die Schale zurückgeleitet.

Die Herstellung der Verlandungszäune, die unter Verwendung von 1,5 bis 2 m langen Pfählen bogenförmig so angelegt werden, daß sie an den Flügeln schwach ansteigen, also eine muldenförmige Verlandung erzielen, beginnt am unteren Runsenende und schreitet bachaufwärts fort.

Nach Culmann erzielte diese Bauweise, die erstmals 1838 in der Niederurner Runse zur Anwendung kam, in mehreren kleinen Bächen des Glarnerlandes gute Erfolge.

Für wasserarme Bäche, namentlich trockene Runsen, ist sie empfehlenswert, für wasserreiche Bäche aber wohl nicht anwendbar.

Abb. 87. Pfahltraversen, Schmittenbach, Salzburg.

Die Darstellung der Bautypen ist natürlich keineswegs erschöpfend; es gibt vielmehr noch eine außerordentlich große Zahl derartiger Typen, von denen hier nur noch auf die Graßsperren und die Konstruktionen in Eisenbeton verwiesen werden soll.

Die ersteren werden in trockenen Runsen hergestellt durch Zusammenschlichten von Astwerk, das mit Steinen und Material beschwert wird. Hierzu werden, wenn möglich, Äste von Holzarten verwendet, die durch starken Harzgehalt gegen Vermorschung widerstandsfähig sind, wie z. B. die Krummholzkiefer. Diese Bautype leistet mitunter bei Runsenverbauungen gute Dienste; für Bäche, wo die Werke einer stärkeren Inanspruchnahme ausgesetzt sind, eignet sie sich nicht.

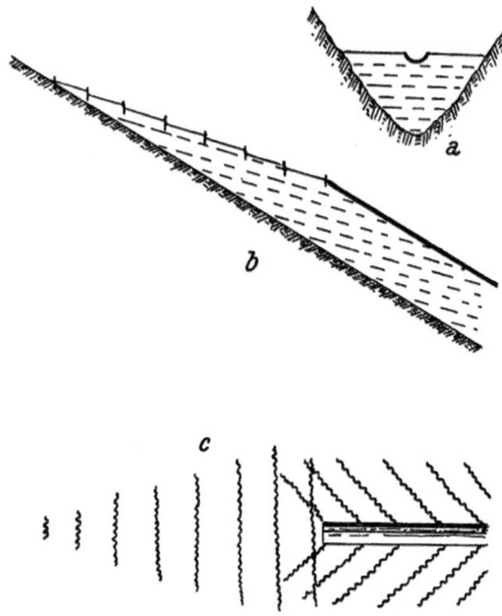

Abb. 88. Flechtwerksbauten, System Jenny.

Die Verwendung von Eisenbeton ermöglicht die Ausführung von Sperren als schlanke Gewölbe, Plattenbalken oder in aufgelöster Bauweise als Reihengewölbe mit vertikalen oder schrägen Achsen, dann

Abb. 89. Eisenbetonsperre, System Lenz-Braun, Winklergraben, Salzkammergut.

als Kragplatten, die sich an Widerlager anlehnen. Eine eingehendere Behandlung dieser Konstruktionen würde viel zu weit führen. Bei Wildbachverbauungen hat der Eisenbetonbau bisher nur selten Anwendung gefunden. Eine Konstruktion, die im Steinebach bei Dornbirn zur Ausführung gelangt ist, zeigt Abb. 149; sie wird im Abschnitte IX über die Bauerhaltung zur Besprechung gelangen. Eine nach dem System Lenz-Braun im Winklergraben im Salzkammergut erbaute Sperre zeigt Abb. 89, eine als Kragträgerplatte ausgebildete Sperre im selben Graben Abb. 90.

Abb. 90. Eisenbetonsperre mit Kragträgerplatte, Winklergraben, Salzkammergut.

B. Längsbauten.

Die Längsbauten haben den Zweck, dem Wasser einen bestimmten Lauf anzuweisen, einen unerwünschten Lauf abzusperren, oder — soweit dies nicht schon durch den Einbau von Querwerken erreicht wurde — bestimmte Uferstellen, den Fuß von Lehnen und Anbrüchen usw. vor Wasserangriffen zu schützen oder endlich als Stütze für die in Bewegung befindlichen Lehnen zu dienen, also Bodenbewegungen zur Ruhe zu bringen.

Sie unterscheiden sich in Leitwerke oder Uferschutzbauten und in Buhnen oder Sporne. Die ersteren verlaufen annähernd parallel zum Stromstriche oder, wenn es sich um eine Bachverlegung handelt, zur künftigen Bachachse und begrenzen eine mehr oder minder lange Strecke des Wasserlaufes ohne Unterbrechung. Sie können hochwasserfrei oder überflutbar sein.

Bauten ersterer Art bilden für die Wildbäche die Regel. Sie verhindern die Ausbreitung des Wassers über das geschützte Gelände und dienen namentlich dann, wenn sie einander gegenüber an beiden Ufern errichtet werden, zur Konzentration des Wasserlaufes.

Nicht hochwasserfreie Bauten kommen für steile Wildbäche nicht in Betracht, können aber in sanft geneigten Strecken oder in wildbachartigen Flüssen zweckmäßige Verwendung finden. Sie halten das Nieder- und Mittelwasser zusammen, geben auch dem Hochwasser eine gewisse Führung, gestatten aber dessen Ausbreitung. Solange sich die Geschiebeführung in engen Grenzen hält, wirken sie auch bei Hochwässern günstig, bei starker Geschiebeführung jedoch halten sie den sich auf der Sohle bewegenden Geschiebestrom zusammen, während das Wasser infolge seiner Ausbreitung die Schleppkraft verliert. Es kommt dann im eigentlichen Gerinne zur Geschiebeablagerung, die Sohle erhöht sich, das Hochwasser fällt über die niedrigen Leitwerke in die dahinterliegenden Becken, beginnt dort zu kolken und, wenn sich eine Strömung ausbilden kann, kommt es zur Entwicklung seitlicher Rinnen, während das eigentliche Rinnsal verschottert.

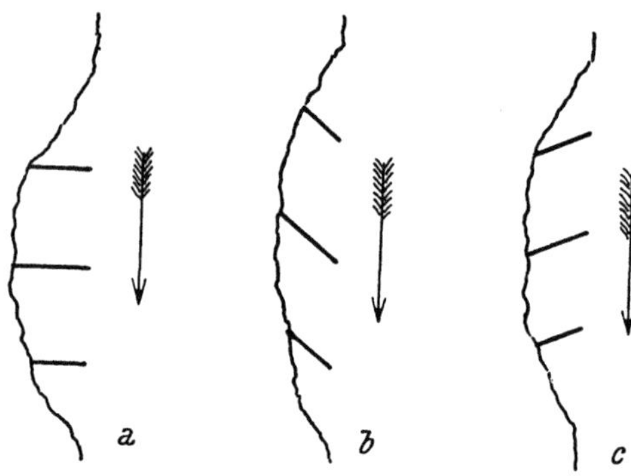

Abb. 91. Stellung der Buhnen.

Eine derartige Erscheinung war bei den Hochwässern der Jahre 1897 und 1899 am Traunflusse zwischen Ischl und Ebensee zu beobachten, woselbst niedrige Holzbauten die Aufgabe hatten, die kleineren Mittelwässer für Zwecke der Flößerei zusammenzuhalten.

Eine solche schädliche Wirkung läßt sich vermeiden oder mindestens einschränken, wenn durch entsprechende Anschlüsse an die Hochufer die Strömung in der gewünschten Richtung erhalten wird.

Die Buhnen oder Sporne begrenzen den Wasserlauf entweder nur an bestimmten Punkten oder doch nur auf kurze Strecken, während unmittelbar oberhalb und unterhalb dieser Bauten das Wasser sich in seinem natürlichen Gerinne ausbreiten kann. Sie werden entweder normal zur Bachachse oder schief gegen diese gestellt, letzterenfalls entweder deklinant, das ist spitzwinklig zur Richtung des Bachlaufes oder inklinant, das ist stumpfwinklig (Abb. 91).

Sind sie normal zur Bachachse gerichtet, so sperren sie einen Teil des alten Rinnsales ab, drängen das Wasser auf dem frei bleibenden Teil zusammen und bewirken dadurch einen Aufstau, der einerseits Geschiebeablagerungen oberhalb der Buhne, anderseits eine gewisse Gefällskonzentration und die Neigung zu Kolkungen beim Buhnenkopfe zur Folge hat.

Die Auflandungen sind erwünscht, wenn sie seitliche Becken auffüllen und so zur Ausbildung der Flußrinne beitragen. In wasserreichen

Gerinnen ist bei großen gegenseitigen Abständen normal gestellter Buhnen jedoch die Gefahr vorhanden, daß sich unerwünschte Querströmungen bilden und den gleichmäßigen Fortschritt der Auflandung stören. Bei stärkerem Gefälle kann durch das Rückströmen des von den Buhnen gestauten Wassers sogar eine Unterwaschung der letzteren eintreten.

Bei überströmbaren Buhnen ist die Gefahr derartiger Querströmungen minder naheliegend, doch müssen solche Werke gegen eine Auskolkung des Sturzfeldes gesichert werden. Selbstverständlich muß die Wurzel der Sporne hochwasserfrei und gegen Auswaschung geschützt sein.

Bei der Situierung sowohl der normalen als auch der schiefen Buhnen ist darauf zu achten, daß durch sie nicht eine nachteilige Bachverwerfung eintritt. Sie sind daher entweder nur kurz zu halten oder in einer Serie anzuordnen, derart, daß die in der Richtung der angestrebten Uferlinie angeordneten Spornköpfe nicht eine schroffe Richtungsänderung oder plötzliche Einengung des Wasserlaufes erzwingen.

Deklinante Buhnen (Abb. 91 *b*) streben, den Wasserlauf in die eigene Richtung abzulenken. Sie sollen hochwasserfrei sein. Ihre Wirkung hängt von ihrer Länge und dem Winkel ab, den sie mit der Bachachse einschließen; je spitzer dieser, desto sanfter die Ablenkung. Weit ins Rinnsal vorspringende Buhnen bewirken ebenfalls Stauungen. Je mehr sich das schwere Wasser gegen diese Buhnen legt und je mehr sich das Bachprofil talseits des Buhnenkopfes erweitert, desto näher rückt die Gefahr der Unterwaschung des Kopfes und des zunächst an diesen anschließenden Teiles des Baues.

Inklinante Buhnen (Abb. 91 *c*) wirken als Fangbuhnen; sie verlanden leichter als die normal gestellten Buhnen und die Unterwaschungsgefahr beschränkt sich ausschließlich auf den Kopf. Man kann sie auch überflutbar herstellen, wobei dasselbe gilt wie für die normalen Buhnen. Der Winkel zum Stromstriche darf nicht zu groß sein (etwa 120^0), da sie sonst eine bedeutende Länge erhalten und bei größeren Gefällen an der nicht überströmbaren Wurzel sehr hoch werden müßten.

In Wildbächen kommen längere Buhnen nur sehr selten zur Anwendung, da sie sich für Gerinne mit bedeutenden Gefällen im allgemeinen wenig eignen, wohl aber können sie in wildbachartigen Flüssen gute Dienste leisten. Letzteres trifft auch unter Umständen für kurze Sporne in Wildbächen zu (Abb. 92).

Ist in einer Bachstrecke ein Ufer anbrüchig, während das andere von flach ansteigendem Felsen gebildet ist, so kann man die Sporne zu Halbsperren ausgestalten, die das alte Bett absperren und den Wasserlauf ganz auf den Felsen drängen, woselbst für ihn ein neues Bett ausgehoben wird.

Für die Anordnung der Leitwerke gilt ebenfalls der Grundsatz, daß scharfe Krümmungen nach Möglichkeit vermieden werden sollen, weil sich in ihnen der Bach zu sehr an die einbiegenden Ufer anlegt, was leicht zu gefährlichen Bachverwerfungen Anlaß geben kann. Die Bauten in scharfen Krümmungen sind namentlich in ihrem unteren Aste auch viel mehr der Gefahr der Unterwaschung und Überflutung ausgesetzt als in schwachen Krümmungen oder geraden Strecken.

Die Höhe der Leitwerke muß unter Bedachtnahme auf zu erwartende Sohlenschwankungen festgesetzt werden. Im allgemeinen sollen Längsbauten in den Wildbächen nicht überströmbar sein, weil

Abb. 92. Buhnenbauten, Valschavielbach, Montafon, Vorarlberg.

sich sonst gefährliche Hinterspülungen und Auskolkungen ergeben können, die nicht allein die Erreichung des Bauzweckes beeinträchtigen, sondern auch den Bestand der Bauten selbst gefährden können.

Die Standfestigkeit der Längsbauten hängt ab von der Tragfähigkeit des Untergrundes, von der Sicherheit der Fundamente gegen Unterwaschung und von der Widerstandsfähigkeit gegen den Lehnendruck. Unterwaschungen lassen sich am sichersten durch Querwerke verhüten; lokale Kolke können aber ziemlich tief unter die allgemeine Sohlenlinie hinabreichen. Sie entstehen in leichtem Geschiebe infolge scharfer Krümmungen, plötzlicher Bacherweiterungen u. dgl. sehr leicht. Stark konkave Leitwerke, Spornköpfe u. dgl. in Bächen mit großer Wasserführung müssen daher besonders tief gegründet werden. Zum Schutze gegen örtliche Auskolkungen lagert man den Fundamenten der Längsbauten schwer bewegliche Körper vor, die, wenn sie unterwaschen werden, nachsinken können und den entstandenen Kolk wieder ausfüllen. Sie dürfen mit dem Bau selbst daher nicht in Verbindung stehen.

Hierher gehören fortlaufende Vorgrundversicherungen, wie Steinkästen, Drahtschotterbehälter, durch Roste befestigte Vorpflaster, Steinwürfe und -schlichtungen, Senkfaschinen oder Vorgrundsporne und Abweiser (Abb. 95 c). Sie sollen die Ausbildung einer Bachrinne vor den Längsbauten nach Tunlichkeit verhüten. Diesen Zweck erfüllen sie um so besser, je unregelmäßiger sie sind. Da sich die Wasserströmung an die glatte Oberfläche von Bauten anlegt, empfiehlt es sich überhaupt, bei den Längsbauten glatte Flächen zu vermeiden und ihre Wasserseite möglichst rauh zu halten.

Die Tragfähigkeit der Fundamente ist bei den Wildbächen in der Regel gegeben; sollte dies nicht der Fall sein, so ist sie durch die

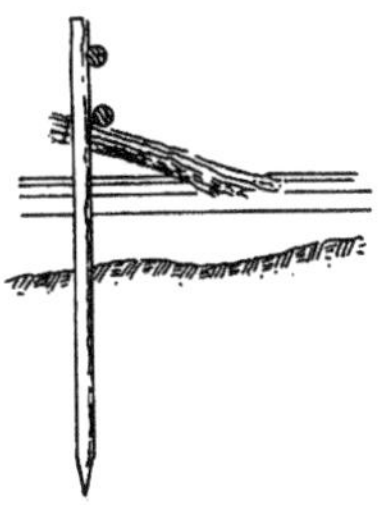

Abb. 93. Wolfscher Gehängebau.

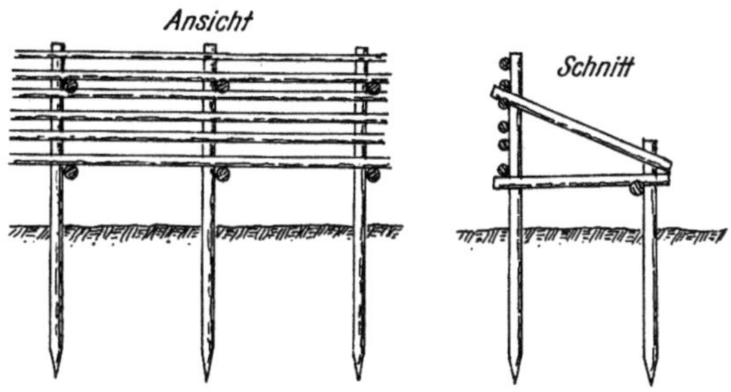

Abb. 94. Pfahlbau.

allgemein bekannten Mittel, wie Pilotierungen, stehende oder liegende Roste, Fundamentverbreiterungen, Eisenbetonplatten u. dgl. herzustellen.

Die Sicherheit gegen Lehnendruck setzt eine entsprechende Stärke des Bauwerkes, das den statischen Grundsätzen entsprechen muß, voraus. Besonders zu beachten ist hierbei auch ein eventuell auftretender Wasserdruck, wenn sich hinter dem Baue Wasser ansammelt. Zur Verhütung von solchen Wasseransammlungen sind Schlitze anzulegen. Freistehende Bauten müssen selbstverständlich auch dem Drucke der das Gerinne füllenden Wassermengen Widerstand zu leisten vermögen. In der Regel lehnen sich die Längsbauten jedoch an Materialdämme an, die allein schon diesen Druck aufzunehmen vermögen.

Ein Abscheren bzw. eine Beschädigung der Krone kann verursacht werden durch Überflutungen oder durch Materialschübe von Bruchflächen oder aus Seitenrunsen, ferner durch Steinschläge. Es ist daher die Krone der Bauten entsprechend widerstandsfähig zu gestalten. Fundament und Krone sind jene Teile der Bauten, die einer Inanspruchnahme am meisten ausgesetzt sind; wenn sie widerstehen, ist auch der Bestand des Werkes in der Regel gesichert.

Gelegentlich von Hochwässern entstehen zuweilen Auflandungen im Bachbette, die man durch Querbauten nicht binden kann oder will, in denen man aber wieder ein Rinnsal ausbilden muß. In solchen Fällen kann es zweckmäßig sein, zunächst provisorische Bauten zu erstellen, die eine Rinnsalausbildung begünstigen oder auch wertvolle Objekte unmittelbar zu schützen bestimmt sind.

Als solche Provisorien verwendet man zweckmäßigerweise Bockbauten, an Pfählen befestigte Verplankungen, durch Piloten verstärkte Faschinenbauten u. dgl. Sie müssen gegen Unterwaschung ziemlich widerstandsfähig sein. In wildbachartigen Flüssen führt man auch durchlässige Bauten, nämlich Wolfsche Gehänge nach Abb. 93 oder Pfahlbauten nach Abb. 94 aus, die dem Geschiebe den Durchtritt gewähren[83]. Dieses lagert sich dann in der ruhigen Strömung hinter den Bauten ab. Hat das neue Rinnsal sich ausgebildet und die Sohle eine entsprechende Tiefe erreicht, dann sind diese Provisorien durch definitive Bauten zu ersetzen. Auf diese Weise kann häufig nicht allein wesentlich Zeit für den Schutz bedrohter Objekte gewonnen, sondern wegen der verringerten Gründungskosten für die endgültigen Bauten auch bedeutend an Aufwand erspart werden.

Bauweise und Bauart.

Die Längsbauten werden unter Verwendung der verschiedensten Baumaterialien und je nach dem Zwecke in den verschiedensten Typen zur Ausführung gebracht. Für Wildbäche kommen hauptsächlich in Betracht:

1. Ufermauern in Zement- oder Trockenmauerung oder in Stampfbeton. Sie können, wenn nötig, auf stehende oder liegende Roste

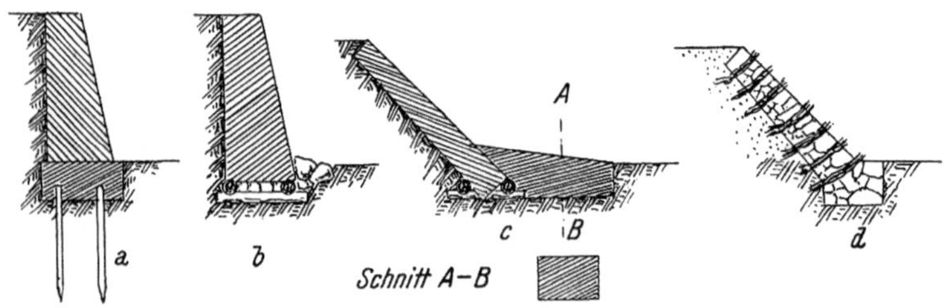

Abb. 95. Uferschutzbauten.

(Abb. 95 *a*, *b*) oder auf Fundamentplatten aufgesetzt werden, entweder frei stehen oder sich an das Terrain oder an Dämme anlehnen.

2. Böschungspflasterungen (Abb. 95 *c* u. 96) in verschiedenen Neigungen. Sie dienen zur Verkleidung von Damm- oder Einschnittsböschungen, werden in Stein oder Beton hergestellt; letzteren Falles

sollen sie in Abständen von etwa 4 bis 5 m durchgehende Fugen erhalten, um Rißbildungen infolge ungleichmäßiger Setzung zu vermeiden. Zur Verhütung von Auswaschungen bei lehmigem Untergrund sollen diese Pflasterungen eine Unterlage aus Kies o. dgl. erhalten. Gegründet

Abb. 96. Böschungspflasterungen.

werden sie entweder unmittelbar auf Terrain, auf Roste oder Fundamentsockel.

3. Steinschlichtungen und Steinwürfe, erstere in regelmäßiger, gewöhnlich prismatischer Form, letztere in ziemlich unregelmäßiger

Abb. 97. Graßbauten, Gödnacherbach, Osttirol.

Anordnung. Sie können allenfalls auch aus Kunststeinen ausgeführt werden.

4. Graßbauten (Abb. 95 *d*), das sind Steinschlichtungen mit Zwischenlagen von Astwerk und ausschlagfähigen Weiden-, Pappel- oder Erlruten, die sich bewurzeln und anwachsen sollen (Abb. 97).

Diesen Bauten kommt eine gewisse Elastizität und Widerstandsfähigkeit gegen Unterwaschung zu.

Steinschlichtungen, Steinwürfe und Graßbauten sollen aus tunlichst großen Steinen hergestellt werden, die bei den Steinwürfen auch mitunter mittels Kettengliedern zusammengehalten werden.

5. Steinberollungen mittels kleiner Steine zum Schutze von Böschungen an ruhiger fließenden Bächen.

6. Doppelwandige Steinkastenbauten (Abb. 98 *a*), die freistehen können, allenfalls in Verbindung mit Pilotierungen und Vorpflasterherstellung. Sie können auch zu Buhnen (Abb. 99) Verwendung finden.

7. Einwandige Holzbauten nach Abb. 98 *b* oder nach einer ähnlichen Bauweise, die sich ans Terrain anlehnen müssen.

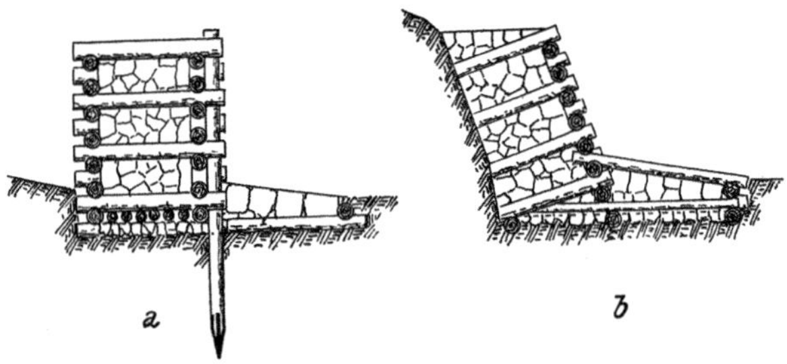

Abb. 98. Hölzerne Uferschutzbauten.

8. Bohlenwände und Verplankungen, das sind geschlossene Wände aus an Piloten befestigten Bohlen oder Stangen. Sie sind wenig widerstandsfähig, sehr glatt und daher einer Unterwaschung stark ausgesetzt.

9. Von den Schutzbauten aus Eisenbetonsteinkästen nach Andreocci und

10. den Schutzbauten mittels Drahtschotterbehältern wird später die Rede sein.

11. Beläge aus Eisenbetonplatten, die mittels eiserner Klammern oder durch starken Draht zusammengehängt sind und die Böschungen nach Art einer Matratze verkleiden. Sie werden nach verschiedenen Systemen ausgeführt, schmiegen sich dem Terrain gut an und sind nachgiebig. Meist verwendet man nur schwache Platten, die aber für Gerinne mit schwerem Geschiebe nicht geeignet sind.

12. Längsflechtwerke nach Abb. 100, und zwar entweder einfache oder mehrreihige. Sie sollen aus ausschlagfähigem Material hergestellt werden, welches anwächst und einen lebenden Uferschutz bildet. Sie eignen sich für Bäche mit geringem Gefälle. Gegen Geschiebebewegung sind sie nicht widerstandsfähig.

13. Ähnliches trifft auch für die Faschinenbauten (Abb. 101) zu, die in Wildbächen wenig Anwendung finden. Je nach den Verhält-

nissen kann man entweder schwache Faschinenwürste oder starke Senkfaschinen verwenden.

14. Eine besondere Art ähnlicher Schutzbauten sind die Seelingschen Leitwerke (Abb. 102)[3, 205]. Bei ihrer Herstellung werden 1,5 bis 2 m lange und etwa 8 cm starke Pfähle reihenweise in Abständen von ungefähr 1,3 m in den Boden eingetrieben. Der Zwischenraum zwischen

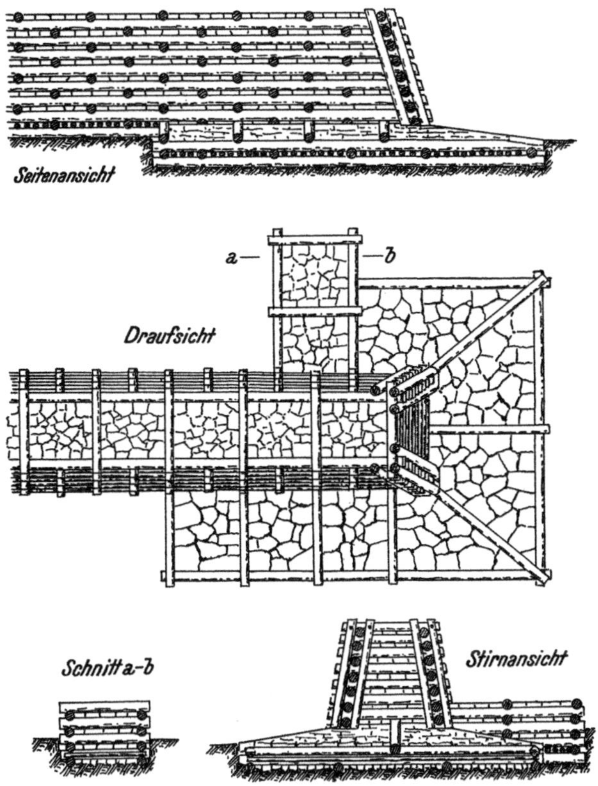

Abb. 99. Steinkastenbuhne.

den Pfählen wird mit Faschinenmaterial und Reisig möglichst dicht gefüllt und mit starken Ruten bogenförmig überdeckt. Die Ruten berühren beiderseits des so gebildeten Körpers den Boden und werden an den Pfählen befestigt. Statt der Ruten kann auch Draht verwendet werden. Um eine Hinterwaschung der so gebildeten Leitwerke zu verhüten, werden sie mittels Verlandungsbuhnen ans Terrain angeschlossen. Vertieft sich das Bachbett vor diesen Leitwerken, so können in den ersten beiden Jahren die Pfähle nachgeschlagen werden, später zersplittern sie. Wo Unterwaschungen zu fürchten sind, können hinter den Pfählen Faschinenwürste in den Boden versenkt werden. Durch die Hochwässer füllen sich die Zwischenräume zwischen dem Reisig mit Sand, Schlamm und Schlick und es bildet sich so ein fester Dammkörper. Vorteilhaft ist es, ausschlagfähiges Material mitzuverwenden,

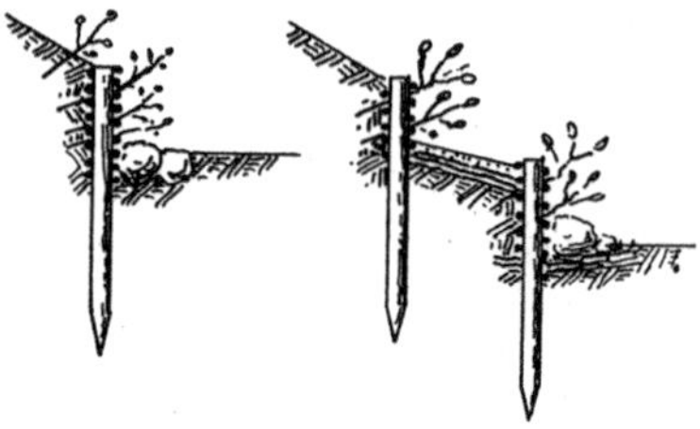

Abb. 100. Längsflechtwerke.

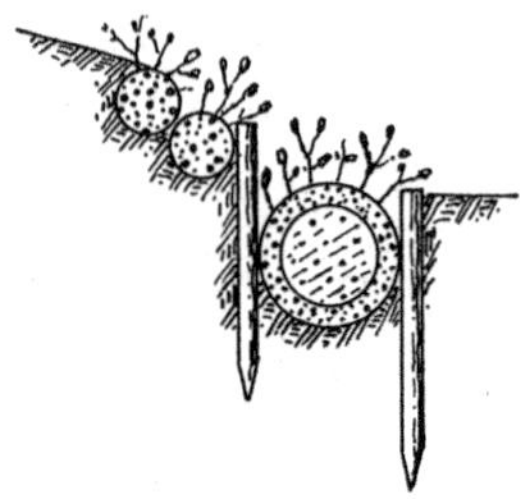

Abb. 101. Faschinenbau.

welches entsprechend verteilt wird. Diese Bauweise ist natürlich nur anwendbar, wo die große Menge des erforderlichen Reisigs zur Verfügung steht. Sie eignet sich nur für Bäche mit geringem Gefälle, mit ständiger Wasser- und geringer Geschiebeführung.

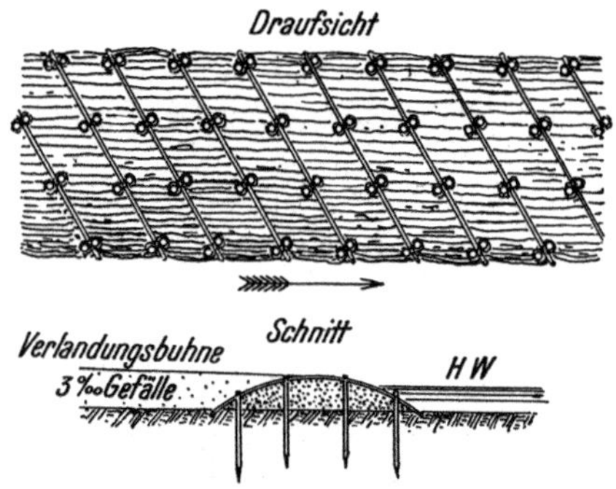

Abb. 102. Faschinenbau nach Seeling.

15. Berauhwehrungen, das sind Bettungen von ausschlagfähigem Faschinenmaterial, die durch Wippen- oder Flechtzäune auf den geebneten Böschungen niedergehalten werden. Sie bewachsen sich und bilden lebende Deckungen; eine starke Geschiebeführung vertragen sie nicht. Unterwaschungen lassen sie erst erkennen, wenn sie schon einen größeren Umfang angenommen haben.

16. Rasenbeläge. Sie werden aus 30 bis 40 cm langen und breiten quadratischen Rasenziegeln von 7 bis 10 cm Stärke hergestellt, die auf die vorher geebnete Böschung reihenweise angelegt, festgeschlagen und mittels Pflöcken an den Untergrund befestigt mit Erde überstreut werden, um sie in der ersten Zeit gegen Austrocknung zu schützen

und die Fugen zu schließen. Mitunter werden diese Rasenflächen mit einem weitmaschigen Drahtnetze überspannt. Nicht zu starken Wasserangriffen leistet einmal angewurzelter Rasen guten Widerstand. Diese Sicherung ist nur dort zu empfehlen, wo der Rasen gegen Angriffe durch Geschiebe geschützt ist, also in Bächen, die kein Geschiebe führen oder bei geschiebeführenden Bächen nur zur Erhöhung einer anderen Versicherung, wie z. B. einer Pflasterung u. dgl.

Berasungen, Berauhwehrungen, Flechtzäune und Faschinenbauten werden für Flüsse sehr häufig miteinander kombiniert und nach den verschiedensten Typen ausgeführt, auf welche hier aber nicht näher eingegangen werden soll, da sie für die Wildbachverbauung nur untergeordnete Bedeutung besitzen.

17. Hier sind auch die Bachräumungen zu erwähnen, wenngleich sie keine eigentlichen Bauten darstellen. Sie umfassen das Ausziehen von Holz, die Entfernung von Steinen und von den Bach verwerfenden Schotterbarren und sonstigen Hindernissen.

In früheren Zeiten haben sich vielfach die Bachanrainer zusammengetan und in gemeinsamer Arbeit zur Zeit des niedrigsten Wasserstandes die größten Steine aus den Bachunterläufen ausgezogen und an die Ufer angelegt. Hierdurch haben sie nicht allein die Wiedereintiefung des Bachbettes, sondern auch einen rohen, aber oft ausreichenden Uferschutz erzielt. Leider sind diese Bachräumungen in letzter Zeit meist unterblieben und die Gerinne vernachlässigt worden. Es ist kein Zweifel, daß die Zunahme der Wildbachverheerungen mitunter durch diese Vernachlässigung mitverschuldet wurde.

Im Erosionsgebiete ist eine Eintiefung des Bachlaufes unerwünscht. Hier soll sich daher die Räumung nur auf die Entfernung jener Hindernisse beschränken, die den Bachlauf ablenken, gegen die Ufer werfen und diese in Abbruchgefahr bringen. Tief eingebettete Steine sind um so weniger zu entfernen, als sie zur Sohlenbefestigung beitragen. Ragen solche Blöcke in den Wasserlauf hinein und verwerfen sie ihn, so soll nur der über die Sohle vorragende Teil abgesprengt werden und sind die anfallenden Steine an den gefährdeten Uferstellen anzulegen. Auch bei der Ausräumung von Wildholz genügt die Entfernung der über die Sohle vorragenden Hölzer. Der im Boden eingebettete Teil ist hingegen zu belassen, da sonst die Sohle gelockert und Anlaß zu Bachvertiefungen und zum Abtrieb von Geschiebe geboten würde. Wird das belassene Wildholz dann vom Wasser ausgewaschen, so ist es später gleichfalls zu entfernen. Bei den Schotterbarren genügt es meist, nur die größten Steine zu entfernen und an die Ufer anzulegen; das zurückbleibende feinere Material wird in den Wildbächen eine Ablenkung des Wasserlaufes kaum mehr zu bewirken vermögen, sondern abgespült werden.

Derartige Räumungen sind auch auf den Verlandungen größerer Querwerke sehr zweckmäßig, wo die Steine aus dem eigentlichen Rinnsale ausgezogen und zum Schutze der Ufer an diese angelegt werden sollen.

C. Schalenbauten.

Der Zweck der Schalenbauten ist entweder die tunlichst glatte und rasche Abführung der Wasser- und Geschiebemengen über eine Strecke mit geringem Gefälle oder durch Ortschaften oder aber der Schutz des Bachbettes gegen Vertiefung und seitliche Auswaschung oder endlich nur der, dem Wasserlaufe einen bestimmten Weg zu weisen.

Der ersterwähnte Zweck wird nur dann erreicht, wenn die Stoßkraft des Wassers zur Geschiebeabfuhr ausreicht und wenn außerdem nicht etwa ein Geschiebestau vom unteren Schalenende her eintreten kann.

In den Schalen fließt das Wasser konzentriert und daher zumeist mit einer großen oder zumindesten gegenüber einem anderen Rinnsale vermehrten Geschwindigkeit ab. Die Bewegung ist, von Schalen mit sehr geringem Gefälle abgesehen, ein Schießen, bei dem unter Umständen die in Abschnitt III erwähnte Luftaufnahme stattfindet. In Krümmungen macht sich die Fliehkraft geltend und steigt das Wasser an der Außenseite höher an, worauf durch Erhöhung der Außenwand Rücksicht zu nehmen ist.

Die Schalenform (Abb. 104) wird einerseits durch den Zweck bestimmt, dem diese Bauwerke dienen sollen, anderseits durch die Wasser- und Geschiebemenge.

Wenn die Vermehrung der Schleppkraft erstrebt wird, so muß ein enges Profil mit tunlichst großem hydraulischen Radius gewählt werden. Bei derselben Flächengröße ist dieser beim Halbkreise am größten. Halbkreisprofile (Abb. 104 *a*) kommen aber höchst selten zur Ausführung, da man lotrechte Schalenränder in der Regel vermeidet; man verlängert vielmehr die Pflasterung entweder in der Richtung der Tangente eines Kreisabschnittes oder man wählt ein Trapezprofil, etwa von der Form eines halben regelmäßigen Sechseckes, also mit ebener Sohle und unter 60° geneigten Seitenwänden (Abb. 104 *d*), dessen hydraulischer Radius ebenfalls verhältnismäßig groß ist. Für Bäche, in denen man mit sehr starker Geschiebeführung rechnen muß, wählt man noch engere trapezförmige oder eiförmige Profile (Abb. 104 *c*), damit bei vorübergehenden Materialablagerungen, die in flachen Profilen schon eine bedeutende Verbreiterung des Wasserspiegels und eine Schwächung der Schleppkraft zur Folge hätten, das Wasser tunlichst zusammengehalten wird und die Kraft erhalten bleibt.

Abb. 103. Schalenbauten, Rivo Lazer bei Primiero, Südtirol.

Rechnet man mit nicht zu starker Geschiebeführung, so wählt man häufig ein Trapezprofil mit unter 45° ansteigenden Seitenwänden

(Abb. 104 *e*), dessen untere Ecken mitunter noch abgerundet oder abgeschrägt werden. Anstatt die Sohle eben zu halten, wird sie mitunter schwach eingesenkt. Rechteckige oder sich dieser Form nähernde Profile kommen wohl nur dort zur Ausführung, wo wenig Raum für den Bau zur Verfügung steht.

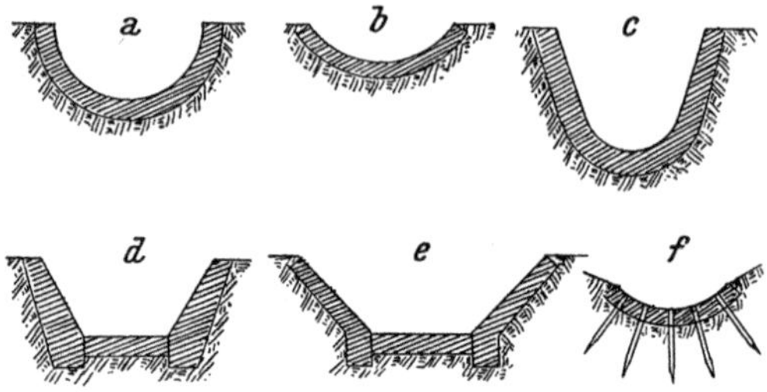

Abb. 104. Schalenprofile.

Den Schalen, die zur Verhinderung der Einwühlung erbaut werden, gibt man in der Regel die Form eines flachen Kreisabschnittes (Abb. 104 *b*); für Unterlaufbauten kommt diese Form hingegen selten zur Anwendung.

Sind die Seitenwände der Schalen steiler als der natürliche Böschungswinkel des umgebenden Materiales, so müssen sie imstande sein, dessen Druck aufzunehmen, was bei steilen Wänden die Errichtung von Mauern bedingt, sohin höhere Kosten erfordert als die sonst ausreichende Pflasterung.

Je nach dem verfügbaren Baumaterial, den Zulieferungsmöglichkeiten für dieses, dem Gefälle und der Wassermenge des Baches und der Wichtigkeit des Schalenbaues wird dieser in trockener oder in Mörtelpflasterung bzw. Mauerwerk, das Sohlenpflaster allenfalls auch in Quadern ausgeführt. Die Steine, besonders des letzteren, müssen von guter Beschaffenheit und sollen härter sein als das zur Abführung kommende Geschiebe. Es empfiehlt sich deshalb wenn nötig die Zufuhr harter Steine, z. B. von Quarzporphyrplatten für die Sohle, die auf einer Betonbettung versetzt werden.

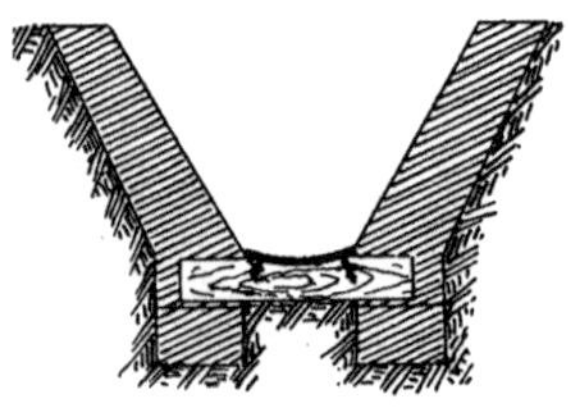
Abb. 105. Gerinne mit eisernen Sohlplatten.

Im Gänsgraben bei Kitzbühel in Nordtirol, woselbst das früher hergestellte Steinpflaster rasch abgenützt und wiederholt beschädigt worden war, ließ die Gemeinde die Sohle mit gußeisernen Platten befestigen, die auf Holzschwellen verschraubt wurden (Abb. 105). Sie haben sich vorzüglich bewährt und seit Jahrzehnten keinerlei Erhaltungsarbeiten erfordert.

Trockenpflasterungen werden auch häufig durch Holzroste verstärkt (Abb. 106); diese dienen auch dazu, in nicht ganz ruhigem Boden den Bau zu versteifen und gegen Verschiebungen zu sichern. Derartige Roste begrenzen entstandene Beschädigungen und erleichtern ihre Ausbesserung. Sie erfordern aber wegen der Vermorschung eine

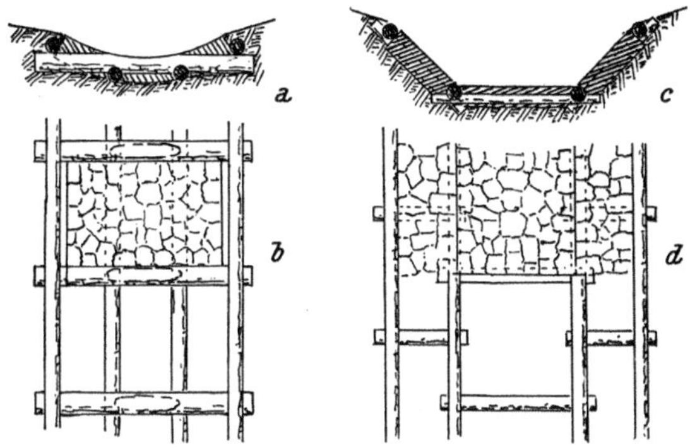

Abb. 106. Schale mit Holzrest.

sorgfältige Überwachung und eine rechtzeitige Auswechslung vermorschter Hölzer.

Wo nur Klaubsteine u. dgl. zum Schalenbau zur Verfügung stehen, verstärkt man diesen mitunter durch Einschlagen von Pfählen. Abb. 104 *f* zeigt eine solche Pfahlkunette.

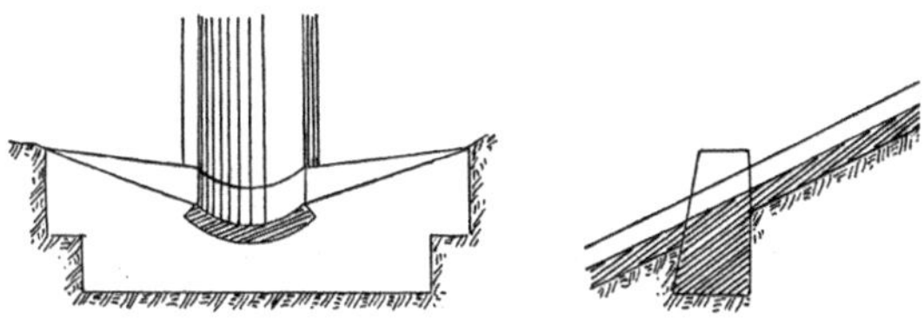

Abb. 107. Schalenstützwerk.

Zur Verstärkung und Stütze der Schalen sind in nicht zu großen Abständen voneinander (20 bis 30 m) Querwerke einzuziehen (Abb. 107); selbstverständlich sind auch obere und untere Abschlußwerke nötig.

Die Hauptwerke werden zweckmäßig mit der Herstellung von Tosbecken verbunden (Abb. 108), welche die Wassergeschwindigkeit brechen sollen. Dieser Zweck wird aber nur dann erreicht, wenn sie eine ausreichende Länge und Breite erhalten, so daß sich das Wasser in ihnen bis zu einem gewissen Grade beruhigen kann. Die Tosbecken fangen bei ausreichender Größe auch wenigstens die größten in die

Schale gelangten Steine auf und vermindern dadurch auch die Gefahr von Beschädigungen.

Die Zwischenwerke sollen über die Sohle der Schalen nicht vorragen, sohin in dieser keinen Absturz bilden. Jeder Absturz verursacht Unregelmäßigkeiten im Abflusse, ohne die Wassergeschwindigkeit merklich zu verringern, konzentriert den Wasserangriff und den Aufprall des Geschiebes auf eine bestimmte Stelle und kann dadurch Anlaß

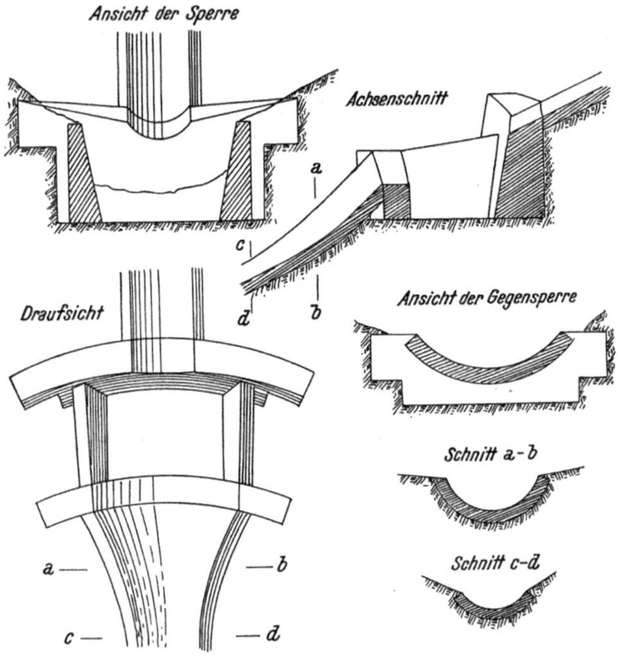

Abb. 108. Schalenstützwerk mit Torbecken.

zu Beschädigungen geben. Solche Abstürze sind nur dort unbedenklich, woselbst auch bei außergewöhnlichen Elementarereignissen nur geringe Wassermengen ohne Geschiebe zum Abflusse gelangen; selbst da werden sie besser vermieden oder wenigstens sehr niedrig gehalten. Bei trocken gepflasterten Schalen, die nicht zu stark beansprucht werden, genügt es, an Stelle der Zwischenwerke in Zementmörtel gelegte Verstärkungsringe einzuziehen.

Beton wird wegen der großen Wassergeschwindigkeiten und der starken Abnützung durch etwa abgeführtes Geschiebe für Schalen selten verwendet; namentlich gilt dies für die Sohle und den unteren Teil der Böschungen; hingegen können Schalen für geschiebefreies, nicht allzu rasch fließendes Wasser unbedenklich aus Beton erbaut werden. Zur Abführung von solchem über Bruchflächen u. dgl. werden mitunter auch Stückrinnen nach Abb. 109 verwendet, wenn mit geringen Bodenbewegungen gerechnet werden muß. Halten sich diese in engen Grenzen, so folgen diese Stückrinnenstränge der Bewegung, ohne Schaden zu leiden; ergeben sich größere Verschiebungen, so sind nach solchen die Rinnen wieder in Ordnung zu bringen. Zum gleichen Zwecke verwendet man häufig auch Holzrinnen.

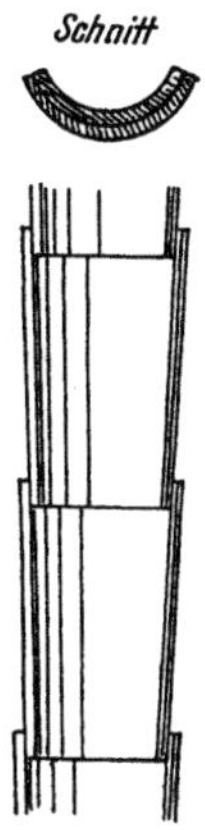

Abb. 109. Stückrinnen.

Ausnahmsweise werden an Stelle der Pflasterschalen auch hölzerne Schußtennen (Abb. 110) erbaut. Der Grund hiefür kann im Mangel an geeignetem Steinmaterial oder darin liegen, daß man an der Mündung von Wildbächen in Seen einerseits eine starke Belastung der in das Wasser vorgebauten Schwemmkegel vermeiden, andrerseits die Möglichkeit einer Verschwenkung des betreffenden Schalenteiles, also einer Verlegung der Mündungsstelle offen halten will. Auch die größere Glätte des Holzes gegenüber dem Steinpflaster kann für die Wahl des ersteren bestimmend sein. Trifft dies zu, so genügt es, die Sohle allein zu bedielen, die Seitenwände hingegen in Mauerung oder Pflasterung herzustellen. Hölzerne Schußtennen unterliegen natürlich einer sehr raschen Vermorschung und müssen öfters ausgewechselt werden.

Bei allen Schalen ist darauf zu achten, daß der Untergrund, auf dem das Pflaster bzw. die Schußtenne ruht, nicht ausgewaschen werden kann. Es ist daher, falls der Untergrund etwa lehmig oder sandig ist, unter der Schale eine Bettung von Kies o. dgl. aufzubringen, welche die Ausbildung der Rinnen unter dem Pflaster verhindert. Ähnliches gilt auch für die Schußtennen.

Abb. 110. Holzgerinne.

Die Bewegung des Geschiebes, das auf der Schalensohle fortgeschoben oder gerollt wird, nimmt diese stark in Anspruch und nützt sie rasch ab. So berichtet Doppler[83], daß ein beim Bau der Brennerbahn im Silltunnel bei Matrei hergestelltes 0,75 m starkes Bruchsteinpflaster in Granit und Wassermörtel in kaum sechs Monaten soweit abgenützt wurde, daß es an einer Stelle durchrissen wurde.

Entstandene Beschädigungen des Sohlenpflasters vergrößern sich sehr rasch und greifen dann auf das Böschungspflaster über. Um dies zu verhüten, soll letzteres nicht auf das Sohlenpflaster, vielmehr auf von diesem gesonderte Fundamentsockel oder Roste aufgesetzt werden, welche gleichzeitig eine feste Begrenzung für das Sohlenpflaster bilden.

In Schalen mit stark eingebauchter Sohle konzentriert sich das Geschiebe in der Mitte, die einer besonders starken Abnutzung unterliegt und schwer auszubessern ist. Durch Einschaltung eines ebenen Mittelstreifens im Querprofile läßt sich die Abnützung abschwächen und gleichzeitig die Ausbesserung erleichtern.

Die Pflasterabnutzung wächst mit der Wassergeschwindigkeit und der Geschiebebelastung; eine Geschwindigkeit von etwa 8 m kann als Grenzwert angenommen werden, bei dem gut erbaute Wildbachschalen längere Zeit standzuhalten vermögen. Geschiebefreies, mit Luft vermischtes Wasser nützt hingegen selbst bei weit größerer Geschwindigkeit das Pflaster nur wenig ab.

Gefällsbrüche in den Schalen geben sehr leicht Anlaß zur Festsetzung und zu Stauungen von Geschiebe. Wenn eine Gefällsabnahme von oben nach unten nicht zu umgehen ist, so darf man das größere Gefälle nur möglichst langsam und allmählich in das kleinere übergehen lassen. Stauungen können zu Wasseraustritten aus der Schale und zu seitlichen Auswaschungen Anlaß geben und zur Zerstörung des Baues führen. Auch von den Lehnen herabkommende Wassermengen oder zutage tretende Sickerwässer, die nicht in die Schale einfließen können, können seitlich derselben Rinnen auswaschen und Beschädigungen verursachen. Es ist deshalb auf eine gute Einbettung der Schalen in das Terrain zu achten. Der Schalenrand soll tiefer liegen als das anstoßende Terrain; allenfalls ist auch der Anschluß an dieses mittelst einer Steinberollung zu bewerkstelligen.

Die Schalenbauten besitzen mannigfache Vorzüge, aber auch verschiedene Nachteile. Sie sind das beste, mitunter das einzige Mittel, Geschiebe über eine flache Bachstrecke weiterzubefördern; in Erosionsstrecken oder zur Verwilderung neigenden Bachstrecken gewährleisten sie eine gleichmäßige Hebung der Bachsohle bzw. ihre Fixierung in solcher gleichmäßiger Höhenlage und einen fortlaufenden Schutz der Sohle und Ufer; auch erfordern sie bei ungünstigen Querprofilen und großen Gefällen wesentlich geringere Kosten als eine Abtreppung.

Die Schalen gewährleisten ferner eine glatte Wasserabfuhr, welche die Anhäufung von Unrat und Abfällen aller Art im Bachbette verhindert, ein Umstand, auf den in Ortsstrecken häufig besonderer Wert gelegt werden muß.

Diesen Vorteilen steht als Nachteil gegenüber, daß die Wassergeschwindigkeit häufig eine unerwünscht große Beschleunigung erfährt, die leicht zu Beschädigungen der Schale führt und kostspielige Erhaltungsarbeiten bedingt, sowie daß eine Verlegung der Schale leicht zu ausgedehnten Beschädigungen führen kann. Aus diesen Gründen ist die Herstellung von Schalen in wasserreichen Bächen eine nicht ganz unbedenkliche Maßnahme und nur anzuwenden, wenn gewichtige Gründe gegen eine andere Bauweise sprechen.

Natürlich unterliegt es keinem Bedenken, die Schalen zur Abführung der verhältnismäßig geringen Wassermengen kleiner Seitengräben oder von gesammelten Sicker- und Quellwässern zu verwenden. Handelt es sich hierbei um zeitweilig sich einstellende und nur sehr geringe Wassermengen, so genügen unter Umständen auch mit Rasenziegeln ausgekleidete Kunetten, die allerdings die erforderliche Widerstandsfähigkeit erst einige Zeit nach der Ausführung erlangen, wenn der Rasen fest an den Untergrund angewachsen ist. Widerstandsfähiger sind Faschinenmulden, das heißt mit Astwerk, Graß und ausschlagfähigem Faschinenmaterial ausgekleidete Mulden, die zur Abführung von Meteor- und Sickerwässern mitunter gute Dienste leisten.

In Hochlagen, wo Steinmaterial in großer Menge zur Verfügung steht, führt man an Stelle von Schalenbauten mitunter rohe Steinauskleidungen der Runsen aus. Sie leisten in Gerinnen mit kleiner Wasserführung gute Dienste.

Ähnlich wie die Schalen wirken künstliche Felsgerinne. Solche können bei entsprechendem Verlauf der Felsoberfläche zur Abhaltung des Wassers von Anbrüchen hergestellt werden. Durch sie wird das alte Rinnsal außer Gebrauch gesetzt; dieses muß jedoch durch Sporne, Halbsperren oder Stützmauern abgeschlossen werden.

D. Geschiebeablagerungsplätze.

Die Aufgabe der Ablagerungsplätze, auch Kiessammler oder Ausschüttplätze genannt, ist die, die Bäche zu zwingen, mitgeführtes Geschiebe wieder abzulagern (Abb. 111). Die hierzu erforderliche Herabminderung der Schleppkraft muß um so ausgiebiger sein, je feineres Material wieder zur Ausscheidung gebracht werden soll. Zur Herstellung solcher Plätze eignen sich jene Stellen am besten, wo sich das Gefälle der Wasserläufe bricht und wo eine Verbreiterung des Gerinnes schon vorhanden oder möglich ist.

Im Talinnern finden sich zur Herstellung von derartigen Ablagerungsplätzen geeignete Stellen nur äußerst selten vor. Auch beim Austritte des Baches aus seiner Schlucht, an der Spitze der Schwemmkegel, ist das Gefälle meist noch zu groß. Dieses bricht sich in der Regel erst am Fuße des Schwemmkegels so ausgiebig, um die Anlage eines Ablagerungsplatzes zweckmäßig erscheinen zu lassen, der dann aber natürlich nur den Tallauf günstig beeinflußt.

Ablagerungsplätze für wasserreiche Bäche müssen, falls sie nicht durch natürliche Terrainwellen begrenzt sind, künstlich umgrenzt werden. Dies geschieht durch Dämme, die je nach den zu erwartenden Wasserangriffen mit den nötigen Versicherungen versehen werden müssen. Als solche kommen in Betracht Mauern, Böschungspflasterungen, Flecht- und Faschinenwerke, Rasenbelag usw.

Von großer Wichtigkeit ist eine entsprechende Ausbildung der Ein- und Auslaufstellen. Die ersteren müssen so gestaltet werden, daß die zu erwartende Auflandung nicht in das Zulaufsgerinne zurückstaut und dort Überflutungen und seitliche Bachausbrüche verursachen

Abb. 111. Kiessammler, Roggia di Romagnano, Südtirol.

kann. Es erfolgt deshalb die Einführung am besten über Sperren oder Schwellen oder mittelst steiler Gerinne, die mit der fortschreitenden Auflandung unter diese untertauchen.

Die Auslaufwerke erhalten zweckmäßig eine über das Terrain emporragende Abschlußschwelle mit Einfangflügeln, welche in die Umfassungsdämme übergehen, deren Kronenhöhe sich der zu erwartenden Auflandung anpassen muß. Die Einfangdämme sollen sich vom Einlaufbauwerke nach abwärts trichterförmig öffnen, den Platz bogenförmig umschließen und, unten trichterförmig sich verengend, zum Auslaufbauwerke führen (Abb. 112).

Wenn der Ablagerungsplatz voll ist und das Gefälle beim Einlaufe dies gestattet, so kann später durch Erhöhung der Auslaufschwelle und der Dämme neuer Fassungsraum gewonnen werden. Ist dies nicht möglich, so muß allenfalls eine Verlegung des Ablagerungsplatzes oder die Anlage eines neuen ins Auge gefaßt werden. Auf diese Möglichkeit soll schon bei der ersten Anlage, namentlich bei der Herstellung des Zu- und Ablaufgerinnes Bedacht genommen werden.

Die Geschiebeablagerung kann unter Umständen durch Erbauung von Schotterfängen oder Murbrechern begünstigt werden (Abb. 113).

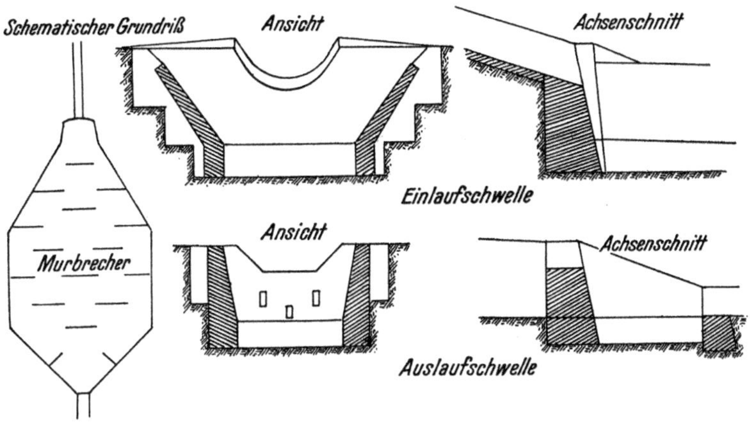

Abb. 112. Ablagerungsplatz.

Es sind dies senkrecht zum Wasserlaufe meist schachbrettartig angeordnete Dämme oder Mauerstücke. Sie bilden für den abfließenden Murstrom Hindernisse, stauen ihn und lenken ihn ab. Die dickflüssigen Muren werden hierdurch aufgehalten, das Material setzt sich und das Wasser läuft ab.

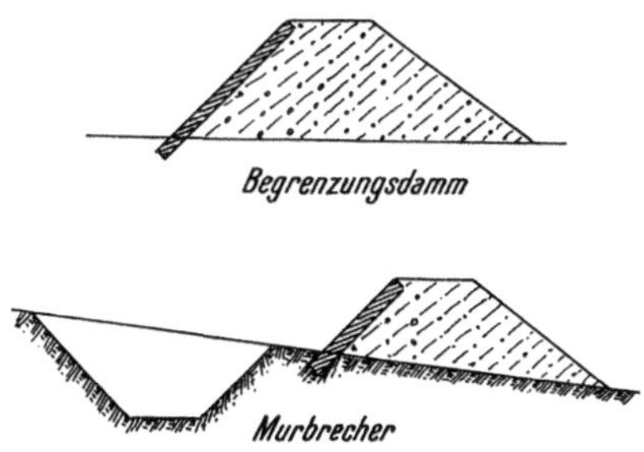

Abb. 113. Ablagerungsplatz.

Die Lückenbreite soll etwa die halbe Länge nicht übersteigen, die Entfernung der Reihen etwa die $1^1/_2$ bis 2fache Länge der Schotterfänge betragen. Die Kronen dieser Bauten werden meist horizontal angeordnet. Für die Wahl der Bauweise ist das verfügbare Material entscheidend. Die Dämme sollen nicht überströmbar sein. Trifft dies zu, so genügt es, die Wasserseite durch trockene Pflasterungen zu schützen. Muß hingegen auf eine Überströmung gerechnet werden, so ist es nötig, auch die Krone und die talseitige Böschung zu schützen, andernfalls genügt für diese eine Berasung oder Bebuschung. Am meisten gefährdet und deshalb auch mit gutem Schutze zu versehen sind die Dammköpfe; sie werden unter Umständen abgerundet. Das Material zur Dammschüttung wird am bergseitigen Fuße der Dämme mit Aussparung einer Berme aus Materialgräben gewonnen; diese dienen auch als Fanggräben für die Geschiebemassen und schwächen den Anprall der Muren ab. Man gibt ihnen in der Regel keine Abflußöffnung, da das wenige Wasser normalerweise darin versickert. Sind die Schotterfänge verlandet, so können sie erhöht werden oder es können die zwischen den Murwülsten verbliebenen Gräben durch neue Dämme abgebaut werden.

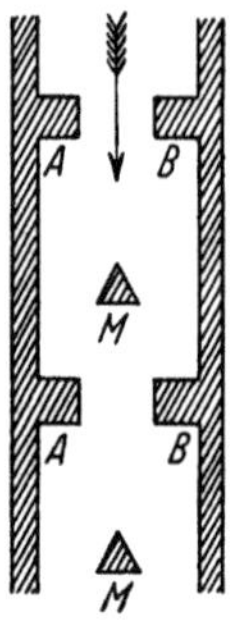

Abb. 114. Labyrinth nach Scipion Gras.

Bei trockenen Muren kann die Anlage eines Ablagerungsplatzes im obersten Teile des Schuttkegels zweckmäßig sein und die Herstellung von Umfassungsdämmen mitunter entfallen.

Sammelt sich in den Ablagerungsplätzen wasserreicher Bäche hauptsächlich Kies an, der zu verschiedenen Zwecken Verwendung finden kann, so ist es möglich, durch dessen Gewinnung die Sammler kostenlos zu räumen. Eine Räumung, die nur den Zweck verfolgt, neuen Stauraum zu schaffen, ist sehr teuer und die Wiederabtreibung des in den Ablagerungsplätzen aufgefangenen Materiales nur in Ausnahmsfällen durchführbar, wenn es sich hauptsächlich um feines, sandiglehmiges oder erdiges Material handelt, das zu Kolmatierungen verwendet werden kann.

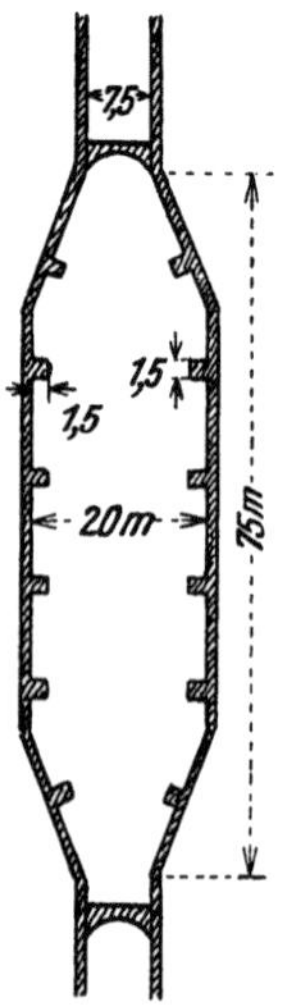

Abb. 115. Kammer nach Ing. Venetz.

Außer den Ablagerungsplätzen müssen mitunter noch eigene Schlammfänge angelegt werden, wenn es sich nicht vermeiden läßt, Wildbäche in ein Entwässerungsnetz o. dgl. einzuführen, in welchem auch Schlammabsetzungen zu Mißständen führen können. Solche Schlammfänge müssen eine ausreichende Größe erhalten, um die Wassergeschwindigkeit weitgehend herabzusetzen und durch eine erhöhte Auslaufschwelle abgeschlossen werden. Selbst unter diesen Voraussetzungen wird es meist nur möglich sein, Sand, nicht aber auch Schwebstoffe aufzufangen.

Abb. 114 stellt die von Scipion Gras zur Ausführung empfohlenen „Labyrinthe" dar, von denen Wang[3] nachstehende Beschreibung gibt: „Es sollen das Talsperren *AB* sein, die höher angelegt sind, als die höchsten Wasserstände reichen und eine größere Dohle, Abflußöffnung, in der Mitte aufweisen. Vor jeder Dohle befindet sich ein Mauerstock *M* von zumeist dreieckförmigem Grundriß, vor welchem sich die Strömung in zwei Teile teilt. Die Dohlen sind so groß, daß bei Mittelwasser kein Rückstau stattfindet, wohl aber bei Hochwasser. Die mit dem Rückstau bei Hochwasser verbundene Verminderung der Geschwindigkeit hat Geschiebeablagerung zur Folge. Bei Mittelwasser werden die abgelagerten Sinkstoffe allmählich wieder fortgeführt."

Abb. 115 stellt die vom Walliser Ingenieur Venetz erbauten „Kammern" dar. Es sind dies Erweiterungen des Gerinnes, in welchen Murgänge zur Ruhe gelangen sollen.

Zwar nicht als Geschiebeablagerungsplätze, aber doch zur Ausgleichung des Gefälles und der Geschiebefracht wirken die mäanderartigen Krümmungen, die manche Bäche beim Übergange vom Schwemmkegel in den Tallauf ausgebildet haben. Sie sind zwar nicht imstande, neues Geschiebe aufzunehmen, doch tragen sie durch den hier erfolgenden Geschiebeaustausch zur Besserung der Verhältnisse des Tallaufes bei und ihre Abschneidung würde die letzteren auf das Nachteiligste beeinflussen.

E. Unterlaufbauten.

Die Unschädlichmachung der Wildbäche erfordert, wie schon im Abschnitt VI ausgeführt, außer der Verbauung der Geschiebeherde im Sammelgebiete meist auch noch Maßnahmen auf dem Schwemmkegel bzw. im Unterlaufe, um den Liegenschaften dortselbst einen unmittelbaren Schutz zu bieten oder um Verwilderungen zu verhüten oder zu beheben (Abb. 116).

Je nach der Aufgabe, welche die Unterlaufbauten zu erfüllen haben, kommen örtliche Schutzbauten oder geschlossene Regulierungen zur Ausführung. In jenen Fällen, wo noch mit starker Geschiebeführung oder gar mit Murgängen zu rechnen ist, also in unverbauten Bächen, liegt die Hauptschwierigkeit der sicheren und zweckentsprechenden Herstellung in den großen Sohlenschwankungen, die sich infolge von Geschiebeablagerungen, Bachverwerfungen und örtlichen Kolken einstellen und einerseits zu Überflutungen, andrerseits zu Unterwaschungen der Bauten führen können.

Der Schutz gegen die ersteren erfordert große Höhen der betreffenden Bauwerke und eine gute Einwurzelung derselben. Da die Auflandungen sich nicht sicher berechnen lassen, ist auch die Bestimmung der Bauhöhe eine mehr oder weniger willkürliche und eine unbedingte Sicherheit kaum zu erzielen. Ähnliches trifft auch für die Sohlenvertiefungen zu, die nur dann mit Sicherheit begrenzt werden können, wenn die Verhältnisse die Erbauung von Querwerken an geeigneten Stellen gestatten.

Örtliche Schutzbauten werden nach verschiedenen Typen als

Mauern, gepflasterte Erddämme oder Steinkastenbauten erbaut, von denen die letzteren einer allfälligen Überflutung am ehesten Widerstand zu leisten vermögen und gegen Unterwaschung am wenigsten empfindlich sind. Wenn möglich, sind diese Schutzbauten so anzuordnen, daß sie sich einer etwa später zur Ausführung kommenden Regulierung einfügen lassen.

Abb. 116. Unterlaufschale, Schmittenbach, Salzburg.

Den Gegensatz zu solchen örtlichen Schutzbauten bilden die geschlossenen Regulierungen, die dem Bache ein bestimmtes, durch beiderseitige Versicherungen begrenztes Rinnsal anweisen. In ihnen wird das Wasser zusammengehalten, was seine Stoßkraft vermehrt und bedingt, daß die Gerinnsohle meist durch Sohlschwellen oder Pflasterungen geschützt werden muß. Allenfalls werden solche Regulierungen auch als Schalenbauten ausgeführt.

Bei der Planung der Unterlaufregelungen sind die Trasse und das Längenprofil genau festzulegen und müssen zunächst der Anfangs- und der Endpunkt bestimmt werden. Der erstere ist meist in der Natur gegeben als die Mündung der Schlucht bzw. die Spitze des Schwemmkegels, allenfalls auch eine andere geeignete Stelle, wo sich die Möglichkeit eines gesicherten Anschlusses ans Terrain ergibt. Der untere Endpunkt der Regulierungen ist nach dem Zwecke der Anlage und den örtlichen Verhältnissen zu wählen. Mündet die Regulierung in einen Ablagerungsplatz, so ist dessen Lage bestimmend; mündet sie in das Wildbett des Baches oder in einen Fluß, so ist der Endpunkt möglichst so festzusetzen, daß ein Geschieberückstau in die Regulierung nicht zu fürchten ist. Für die Geschiebeabfuhr durch Flüsse sind einbiegende Uferstellen der letzteren, an welche sich die Strömung anlegt, am günstigsten, ausbiegende Uferstellen nachteilig, weil der Fluß dort die geringste Schleppkraft entwickelt. Bezüglich des Einmündungswinkels gilt die schon von Landolt[4] aufgestellte Regel: „Man nähere den Mündungswinkel um so mehr dem rechten, je mehr Geschiebe der Seitenbach führt und je kleiner er im Verhältnisse zum Hauptbache ist, mache ihn dagegen um so spitzer, je kleiner der Unterschied im Wasserstande und je geringer die Geschiebeführung ist.“ Kleine Bäche kann man bedenkenlos ungefähr senkrecht zur Richtung des Vorfluters in diesen münden lassen. Dies hat gegenüber spitzen Mündungswinkeln in der Regel auch den Vorteil der kürzeren Linie.

Die Regulierungslinie soll einen gestreckten Verlauf erhalten und scharfe Krümmungen vermeiden. Der Krümmungsradius soll, wenn irgend tunlich, nicht weniger betragen als das 10- bis 15fache der Profilsbreite, wobei der kleinere Faktor für Bäche von mehr als 10 m, der größere für Bachbreiten von weniger als 4 m als ungefähres Maß gelten kann und für die Zwischenbreiten mittlere Werte zu wählen sind. In geschlossenen Ortschaften wird die Einhaltung dieses Mindestmaßes freilich nicht immer möglich sein; auch andere Umstände können ein Abgehen von dieser Regel bedingen.

Sehr wichtig ist die Bestimmung der Sohlenhöhe an den Mündungsstellen der geschiebeführenden Bäche. Staut das Hochwasser des Hauptbaches den Seitenbach zurück, so verliert dieser seine Schleppkraft und lagert sein Geschiebe ab. Wenn irgend möglich, soll daher die Mündung so hoch angesetzt werden, daß ein solcher Rückstau nicht erfolgen kann. Dies empfiehlt sich auch aus dem Grunde, weil bei hohen Einmündungen das Geschiebe mehr gegen die Flußmitte vorgetrieben und von der Strömung leichter fortgeführt wird.

Größere Bedeutung als der Trasse kommt noch dem Längenprofile der Regulierungen zu. Eine Verschlechterung der ersteren ist wohl in Kauf zu nehmen, wenn dadurch eine Verbesserung des letzteren erzielt werden kann; es darf aber eine Trassenverbesserung auf Kosten des Längenprofiles nicht vorgenommen werden. Am besten wäre ein vollkommen gleichmäßiges Gefälle vom Beginn bis zum Ende der Regulierung. Ein solches wird aber nur in seltenen Ausnahmsfällen zu erzielen sein, denn im allgemeinen nimmt das Gefälle der Bäche von der Spitze des Schwemmkegels bis zu dessen Fuß ab. Die sich hieraus ergebende Gefahr von Geschiebeablagerungen ist besonders groß in gepflasterten Gerinnen ohne Sohlenabstürze, während sich in abgetreppten Gerinnen wenigstens bis zu einem gewissen Grade ein Gefällsausgleich in den Zwischenstrecken zwischen den Werken durch Abänderung der Höhe und des gegenseitigen Abstandes der letzteren erzielen läßt.

Abb. 117. Unterlaufregulierung, Kokrabach, Kärnten.

Unvermeidliche Gefällsminderungen soll man auf eine tunlichst lange Strecke so verteilen, daß sich keine starken Gefällsbrüche, sondern langsame und allmähliche Übergänge ergeben. Teilweise kann die Wirkung der Gefällsabnahme unter Umständen durch eine Änderung des Bausystems, der Profile und der Bauweise, also durch eine Vergrößerung des hydraulischen Radius und eine größere Glätte des Gerinnes ausgeglichen werden.

Der Gefällsausgleich ist auch bei der Regulierung verbauter Wildbäche anzustreben, da eine vollständige Unterbindung der Geschiebeführung ein unerreichbares Ziel ist und weil immer mit der Möglichkeit zu rechnen ist, daß durch irgendein Ereignis eine neue Materialquelle erschlossen wird, also auch in solchen Bächen eine Geschiebeführung einsetzt.

Obiger Grundsatz wurde bei Kreuzungen von Eisenbahnlinien mit Wildbächen sehr häufig außer acht gelassen und das Längenprofil der Bäche zwecks Erzielung einer günstigen Bahnnivellette stark eingesenkt, ja mitunter sogar geknickt, was oft zu großen Übelständen geführt hat.

Der Gefällsausgleich erfordert häufig ein Abweichen von der Profillinie des Terrains, indem einerseits tiefe, andrerseits minder tiefe Einschnitte, ja vielleicht sogar Aufdämmungen hergestellt werden. Sohlenaufdämmungen sollen aber nach Möglichkeit vermieden, jedenfalls aber auf das kleinste unumgänglich notwendige Maß beschränkt werden. In einzelnen Fällen wurden auch Stollenbauten hergestellt, um günstige Gefälls- und Richtungsverhältnisse zu erzielen.

Wo überschüssige Schleppkraft vorhanden ist, vermeidet man es, den Wasserlauf in ein enges Gerinne zusammenzudrängen, man wählt vielmehr lieber breite Profile mit flachen Böschungen.

Wo der Bach die Neigung hat, Geschiebe abzulagern, muß hingegen die Kraft des Wassers durch enge Gerinne (Abb. 118) erhalten werden. Flache Böschungen wirken in solchen Strecken doppelt ungünstig, weil jede Sohlenhebung eine wesentliche Vergrößerung der Sohlenbreite und damit eine Verringerung der Wassertiefe zur Folge hat.

Abb. 118. Geschlossene Gerinne mit Sohlenpflaster.

Die am häufigsten zur Anwendung kommende Profilsform ist das Trapez. Rechteckige oder sich dem Rechteck nähernde Profile erfordern sehr starke seitliche Wandungen, also, soweit nicht etwa Holzbauten in Frage kommen, Ufermauern, sind daher sehr kostspielig; ihre Anwendung wird in der Regel auf Ortsstrecken beschränkt.

Doppelprofile können für wildbachartige Flüsse zweckmäßig sein, für Wildbäche kommen sie dort in Betracht, wo man die gewöhnlichen Hochwässer in Schalen abführt, aber auch mit Muren rechnen muß, die ein weit größeres Profil beanspruchen, das durch Mauern oder Dämme seitlich der Schale zu begrenzen ist (Abb. 119).

Abb. 119. Doppelprofil.

Die Bauweise richtet sich nach den örtlichen Verhältnissen, unter denen namentlich das Gefälle und die Wassermenge eine ausschlaggebende Rolle spielen. Je größer Wassermenge und Geschwindigkeit, desto solider muß die Uferversicherung sein und desto besser muß auch die Sohle vor Kolkungen durch Sohlenpflasterungen oder Abtreppungen geschützt werden. Letzteren Falles sind in wasserreichen Bächen erweiterte Fallkessel oder Tosbecken anzuordnen und kann nur auf ein minimales Verlandungsgefälle gerechnet werden. Hierbei sind im allgemeinen niedrige Werke den höheren vorzuziehen.

Auch in Gerinnen, woselbst eine durchgreifende Sohlenvertiefung nicht zu befürchten ist, können leicht örtliche Auswaschungen und Vertiefungen entstehen, welche die Böschung gefährden. Dem trachtet man durch Vorgrundversicherungen und Einziehen vollkommen versenkter Sohlenschwellen vorzubeugen, welch' letztere eine gleichmäßige

Ausbreitung des Wassers über das ganze Gerinne erzwingen sollen. Aber selbst bei diesen versenkten Schwellen bildet sich beinahe immer ein Absturz, dessen Tiefe und Ausdehnung in erster Linie von der Beschaffenheit des Untergrundes und in zweiter Linie von der Wassermenge abhängt. Es wird also auch bei versenkten Schwellen notwendig sein, ihr Sturzbett zu versichern und man gelangt so auch in solchen Bächen häufig zu Abtreppungen.

Die Sohlenbefestigung steiler, wasserreicher Gerinne, in denen sich eine bedeutende Wassergeschwindigkeit entwickelt, gehört zu den schwierigsten Aufgaben und erfordert jedenfalls hohe Kosten.

Abb. 120. Lebende Uferschutzbauten, Traunkirchner Mühlbach, Ob. Österreich.

In dem abgetreppten Gerinne kann es zweckmäßig sein, die beidseitigen Uferschutzbauten nicht gleichlaufend anzuordnen, sondern sie von der Abflußsektion jedes Querwerkes bis zum verbreiterten Fallkessel des nächst oberen Werkes, allenfalls auch zum Anschlusse an vorhandene Hochufer trichterförmig auseinander zu ziehen. Diese Anordnung begünstiget die Zurückhaltung schweren Geschiebes, das sonst abgetrieben wurde, und vermindert die Unterwaschungsgefahr für die Längsbauten.

Als Böschungsschutz in geschlossenen Regulierungen kommen Mauerungen, Pflasterungen und Betontaludierungen, allenfalls auch Steinkastenbauten oder entsprechend verstärkte Bohlenwände in Betracht; für ruhig fließendes Wasser genügen Berauhwehrungen, Flechtwerke, Faschinenbauten, Steinwürfe, Drahtschotterbehälter, Berasungen u. dgl.

F. Andere Bauwerke.

Im Zusammenhang mit den Verbauungsarbeiten müssen mitunter noch besondere Bauwerke zur Ausführung gebracht werden, die im nachstehenden, wenn auch nicht näher behandelt, so doch kurz erwähnt werden sollen. Es sind dies Brücken, Furten, Wegdurchlässe durch Ufermauern, Über- und Unterführungen von Wasserläufen, Dücker, Wehre u. dgl.

1. Brücken.

Für die Abführung des Wassers und des Geschiebes ist es natürlich am günstigsten, wenn das Wildbachgerinne ohne Änderung des Querprofiles und ohne Gefällsbruch unter der Brücke durchführt; ausgiebige Profilsänderungen und Gefällsbrüche bedingen Unregelmäßigkeiten im Abflusse und geben leicht Anlaß zu schädlichen Geschiebeablagerungen. Es ist daher zu trachten, bei den Brückenherstellungen das Querprofil regelmäßiger Gerinne möglichst wenig zu ändern und Gefällsbrüchen auszuweichen. Auch für die Überbrückung der Wildbetten sind ähnliche Gesichtspunkte maßgebend. Mitunter benützt man die entsprechend erhöhten Flügel einer Sperre oder Grundschwelle als Brückenwiderlager. Den Durchflußprofilen ist eine ausreichende Breite und Höhe zu geben, um Verklausungen von Wildholz tunlichst hintanzuhalten. Mittelpfeiler bilden Hindernisse für den Wasserlauf; wenn sie sich bei großen Spannweiten nicht vermeiden lassen, sollen sie tunlichst schlank gehalten werden.

Bei der Überbrückung von Gerinnen, in welchen mit Muren zu rechnen ist, die sich an starren Konstruktionen leicht stauen könnten, wählt man zweckmäßig leichte Konstruktionen, die sich im Falle eines Hochwassers abziehen lassen oder, wenn dies bei Zeitmangel nicht möglich sein sollte, vom Hochwasser oder der Mure selbst abgeschoben werden können, wobei sich, wenn möglich, der Zusammenhang der Konstruktion lösen soll.

2. Furten.

Über breite Gerinne, die in normalen Zeiten nur wenig oder gar kein Wasser führen, legt man für Straßen und Wege am zweckmäßigsten gepflasterte Mulden an, die unten durch eine Grundschwelle abgeschlossen sind. In diesen Mulden sich ablagerndes Geschiebe wird nach Ablauf des Hochwassers wieder von der Fahrbahn abgeräumt. Diese Pflastermulden haben sich sowohl am Unterlaufe der Bäche, als auch in steilen Gräben gut bewährt und bilden in den steilen Quellgräben zahlreicher Wildbäche die Regel; sie dienen auch zur Querung von Ablagerungsplätzen.

3. Wegdurchlässe.

Wenn diese Pflastermulden auch gegen die Ufer zu ansteigen, so erreichen sie doch in vielen Fällen nicht die Höhe der Uferdämme und es müssen in diesen Durchlässe für die Straßen und Wege angebracht werden. Um gefährliche Bachaustritte an diesen Stellen hintanzuhalten, genügt es bei steilen Bächen oft, die unteren Mauerstücke gegen die oberen zurückzusetzen, besonders dann, wenn die Abschlußschwelle des Muldenpflasters einen Absturz aufweist. Ist dies nicht der Fall, so müssen die Durchlässe bei Hochwasser geschlossen werden.

Dies geschieht gewöhnlich durch Dammbalken, welche an Ort und Stelle vorrätig gehalten und nach Bedarf in die vorbereiteten Nuten der Mauerköpfe eingeschoben werden. Durchlässe für schmale Wege werden mitunter durch starke hölzerne Tore abgeschlossen, welche sich gegen die Bachrichtung öffnen; sie werden für gewöhnlich offengehalten, lassen das normale Wasser unter sich passieren und werden durch den Anprall eintretender Hochwässer oder Murgänge selbsttätig geschlossen.

4. Unter- und Überführungen von Wasserläufen.

Das erhöhte Bett geschiebeführender Bäche verhindert sehr häufig den Abzug von Binnengewässern, staut diese zurück und bewirkt Versumpfungen des Talbodens. Um diesem Übelstande abzuhelfen, müssen oft tiefe Abzugsgräben angelegt werden, die weder in den Wildbach, noch oberhalb desselben in den Hauptfluß eingeführt werden, sondern erst weiter flußabwärts in den letzteren münden können. In solchen Fällen müssen die Abzugsgräben das Wildbachbett kreuzen und erweisen sich Unterführungen unter dem letzteren als nötig. An der Kreuzungsstelle wird der Abzugsgraben überwölbt und der Wildbach in einer Schale über das Gewölbe hinweggeführt. Ist der Höhenabstand zwischen der Unterkante der Wildbachschale und der Sohle des Abzugsgrabens zu gering, so kann unter der Voraussetzung, daß der letztere kein Geschiebe führt, durch Herstellung eines Dückers dieser Schwierigkeit abgeholfen werden.

Die Überführungen von Bewässerungskanälen und sonstigen Wasserläufen über Wildbäche sind als Überbrückungen zu behandeln.

5. Wehre und Wasserausleitungen.

Feste Wehre sind nach den für Querbauten maßgebenden Grundsätzen herzustellen und dem besonderen Zwecke anzupassen. Bei ihnen erfolgt die Wasserentnahme entweder durch seitliche Einlaßöffnungen oberhalb des Staukörpers oder aber durch hinter diesem angebrachte, mit Rechen überdeckte Kanäle, in die das Wasser abfällt, während grobes Material über den Rechen und die Sperrenkrone geschoben wird. Ohne auf die besondere Ausgestaltung der Wehre und der Einlaßöffnungen näher einzugehen, sei nur erwähnt, daß zur Abhaltung des Geschiebes mitunter sogenannte Schottergassen im Wehrkörper ausgespart werden und daß in wildbachartigen Flüssen, in denen die Flößerei betrieben wird, Floßgassen über die Wehre geführt werden müssen.

Auch bewegliche Wehre kommen zur Wasserentnahme aus Wildbächen in diesen häufig zum Einbau. Sie werden gewöhnlich als einfache Schützenwehre erbaut und sollen so eingerichtet sein, daß es unter allen Umständen möglich ist, das Bachprofil rasch freizulegen, und zwar auch dann, wenn etwa die Aufzugsvorrichtung versagen sollte oder wegen Mangel an Zeit nicht mehr betätigt werden könnte. Diese Sicherung kann erreicht werden durch den Einbau von umlegbaren Griessäulen, an die sich die Schützentafeln anlegen. Um bei größeren Stauhöhen und Stauweiten den Wasserdruck mittels der Aufzugswinden, die in der Regel von Hand betätigt werden, leichter überwinden zu können, empfiehlt es sich, die Schützentafeln der Höhe nach jalousienartig zu teilen.

G. Entwässerungsarbeiten.

Je mehr der Boden von Wasser durchtränkt ist, desto mehr neigt er zu Bewegungen und Rutschungen. Besonders trifft dies zu für lehmiges Material, das sich unter Umständen vollständig mit Wasser ansaugt, sodann plastisch und breiig wird und ins Rutschen und Fließen gerät.

Die Vernässung des Bodens zeigt sich durch das Auftreten von Wassertümpeln, die sich lange halten, von feuchten Stellen, die auch in regenloser Zeit kaum austrocknen, und durch die Vegetation an. Es sei in dieser Hinsicht erinnert an die kümmerlichen Wuchsformen, die z. B. die Fichte an nassen Stellen zeigt und an die typische Bodenflora der letzteren, das Auftreten verschiedener Sumpfpflanzen, wie Ranunkelarten, Sumpfbaldrian usw.

Um das Entstehen von Abrutschungen nach Möglichkeit zu verhindern und den Boden wieder zu befestigen, ist es nötig, ihm das überschüssige Wasser möglichst zu entziehen. Je grobkörniger und poröser das Material ist, desto leichter gibt es das Wasser wieder ab, je feinkörniger und undurchlässiger, desto schwerer. Ton, Lehm und Letten saugen sich zwar nur langsam und allmählich an, halten das Wasser aber außerordentlich fest. Befördert wird die Durchweichung durch Bodenrisse und Bodenbewegungen.

Für die Planung der Entwässerungsarbeiten ist es von großer Wichtigkeit, zu beurteilen, auf welche Umstände die Vernässung zurückzuführen ist, ob auf die Ansammlung von Niederschlagswasser, das, am Abflusse gehindert, sich ansammelt und in den Boden eindringt, oder auf das Auftreten von Sickerwässern, die den Boden durchziehen, oder auf den Zufluß von Tagwässern, die im Material versickern und es durchweichen.

Nach dem Ursprunge des schädlichen Wassers, der Bodenbeschaffenheit und der Art der etwa schon eingetretenen Bodenbewegung hat sich auch die Abhilfe zu richten. Während zur Ableitung stagnierenden Wassers und zutage tretender Quellen meist oberflächliche Gräben und seichte Schlitze genügen, erfordert die Sammlung der Sickerwässer tiefer einschneidende Dränungen, die Trockenlegung mächtiger, durchnäßter Materialmassen ihre Durchschneidung bis auf den undurchlässigen Untergrund und die Beruhigung von Erdschlipfen, die sich auf einer tiefliegenden Gleitfläche bewegen, die Aufsuchung und Entwässerung dieser letzteren durch Stollen.

Die Wirkung dieser Anlagen hängt im hohen Maße von der Bodenbeschaffenheit ab. Sie gibt sich auf durchlässigem Boden rasch zu erkennen, während undurchlässiges Material lange Zeit zur Austrocknung braucht und ein viel dichteres Entwässerungsnetz erfordert.

Für größere Entwässerungsanlagen ist ein Netz zu entwerfen, das die Ausführung von Saug- und Sammeldräns vorsieht; erstere sollen dem Boden unmittelbar Wasser entziehen, letztere das gesammelte Wasser abführen. Die Sammeldräns werden — wenn nicht lokale Verhältnisse etwas anderes bedingen — in der kürzesten Richtung dem Bache zugeführt, das ist in der Richtung des stärksten Gefälles; die Saugdräns werden meist schief über die Lehnen zu den Sammeldräns geführt, um ihnen genügend Gefälle zu geben und die Gefahr eines seitlichen Wasseraustrittes tunlichst zu vermeiden. Diese Anordnung gilt aber nur als allgemeine Richtschnur und es wird in jedem einzelnen Falle die Festlegung des Netzes nach den örtlichen Verhältnissen zu erfolgen haben.

Seichtere Schlitze richten sich nach der Bodenoberfläche; für tiefere Schlitze ist die Trasse vorher sorgfältig festzulegen, da sie, einmal begonnen, nicht mehr verschwenkt werden können. Für den Verlauf tiefer Dräns ist die Bodenoberfläche nicht allein entscheidend, sie können vielmehr Rücken und Mulden mit wechselnder Tiefe durchschneiden; notwendig ist nur, daß sie ein entsprechendes Sohlengefälle erhalten, die Sohle überall die erforderliche Tiefenlage erreicht und daß nicht etwa unter den Schlitzen Stellen zurückbleiben, die einen Wasserentzug nötig hätten.

Es ist sehr wichtig, über den Zusammenhang der in verschiedenen Höhenlagen zutage tretenden Wässer ins Klare zu kommen. Diesem Zwecke dienen Färbeversuche mittels Uranin, Fluorescin oder Eosin, die aber in Humusböden kein sicheres Resultat ergeben, weil die Humussäuren eine Entfärbung bewirken; sicherer kommt man mit der chemischen Methode (Verwendung von Kochsalz und Fällung mit Silbernitrat) zum Ziele.

Häufig tritt in großer Höhe über dem Bache an den Lehnen Wasser auf, das diese auf große Ausdehnung vernäßt und durchweicht. In solchen Fällen ist es im allgemeinen zu empfehlen, die Entwässerungen oben zu beginnen, die Wirkung abzuwarten und erst dann nach Bedarf in den unteren Partien die nötigen Ergänzungen durchzuführen. Dieser Arbeitseinteilung stehen aber oft insoferne Schwierigkeiten entgegen, als die Lehnen infolge ihrer Durchweichung in Bewegung sind und die sichere Anbringung von Schlitzen nicht gestatten; auch braucht es oft längere Zeit, bis sich die Wirkung erkennen läßt. In solchen Fällen empfiehlt es sich, provisorische Wassersammlungen und -ableitungen auszuführen, um dem Boden die Möglichkeit zu geben, sich zu setzen und soweit zu konsolidieren, daß man an die definitive Entwässerung schreiten kann, deren Bestand nicht mehr gefährdet ist. Die den Rutschflächen zufließenden Tagwässer sind oberhalb des Bruchrandes zu sammeln und in entsprechenden Gerinnen abzuleiten. Hierbei ist besonders darauf Bedacht zu nehmen, das Eindringen der Wässer in offene Bodenspalten nach Tunlichkeit zu verhindern, denn gerade in solche Spalten eindringende Wässer gelangen oft in die Tiefe, sinken bis zu einer Gleitfläche ab und beschleunigen die Bodenbewegung.

Für provisorische Ableitungen eignen sich am besten Holzgerinne, die sich leicht überwachen und nach Bedarf wieder in Ordnung bringen lassen.

Zur Entwässerung dienen offene Gräben, gedeckte Dräns und Stollen.

Die offenen Gräben sind entweder einfache, unbefestigte Einschnitte oder es werden Sohle und Böschungen gegen Auswaschungen geschützt. Unbefestigte Gräben können sich nur dann dauernd halten, wenn entweder die Wasserführung oder das Gefälle so gering ist, daß eine Auskolkung nicht zu befürchten steht. Sie finden Anwendung zum Aufschneiden von Tümpeln und Naßgallen und zur Entwässerung in sanft geneigtem Gelände. Die Böschungen seichter Gräben können einfüßig angelegt werden; bei tieferen Gräben sollen sie nicht unter $^5/_4$- oder $1^1/_2$füßig hergestellt werden. Die Sohlenbreite der Gräben und ihre Tiefe richten sich nach der abzuführenden Wassermenge.

Wo es sich um größere Wassermengen und -tiefen handelt, empfiehlt sich eine Versicherung der Böschungen und bei stärkeren Gefällen ist eine Festigung der Sohle in der Regel unerläßlich. Diese kann bewerkstelligt werden durch das Einziehen von hölzernen Sohlschwellen, die durch Pflöcke fixiert werden und, wenn nötig, eine Vorfeldversicherung in Form von Faschinenbettungen, Steinwürfen oder Pflasterungen erhalten oder auch durch einen fortlaufenden Sohlenschutz mittels Graßlagen, die entsprechend befestigt werden oder durch Verpfählungen oder Pflasterungen, bei nicht ständig wasserführenden Gräben auch durch Rasenbelag. Um das Gefälle und die Kolkgefahr zu vermindern, führt man die Sammelgräben mitunter in Zickzacklinien über die Lehnen.

Der Schutz der Böschungen ist zu erzielen durch Pflasterung, Flechtzäune, Faschinen, Berauhwehrung, Rasenbelag oder Humusierung und Besamung.

Mitunter werden auch Brettergerinne in die offenen Gräben eingebaut. Sie leisten bis zu ihrer Vermorschung gute Dienste. In der Zwischenzeit können sich die Böschungen allmählich mit Vegetation bekleiden, die die Seitenwände entbehrlich macht, während die stets vom Wasser überronnenen Sohlenbretter lange erhalten bleiben.

Die offenen Gräben sind einfach herzustellen, leicht zu überwachen und nach Bedarf auszubessern, im steilen Terrain jedoch nur sehr beschränkt anwendbar.

Zu den geschlossenen Entwässerungsanlagen gehören:

1. Gräben mit voller Faschinenbettung oder Astwerkfüllung, eventuell mit eingebauten Stangen;

2. Gräben mit Steinfüllung, Steinausmauerung oder Füllung mit Drahtschotterkästen;

3. die Entwässerungsanlagen mittels Tonröhren und

4. mit Eisenröhren.

Die Erstgenannten sind für Gräben mit geringer Wasserführung geeignet, sie neigen aber zur Verlegung und Verstopfung. Zur Füllung

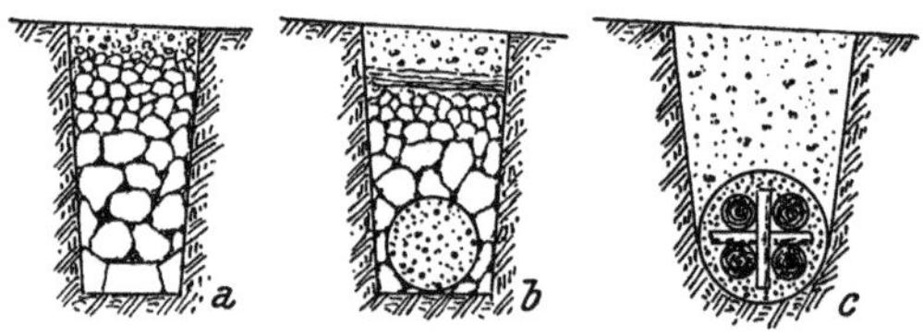

Abb. 121. Sickerschlitze.

soll sperriges Astwerk verwendet werden, das sich minder leicht verlegt. Auch ist es zweckmäßig, Holzarten zu verwenden, die sich durch Harzreichtum auszeichnen und weniger der Vermorschung unterliegen, wie z. B. die Krummholzkiefer. Nadeln und Laub sind von den Ästen und Zweigen vor der Verwendung zu entfernen, weil sie die Verstopfung begünstigen.

In Bayern wurden Rutschlehnen mittels Stangendohlen (Abb. 121 *c*) mit gutem Erfolge entwässert. Vier Stangen werden 1,5 bis 2 m tief in den Boden gebettet und mit abwechselnden Stößen nebeneinandergelegt, durch Querhölzer auseinandergehalten und mit Reisig umhüllt. Diese Dohlen sind nachgiebig, dauerhaft und sollen sehr wirksam sein, sie sind den steingefüllten Dohlen mitunter vorzuziehen[83].

Die Gräben mit Steinfüllung werden entweder voll ausgeschlichtet (Abb. 121 *a*) oder es wird in die Steinfüllung eine Faschine eingebettet (Abb. 121 *b*) oder unter der Steinfüllung eine Dohle hergestellt. Letzterenfalls nennt man sie auch Sickerdohlen.

Die voll ausgeschlichteten Gräben und jene mit eingebetteter Faschine dienen als Saugdräns und sind nur für geringe Wasserführung geeignet. Sie münden in die Sammeldräns und verbinden diese mitunter als geradlinige oder bogenförmig angeordnete Sickerrippen.

Die Sickerdohlen (Abb. 122) dienen als Sammelstränge und zur unterirdischen Ableitung gefaßter Quellen, sowie als Saugdräns auf

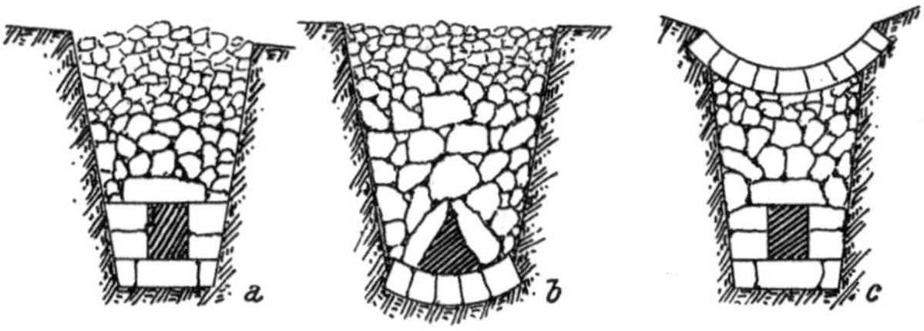

Abb. 122. Sickerdohlen.

stark wasserführenden Flächen. Sowohl bei den Schlitzen als bei den Dohlen besteht die Gefahr, daß das abfließende Wasser die erdige Sohle und die Grabenwände angreife und auswasche. Um dies zu verhüten, muß die Sohle der Schlitze pflasterartig ausgekleidet werden und es soll die Steinfüllung so eingebracht werden, daß das Wasser gegen die Mitte geleitet wird, woselbst zwischen den Steinen größere Zwischenräume bleiben sollen als an den Seiten.

Die Dohlen sind aus gutem Mauerwerk zu erstellen; wenn die Trasse nicht in der Richtung des größten Gefälles verläuft, sollen nicht nur die Sohle, sondern auch die talseitige Wand der Dohlen gut ab-

Abb. 123. Sickerdohle mit eingebauter Holzrinne.

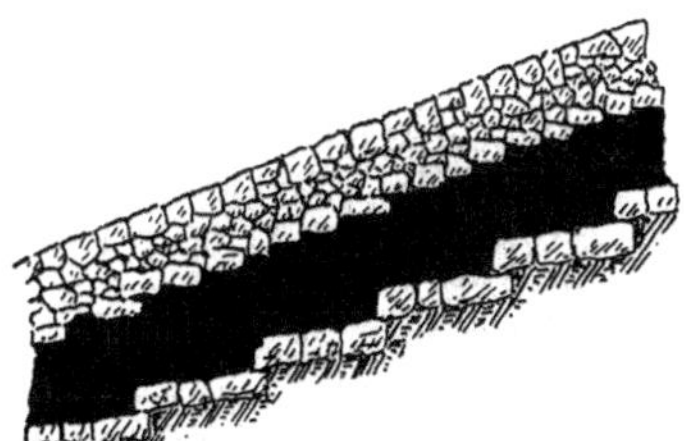

Abb. 124. Abgetreppte Sickerdohle im Längsschnitt.

gedichtet, allenfalls in Mörtel gelegt werden, um den Austritt des gesammelten Wassers zu verhüten. Die Dohlen erhalten je nach der abzuführenden Wassermenge verschiedene Abmessungen von mindestens 15 cm Weite und 20 cm Höhe. Die Maße steigen bis auf 30 × 40 cm, bei tiefen Schlitzen sogar auf 60 × 80 cm, so daß die Dohlen schliefbar werden.

Unter Umständen empfiehlt es sich, in die Dohlen eine Holzrinne einzubauen (Abb. 123). Eine solche vermindert die Gefahr der Ausspülung des Untergrundes und der Verlegung. Sieht man vom Einbau derartiger Holzrinnen ab, so werden steil verlaufende Dohlen häufig abgetreppt (Abb. 124), einerseits um ein besseres Auflager für die Steine zu erhalten und die Gefahr des Abrutschens zu beseitigen, andrerseits um die Wassergeschwindigkeit und die Gefahr von Auswaschungen zu verringern.

Im beweglichen Terrain können Sickerdohlen auch durch Steinkastenbauten verstärkt und gegen Verschiebungen einerseits widerstandsfähig und andrerseits unempfindlich gemacht werden (Abb. 125). In steilen Lagen werden auch diese Steinkastendohlen abgetreppt.

Zweckmäßig ist es, die gesammelten Wässer in Schalen offen abzuführen, weil sich dann das Funktionieren der Anlage jederzeit kontrollieren läßt. Muß der Untergrund unter der Schale noch entwässert werden, so kann ein Saugdrän unter der Schale angeordnet werden (Abb. 122 *c*), doch soll in diesem Falle das Schalenpflaster wasserdicht sein, da sonst der Schlitz leicht überlastet und durch Auswaschung geschädigt wird.

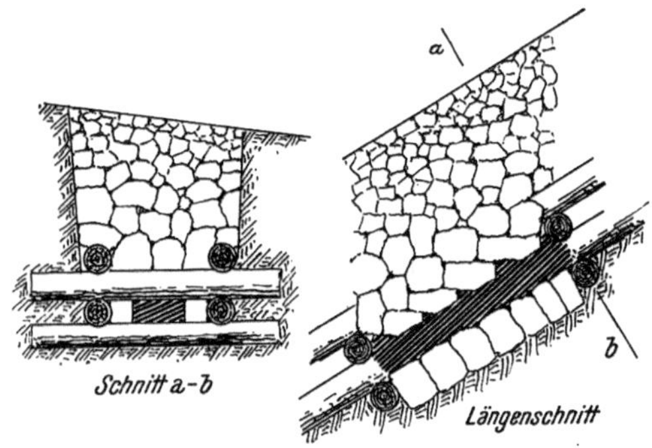

Abb. 125. Mittels Steinkastenbau versteifte Sickerdohle.

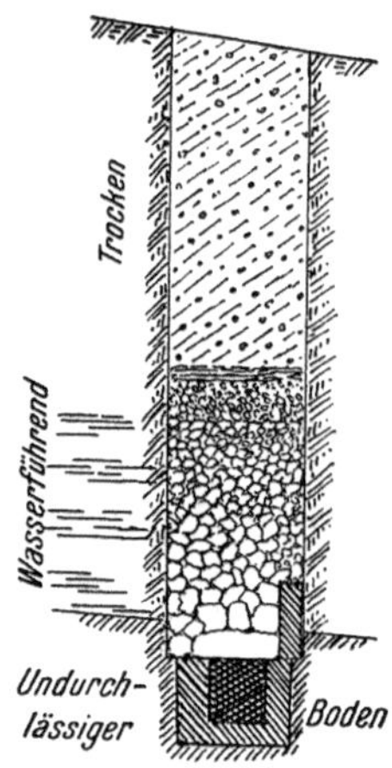

Abb. 126. Tiefe Sickerdohle.

Bei der Ausführung tiefer Schlitze (Abb. 126) sind je nach der Standfestigkeit des zu durchgrabenden Materials Pölzungen notwendig. Da bei diesen, mitunter 7 bis 8 m Tiefe erreichenden Gräben ein mehrmaliges Überwerfen des Aushubes notwendig wird, muß ihre Weite 1,2 bis 1,5 m erreichen. Ziehen diese Gräben nicht auf die ganze Tiefe Wasser, tritt also dieses nur aus gewissen Schichten aus, so brauchen die darüber befindlichen Partien auch nicht auf die Wasseraufnahme berechnet zu sein und können mit dem Aushubsmaterial wieder angefüllt werden, wobei es notwendig ist, zur Verhinderung des Eindringens von Material in die Steinpackung diese mit Astwerk u. dgl. zu überdecken. Bei Mangel an Steinen kann die Packung auch eine geringere Stärke erhalten als die Grabenweite. Diese tiefen Gräben müssen sehr sorgfältig hergestellt werden und sollen schliefbare Dohlen erhalten, deren Sohle und talseitige Wand gut abzudichten sind, während die bergseitige Wand dem Sickerwasser Eintritt gewähren muß.

Sickerschlitze und -dohlen, besonders wenn an steilen Lehnen angeordnet, müssen am unteren Ende Abschlußwerke und in entsprechenden Abständen voneinander Stützwerke erhalten, um der Pflasterung und Füllung Halt zu gewähren und Verdrückungen hintanzuhalten; diese Werke dienen auch zur Abdichtung, um Auswaschungen unter dem Pflaster zu verhindern und gestatten eine sichere Ausmündung der Dohlen.

Zur Ausführung sehr tiefer Schlitze in Rutschböden und Schlipfen eignen sich die kalten Wintermonate am besten, weil zu dieser Zeit erfahrungsgemäß die Bodenbewegungen am langsamsten sind und weil der Frost auch den Grabenwänden größere Stabilität verleiht.

Abb. 127. Entwässerungsstollen.

Dränrohre gelangen bei Wildbachverbauungen selten zur Verwendung, eignen sich jedoch zur Entwässerung flacher, vernäßter Stellen ganz gut. Steile Entwässerungsstränge lassen sich mit ihnen nicht herstellen, da sie gegen Verdrückung und Zusammenschieben nicht widerstandsfähig genug sind. Die Rohrstränge geraten schon bei kleinen Bodenverschiebungen leicht in Unordnung und sind dann nutzlos.

Zur Ableitung von Quellwässern können unter Umständen Brunnenröhren aus Holz oder Eisenröhren mit Vorteil verwendet werden.

Eine besondere Art von Entwässerungsanlagen bilden die Entwässerungsstollen (Abb. 127). Sie gelangen zur Anwendung, wenn es gilt, das auf einer tiefliegenden Gleitfläche zirkulierende Wasser abzufangen und so die Gleitfläche zum Verheilen zu bringen. Solche Stollen werden im festen Boden angeschlagen, bis zur Gleitfläche vorgetrieben und folgen dann, im festen Boden bleibend, der Gleitfläche so, daß sie vom First geschnitten wird und das Wasser in den Stollen eintreten kann. Durch diese Anordnung sind sie gegen Verschiebung und Verdrückung gesichert. Die Stollenzimmerung wird bei der Ausmauerung am First unterbrochen, bleibt aber sonst erhalten. Die Stollen erhalten eine große, schliefbare Dohle und werden mit Steinen ausgepackt. Zweckmäßig führt man von diesen Stollen und ebenso auch von tiefen Schlitzen Beobachtungsschächte bis an den Tag empor und versieht sie mit schliefbaren Kaminen. Durch Stollen und Schächte stellt sich dann ein regelmäßiger Luftstrom ein, der bei warmem Wetter abwärts, bei kaltem aufwärts zieht und wesentlich zur Austrocknung des Bodens beiträgt; besonders die kalte trockene Winterluft, die sich im Stollen auf die mittlere Jahrestemperatur erwärmt, wirkt austrocknend.

Die Stollen können aber nur dann mit Vorteil angewendet werden, wenn der in Bewegung befindliche Erdkörper selbst kein oder wenig Wasser führt. Trifft dies nicht zu, so müssen statt des Stollens tiefreichende Entwässerungsanlagen vom Tage aus niedergebracht werden, um das gesamte Wasser zu fangen.

Aus dem Gesagten erhellt, daß der Stollenverlauf von vornherein nur in großen Zügen festgestellt werden kann, sich aber im Detail nach dem Verlauf der angeschnittenen Gleitfläche zu richten hat; die oberflächliche Bodengestaltung ist für den Stollenverlauf belanglos.

Die Stollen erhalten 1,8 bis 2,0 m Höhe und etwa 1,2 bis 1,5 m Weite.

Bei Ausführung von Stollen ist besonders auf etwa im Material vorfindliche Wasserblasen zu achten, deren Anschneiden starke Wasseraustritte zur Folge haben kann, die für die Arbeiter gefährlich werden können.

Mit sehr günstigem Erfolge wurden solche Stollen ausgeführt im Rohrleitengraben am Attersee in Oberösterreich[113] und am Meßnerbühel im Silbertal in Vorarlberg. Eine ähnliche Anlage im Oberlaufe der Nolla dient zur Ableitung des Wassers aus dem 1940 m hoch gelegenen Lüschersee, dessen Versickerung vermutlich die Abrutschungen in der Schwarzen Nolla verursacht hat[10, 206]. Dieser Stollen wurde mit ovalen Eisenbetonringen ausgekleidet, die im Freien hergestellt und dann eingebaut wurden.

Gefährdet werden die Entwässerungsanlagen einerseits durch Auswaschung, andrerseits durch Verstopfung. Auswaschungen treten am häufigsten bei Lehm-, Ton- und Sandboden auf; ihnen ist durch sorgfältige Ausführung und Abdichtungen vorzubeugen, welche die Ausbildung von Rinnen unter und neben dem Bau verhindern. Verstopfungen sind auf die Einschwemmung von Material oder auf Gleitbewegungen der Steinfüllung oder sonstige Bauschäden zurückzuführen. Dem Gleiten ist durch Sohlenstaffelungen in der oben erwähnten Weise und durch Einschaltung von Stützwerken vorzubeugen.

Die Entwässerungsanlagen beschleunigen zunächst den Wasserablauf bei Niederschlag. Ist aber einmal die Austrocknung des Bodens eingetreten, so verzögern sie den Wasserablauf und gleichen ihn aus[207].

Der Erfolg gelungener Entwässerungsarbeiten ist meist ein auffallender: in Bewegung befindliche Lehnen werden wieder fest und ruhig, und die Vegetation kann auf solchen Flächen wieder Fuß fassen und sich entwickeln. Eine ebenso große Bedeutung besitzen diese Arbeiten auch als Vorbeugemittel gegen das Entstehen von Rutschungen. Viele ausgedehnte Bodenbewegungen hätten sich leicht verhüten lassen, wenn der vernäßte Boden rechtzeitig trockengelegt und das Versickern von Wasser verhindert worden wäre.

Mitunter ist auch die Besserung der Wasserabflußverhältnisse Zweck der Entwässerungsarbeiten. Schon vollgesogener Boden kann kein Wasser mehr aufnehmen; er gleicht einem nassen Schwamme und läßt das Regenwasser rasch abfließen. Ist der Boden hingegen entwässert, so sind die vielen Zwischenräume und Poren imstande, nicht unbeträchtliche Wassermengen aufzusaugen, zu speichern und nur langsam weiterfließen zu lassen, so daß der Wasserablauf wesentlich verzögert und ausgeglichen wird. Nach den Untersuchungen des Kultur-Ingenieurs Krause verlangsamt der dränierte, poröse Boden den Wasserablauf, der auf undräniertem, durchlässigem Erdreich rasch erfolgt[63].

Wesentlich anders stellen sich diese Verhältnisse bei den Gebirgsmooren und Filzen: diese geben durch lange Zeit hindurch langsam Wasser an Bäche und Flüsse ab, und Hochmoore sind, selbst wenn sie mit Wasser vollgesogen sind, immer noch imstande, weitere Wassermengen aufzunehmen, wobei sie hoch anschwellen. Übersteigt diese Anschwellung ein gewisses Maß, so kommt es allerdings auch vor, daß die Moore zerreißen, wodurch sogenannte Moormuren entstehen[73]. Geschieht dies aber nicht, so speichern die Moore große Wassermengen, die sie in der folgenden Zeit allmählich abfließen lassen.

Werden solche Moore gründlich entwässert, so trocknen sie stark aus und ihr Material leistet dann der Benetzung einen derartigen Widerstand, daß das Regenwasser kaum eindringt, sondern vielmehr rasch abfließt. Durch derartige Moorentwässerungen wird unter Umständen das Gegenteil des angestrebten Erfolges bewirkt.

In dieser Beziehung sei auf die in Böhmen gemachten Beobachtungen und Erfahrungen verwiesen, über welche Wang[3] berichtet. Derselbe verweist auch auf die ungünstige Wirkung der Entwässerung von Hochmooren im Jura.

Hingegen spricht sich allerdings Hans Schreiber[208] auf Grund der in Sebastiansberg in Böhmen gemachten Erfahrungen dahin aus, daß durch die Entwässerung der Hochmoore die Wasserabflußverhältnisse gebessert werden, weil die nicht entwässerten Moore in trockenen Zeiten kein Wasser abgeben und sich der Wassergehalt des Torfes auch durch lang andauernde Regen nicht ändere, die Moore also kein Wasser aufnehmen, sondern die Niederschläge abrinnen lassen.

H. Bodenbindungsarbeiten.

Eine sehr wichtige Ergänzung der baulichen Herstellungen bilden die Bodenbindungsarbeiten, die auf die Bildung einer geschlossenen starken Pflanzennarbe abzielen. Eine solche übt nicht nur eine vorteilhafte Wirkung auf die Verzögerung und den Ausgleich des Wasserabflusses aus, wie dies im Abschnitt V näher ausgeführt ist, sondern sie bindet auch die Bodenoberfläche und schützt sie vor der Abschwemmung und der Wirkung des Windes, der auf den vegetationslosen steilen Bruchflächen sehr häufig feines Material in die Höhe reißt und entführt und das Abkollern von Steinen verursacht.

Die Begrünung der Bruchflächen ist zur Bekämpfung der Geschiebebildung in den unterwühlenden Wildbächen äußerst wichtig; sie umfaßt die Berasung, Bebuschung und Aufforstung der kahlen Flächen, hat aber zur Voraussetzung, daß deren Boden vorher schon befestigt ist. Soweit dieses Ziel nicht schon durch die oben besprochenen baulichen Herstellungen erreicht ist, müssen noch Ergänzungsarbeiten durchgeführt werden, die den Gegenstand der nachfolgenden Ausführungen bilden sollen, während die eigentlichen Begrünungsarbeiten im Abschnitte VIII über wirtschaftliche und kulturelle Maßnahmen besprochen werden sollen.

Diese vorbereitenden Arbeiten beschränken sich nicht ausschließlich auf die Bruchflächen der unterwühlenden Wildbäche, sondern können unter Umständen auch darauf abzielen, auf verwittertem Fels eine zur Entwicklung der Vegetation geeignete Bodenschichte festzuhalten. Dies ist dann möglich, wenn dieser mit nicht allzu steiler Böschung ansteigt und von oberflächlichen Runsen zerfurcht ist, die sich so wie auf Bruchflächen — nur langsamer — vertiefen und vergrößern. Gelingt es, derartige Flächen mit einer geschlossenen Pflanzennarbe zu bekleiden, so wird der Witterschutt gebunden und dem Fortschreiten der Verwitterung ein Ziel gesetzt. Der Vertiefung der Regenrisse und Runsen auf solchen Felsplaiken kann durch einfache kleine Stützwerke vorgebeugt werden, hinter denen sich der Witterschutt ansammelt. Dieser bietet dann der Pflanzennarbe die Möglichkeit, festen Fuß zu fassen, sich auszubreiten und die Felsoberfläche zu schützen. Derartige Werke wird man, da ein Einschlagen von Pflöcken in den Untergrund meist nicht möglich ist, als Rauhbaumschwellen, Graßsperren, gemauerte oder hölzerne Querwerke oder mit Hilfe von Drahtschotterbehältern u. dgl. erstellen müssen; auf die Verlandungen kann man dann auch Flecht- oder Faschinenwerke stellen.

Selbstverständlich wird aber zu erwägen sein, ob die jeweiligen Standortsverhältnisse eine entsprechende Entwicklung der Vegetation, die schließlich die festgehaltene Verwitterungskruste endgültig zu binden und den Bodenschutz zu übernehmen hat, erhoffen lassen und ob sich der Aufwand für derartige Arbeiten im Hinblicke auf den zu erwartenden Erfolg lohnt.

Bei tiefgreifender Verwitterung ist selbstverständlich an derartige Maßnahmen überhaupt nicht zu denken.

Auch andere tiefgreifende Bodenbewegungen kann die Vegetationsdecke nicht zur Ruhe bringen, sie kann nur die oberflächliche Abtragung des Bodens hindern, wenn die Bedingungen für seine Standfestigkeit gegeben sind. Zu diesen gehört in erster Linie ein entsprechender Neigungswinkel der Oberfläche, der bei den Bruchflächen, namentlich an ihren Rändern, meist überschritten ist.

Überläßt man diese Bruchflächen ihrer natürlichen Entwicklung, so werden sie sich allmählich abböschen, je nach der Beschaffenheit des Materials, aber oft erst nach langer Zeit den natürlichen Böschungswinkel erreichen. Um nicht zu lange zuwarten zu müssen, greift man mitunter zur künstlichen Abböschung. Diese ist aber mit dem Übelstande verbunden, daß durch sie eine mehr oder minder große Menge lockeren Materiales erzeugt wird. Das Vorhandensein derartiger lockerer Materialmassen, die sich erst im Laufe der Zeit setzen und wieder eine gewisse Festigkeit erhalten, bedeutet stets eine Gefahr. Wenn ihr Fuß nicht vollkommen geschützt ist oder wenn sie sich bei ausgiebigen Niederschlägen mit Wasser vollsaugen, können sie leicht in Bewegung geraten und — wie dies schon vorgekommen ist — in Form eines Murganges zu Tal gehen. Oberflächliche Bodenbindungsarbeiten vermögen diese Gefahr nicht zu beseitigen. Es ist daher bei diesen künstlichen Skarpierungsarbeiten Vorsicht geboten und es empfiehlt sich meistens, der natürlichen Abböschung nicht allzusehr vorzugreifen. Diese geht langsam vor sich, das oben abbrechende Material lagert sich am Fuße der Hänge wieder an und die einzelnen Materialpartien haben Zeit, sich zu setzen und zu festigen, bevor sie mit neuen Massen überdeckt werden.

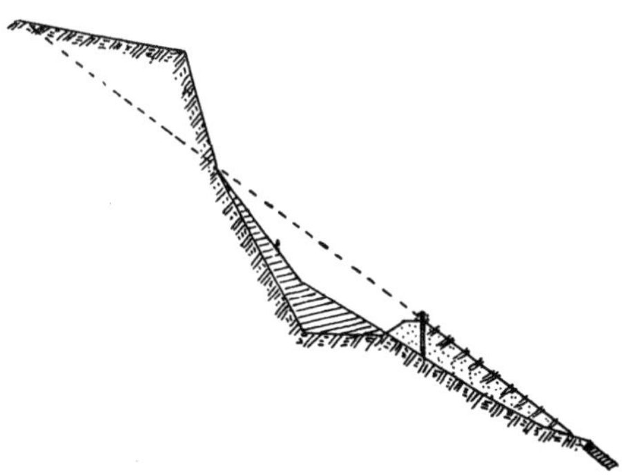

Abb. 128. Lehnenbindungsarbeiten.

Das Abwarten der natürlichen Entwicklung ist allerdings mit einem Zeitverluste für die vollständige Bodenbindung verbunden, weil auf den unfertigen Böschungen die junge Vegetation stets der Verschüttungsgefahr ausgesetzt ist. Man greift daher häufig doch zur künstlichen Abböschung, die aber nur im notwendigsten Umfange ausgeführt werden soll. Große, tief eingebettete Steine bilden eine Stütze für das Material und schützen die Vegetation unterhalb. Man soll sie nur dann entfernen, wenn man nicht darauf rechnen kann, daß sie sich in ihrer Lage zu erhalten vermögen.

Sowohl bei der natürlichen als bei der künstlichen Abböschung kommt das Material unten in einem kleineren als dem natürlichen Böschungswinkel wieder zur Ruhe. Dies ist zwar für die Stabilität des Lehnenfußes günstig, bedingt aber doch für die Stütze der Bruchränder einen Höhenverlust. Einen solchen kann man vermeiden, wenn das Böschungsmaterial am Fuße der Lehnen dammförmig aufgeworfen wird, so daß dahinter eine Berme entsteht (Abb. 128 und 129). Die

Abb. 129. Begonnene Lehnenbindungsarbeiten, Langbathbach, Ob. Österreich.

Böschung erhält eine entsprechende Neigung und kann gleich mit Vegetation verkleidet werden. Diese Dämme werden mit dem nachbrechenden Material allmählich erhöht und die Erhöhung sofort wieder gebunden. Man muß aber stets dafür sorgen, daß sich hinter diesen Dämmen keine Wasseransammlung bilden kann. Eine solche würde die Gefahr des Entstehens von Ausrissen in der neuen Böschung, eine Durchweichung des Materials und ein Ausbrechen desselben herbeiführen können.

Selbst wenn kahle Materialhänge den natürlichen Böschungswinkel keineswegs übersteigen, treten auf ihnen immer noch kleine Bodenbewegungen, Abschwemmungen, unbedeutende Rutschungen und dergleichen auf und es bilden sich Regenrisse. Diese an und für sich ziemlich bedeutungslosen Vorgänge erschweren aber das Aufkommen der Vegetation. Um ihnen vorzubeugen, dienen Flechtzäune. Die Pfähle sollen 0,8 bis 1,5 m lang, 8 bis 10 cm stark sein und werden entweder lotrecht oder bei steileren Hängen mitunter in einer Richtung eingeschlagen, die zwischen der lotrechten und der zur Böschung normalen die Mitte hält. Die Höhe der Flechtzäune soll 0,25 m nicht übersteigen; zur Verflechtung soll ausschlagfähiges Material verwendet werden und das Stockende der Flechtruten gut ins Erdreich eingebettet werden. Stehen solche nicht in genügender Menge zur Verfügung, so müssen sie durch lange tote Äste ersetzt werden, wobei die ausschlagfähigen Ruten nach der ganzen Zaunlänge gleichmäßig zu verteilen und mangels lebender Ruten die Zäune ausgiebig mit Stecklingen zu besetzen sind. Derartige Flechtzäune entwickeln sich rasch zu lebenden Hecken, die den Boden gut befestigen. Pfähle aus ausschlagfähigem Material haben sich nicht bewährt. Sie schlagen zwar aus und bewurzeln sich, werden aber durch die Flechtruten in der Entwicklung gehemmt.

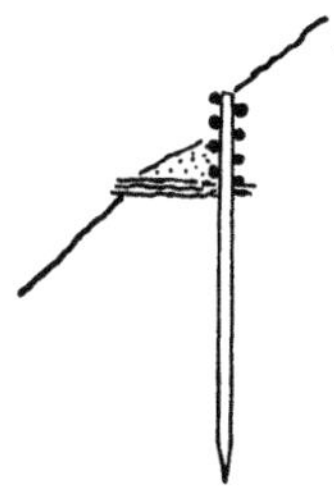

Abb. 130. Bankett, Verflechtung und Spreitlage.

Die Flechtzäune werden entweder in horizontalen Linien über die Lehne geführt oder aber schief, allenfalls kreuzweise in quadratischem oder rhombischem Verband. Die horizontalen Flechtzäune führt man entweder ununterbrochen quer über die Hänge oder man ordnet sie zwecks Ersparung mit Unterbrechungen an, derart, daß die Zäune jeder unteren Reihe die Lücken der oberen decken. Namentlich in steilen Bruchflächen legt man sehr oft zunächst horizontale Bankette nach Abb. 130 quer über die Lehnen, stellt in diesem Falle die Flechtzäune knapp an die Anschnittswand und läßt sie nur ganz wenig über das Terrain emporragen. Die Bankettsohle unter den Flechtzäunen wird oft noch mit einer Spreitlage versehen, die mit lockerem, durch die Skarpierung oder den Aushub des oberen Bankettes zu gewinnendem Material bedeckt wird. Die schiefe Entfernung der Flechtzäune voneinander wechselt je nach den Böschungsverhältnissen zwischen 1 und 3 m.

Sollen Flechtzäune das abrinnende Niederschlagswasser Gerinnen oder Schalenbauten zuleiten, so führt man sie schief über die Lehnen, sie dürfen aber nicht zu sehr von der horizontalen Richtung abweichen, da sie andernfalls unterwaschen werden können.

Kreuzweise angeordnete Flechtzäune sind bedeutend widerstandsfähiger als einfache, die in Mulden häufig durchbrochen werden, wenn sich bei heftigem Schlagregen ansehnliche Wassermengen sammeln und über die Böschung abrinnen.

An Stelle der Flechtzäune werden bei Mangel an Flechtmaterial mitunter auch Stangen, Schwartlinge u. dgl. verwendet, die durch Pflöcke festgehalten werden. Zu diesem Zwecke können auch alte Rüstbretter u. dgl. verwendet werden, die bei Bauten an abgelegenen Stellen erübrigen und nicht besser verwertet werden können. Diese Herstellungen sind aber nur dann zu empfehlen, wenn während der Dauer ihres Bestandes, die naturgemäß nur eine sehr beschränkte ist, auf eine Begrünung der betreffenden Fläche gerechnet werden kann. Sie sind gegen Steinschläge sehr empfindlich und werden durch solche noch leichter durchbrochen als selbst tote Flechtzäune.

Als Ersatz für das Flechtmaterial können auch Drahtgeflechte verwendet werden, die man an Pflöcken und Latten befestigt. Über derartige bei Meiringen im Kanton Bern ausgeführte Herstellungen hat Fankhauser[209] berichtet. Wegen des geringen Gewichtes können solche Geflechte unschwer in Hochlagen gebracht werden, wo die Beschaffung von Flechtruten oder auch nur toten Reisigs unverhältnismäßig hohe Kosten erfordern würde.

Überhaupt ist die Verflechtung der Bruchflächen eine ziemlich kostspielige Maßnahme, die sich nur lohnt, wenn es sich darum handelt, eine Lehne rasch zu binden. Andernfalls nimmt man meist lieber eine kleine Verzögerung der Begrünung und die Notwendigkeit der Wiederzufüllung von Regenrissen und sonstiger Nachbesserungen in Kauf, um die Kosten der Verflechtung zu ersparen. Dieser stehen oft auch Schwierigkeiten in bezug auf die Beschaffung der nötigen großen Mengen von Holz- und Flechtmaterial entgegen.

Man darf sich auch keineswegs der Hoffnung hingeben, daß es gelingen könne, übersteile Bruchflächen durch Verflechtungen dauernd zu binden. Um solche Flächen zu beruhigen, ist es unbedingt nötig, vorerst ein entsprechendes Böschungsverhältnis herzustellen.

Auch Bruchflächen, deren allgemeine Neigung den Böschungswinkel keineswegs übersteigt, können noch übersteile Stellen aufweisen, die einer weiteren Sicherung gegen Bodenbewegungen bedürfen. Eine solche kann geboten werden durch die Errichtung von Stützwerken (ein- oder doppelwandige Holzwerke oder Stützmauern u. dgl.). Die Anwendung von Holzbauten empfiehlt sich nur dort, wo man hoffen kann, daß bis zu ihrer Vermorschung die Vegetation soweit erstarkt ist, daß sie imstande ist, das Terrain zu binden. Dies wird unter gewissen Voraussetzungen für niedrigere Werke zutreffen. Von der Erbauung hoher, hölzerner Stützwerke in den Lehnen sollte um so mehr abgesehen werden, als sie in der Regel einem starken Wechsel von Nässe und Trockenheit unterworfen sind, daher sehr rasch vermorschen und nur schwer auswechselbar sind. Die Auswechslung niedriger Werke ist, wenn überhaupt nötig, leicht durchführbar. Man kann bei ihnen auch ausschlagfähige Ruten von Weiden, Pappeln und Erlen zwischen die Stämme bei Herstellung der Steinfüllung derart einlegen, daß sie mit einem Ende in die Erde eingebettet werden, während das freie Ende nur wenig über die Stirnwand des Baues vorragt. Derartige Stangen und Setzlinge bewurzeln sich, schlagen aus und bilden eine

Abb. 131. Bodenbindungsarbeiten, Bockwaldrunse bei Laterns. Vorarlberg.

dichte Hecke vor dem Querbau, die bis zur Vermorschung des Holzwerkes erstarkt und, wenn dieses mit einem nicht zu steilen Anzuge erbaut wurde, häufig das Stützwerk vollständig zu ersetzen vermag.

Besser als die Holzbauten eignet sich für höhere Stützwerke Mauerwerk, und zwar kommt hauptsächlich Trockenmauerwerk zur Anwendung. Bei diesen Stützwerken ist auf gute Fundierung besonders Bedacht zu nehmen, um einerseits ein tragfähiges Fundament zu erhalten, andrerseits auch der Gefahr zu begegnen, welche etwa unterhalb der Mauern eintretende Materialbewegungen durch Entblößung des Fundamentes herbeiführen könnten. Die Werke müssen imstande sein, dem

Materialdruck auf die Dauer zu widerstehen. Ein solcher stellt sich stets ein, auch wenn das Material hinter den Stützwerken gelegentlich der Werkserbauung sehr standfest scheinen sollte. Es treten wohl auf allen übersteilen Lehnen mit der Zeit geringfügige Bewegungen ein und die Folge ist ein allmählich einsetzender und wachsender Druck. Die Stützwerke dürfen daher keineswegs zu schwach gehalten, etwa nur Verkleidungsmauern sein. Man gibt ihnen zweckmäßig einen großen Anzug und muß auch durch Dohlen für den ungehinderten Wasserablauf sorgen.

Abb. 132. Lehnenbindungsarbeiten, Rivo San Pietro bei Primiero, Südtirol.

Derartige Stützwerke werden mitunter auch nötig, wenn es gilt, steilen Böschungen einen sicheren Fuß zu geben und dies durch die Sohlenhebung im Gerinne selbst nicht erzielbar ist. Sind steile Lehnen durch Fußunterwaschung angeschnitten und übersteile Bruchränder vorhanden, deren Abböschung weit in die Lehnen hinaufreichen würde, so empfiehlt es sich, dortselbst durch derartige Stützwerke der Vergrößerung der Anbrüche ein Ziel zu setzen. Ihre Anordnung muß sich nach den örtlichen Verhältnissen richten. Kleinere Stützwerke in den die Bruchfläche durchziehenden Runsen werden auch als Flechtwerkssperren, Faschinenwerke oder unter Verwendung von Drahtschotterbehältern ausgeführt, oder es werden die Runsen durch Pflasterungen oder Ausbuschungen gesichert.

Solche Ausbuschungen werden hergestellt aus Faschinenmaterial oder Ästen, und zwar entweder als fortlaufender Sohlenschutz der Runsen oder in Form von kleinen Querwerken. Bei der Herstellung letzterer wird auf die geebnete Runsensohle eine Lage von Ästen eingebracht, die bachabwärts gekehrten Stammenden werden mit einer Querlage von Stangen oder starken Ästen überdeckt, die durch Pfähle festgehalten werden, die Zweigenden mit Steinen oder Erde überdeckt. Darüber kommt dann eine weitere in gleicher Weise hergestellte Doppellage.

Die fortlaufenden Ausbuschungen, in Frankreich „*garnissage*“ genannt, werden als einfache Bettungen so ausgeführt, daß sich die Astlagen schindelartig überdecken. Die Bettungen werden durch Stangen festgehalten, die seitlich gut eingebunden und erforderlichenfalls an Pfählen befestigt werden.

J. Eisenbetonkästen.

Die verschiedenen Vorzüge, die den Holzbauten eignen, namentlich ihre Nachgiebigkeit, lösten das Bestreben aus, eine Bauweise ausfindig zu machen, welche diese Vorzüge gleichfalls besitzt, ohne den großen Nachteil der Vergänglichkeit der Holzbauten. Die Ingenieure Eugenio Miozzi und Dr. Aldo Andreocci des italienischen Genio Civile in Bozen bzw. Meran arbeiteten in diesem Bestreben eine Bauweise aus, bei der das Holz durch Eisenbetonbalken ersetzt wird[210, 211]. Diese unter Verwendung besten Zementes hergestellten Balken besitzen eine einheitliche Länge von 3,1 m, bei 0,15 m Höhe und 0,20 m Stärke und an beiden Enden je eine 10 cm weite Lochung (Abb. 133 *a*, *b*). Sie werden nach Abb. 133 *c*, *d*, *e* zu Kästen in der Weise zusammengebaut, daß die Lochungen der Längs- und Querbalken übereinander zu liegen kommen und eine lotrechte Röhre bilden. Die Verbindung der Bauglieder miteinander erfolgte ursprünglich durch Bündel aus je 4 in diese Röhre eingeführten Rundeisenstäben, die im Baue selbst je nach seiner wachsenden Höhe mit Zementmörtel umgossen wurden. Später verwendete man je zwei 18 mm starke Drahtseile zum selben Zwecke und umgoß sie mit Asphalt, wobei zwischen diesem Verguß und den Lochwandungen Zwischenräume bleiben sollen. Die Eiseneinlagen der so gebildeten Verbindungsstäbe werden oben in Eisenbetonwürfeln, die auf die Krone des Baues aufgesetzt werden, verankert; die Drahtseile, die unten mit horizontalen, den Schwerboden tragenden Rundstäben in Verbindung stehen, sollen nicht zu stark angespannt werden. Diese Rundstäbe sind 8,5 cm stark, mit je einem Drahtseil von 18 mm und je vier Rundeisen von 10 mm Stärke armiert und werden durch die Lochungen der auf die hohe Kante gestellten Eisenbetonbalken eingeschoben.

Die Eisenbetonkästen werden mit Klaubsteinen gefüllt, die seitwärts durch die Zwischenräume der Balken vorragen sollen, um diese gegen den Anprall von Geschiebe zu schützen. Die Krone der Bauten wird sorgfältig abgepflastert.

Durch entsprechendes Zusammenbauen der Bauglieder können nachgiebige Uferschutzbauten verschiedener Form, Bermen, Sperren und Grundschwellen erbaut werden; nach Belieben können diese Bauten auch durch Holz- oder Eisenbetonpiloten verstärkt werden.

Unter Verwendung solcher Eisenbetonbalken wurden im Passeyertale nach dem Hochwasser des Jahres 1927 sowohl Uferschutzbauten an der Passer, als auch Grundschwellen in einem Seitengraben ausgeführt, wobei sich die Kosten je Kubikmeter eines 4,2 m hohen und 3,1 m starken Uferschutzbaues nach Andreocci auf 56 bis 57 Lire stellten, einschließlich der Pilotierung eines Spornkopfes.

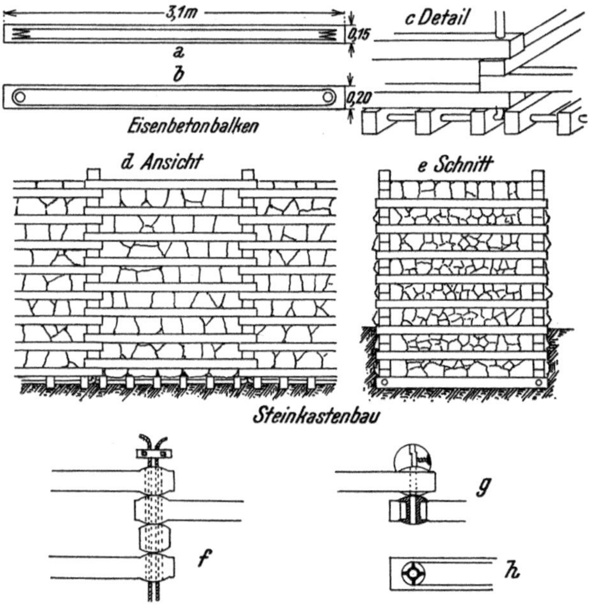

Abb. 133. Eisenbetonsteinkasten nach Ing. Andreocci.

Später empfahl Andreocci in der „Wasserkraft und Wasserwirtschaft" 1932, die Bauglieder an den Berührungsstellen nach Abb. 133 *f* vorzuwölben, um den Bauten eine größere Elastizität und Nachgiebigkeit zu verleihen. Der Herausgeber der genannten Zeitschrift, Ing. C. Reindl, München, schloß hieran den Vorschlag an, in die Enden der Bauglieder Tüllen aus schwer rostendem Metallguß einzusetzen, um das Ausbrechen des Betons zu vermeiden. Dieselben wären beiderseits kugelig zu wölben nach Abb. 133 *g*, *h*; an Stelle der Betonwürfel wären halbkugelförmig gestaltete Seilklemmen zu verwenden. Reindl hält ein Umgießen der Drahtseile, falls sie mit einem Rostschutzüberzuge versehen werden, für entbehrlich und bemerkt, daß sich hierdurch auch die Möglichkeit ergäbe, die Lochungen enger zu halten.

Die erwähnten Schutzbauten im Passeyer haben sich bei seither abgelaufenen Mittelwässern gut bewährt. Auch in der Provinz Piemont und in Deutschland soll diese Bauweise mit gutem Erfolge angewendet worden sein. Sie wird sich zweifellos in manchen Gewässern bewähren; ob diese Bauten aber auch den Angriffen reißender Wildbäche, die grobes Geschiebe in größerer Menge führen, standzuhalten vermögen, und eine ausreichende Nachgiebigkeit bei stärkeren Sohleneintiefungen besitzen, wird erst eine mehrjährige Erfahrung zeigen müssen.

K. Drahtschotterkästen.

Seit etwa 1890 wurde in Italien versucht, Uferschutzbauten durch Verwendung von Drahtnetzen auszuführen, aus denen Gefäße verschiedener Form gebildet werden, die mit Schotter gefüllt, dann ge-

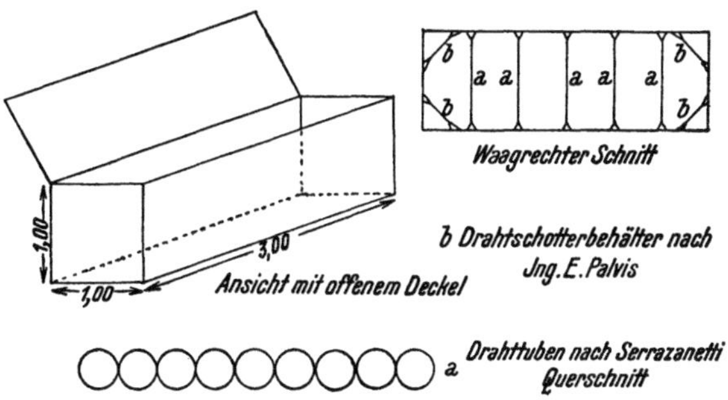

Abb. 134. Drahtschotterbehälter.

schlossen und nach Bedarf zusammengebaut werden. Diese Bauweise ist durch die Abb. 134 bis 137 veranschaulicht.

Nach dem System Serrazanetti werden aus solchen Geflechten Matratzenstücke aus aneinandergefügten Drahtnetzröhren, „Drahttuben", von 25 bis 50 cm Durchmesser und in der Regel 2 bis 3 m Höhe hergestellt (Abb. 134 *a*). Diese Stücke, von Serrazanetti *apparecchi* (Apparate) genannt, werden auf die vorbereitete Böschung aufgebracht. Die Röhren sind unten geschlossen, werden von oben mit Klaubsteinen gefüllt und dann geschlossen. Die Matratzenstücke werden mittels Draht aneinandergeheftet. Ist die Länge der Röhren zur Deckung der ganzen Böschungshöhe nicht ausreichend, so werden zwei Stücke aneinandergefügt und durch Drähte verbunden, welche vom unteren geschlossenen Rohrende durch die Steinfüllung nach oben laufen. Solche Matratzen schmiegen sich den Unebenheiten des Bodens an, sind nachgiebig und sinken bei Unterwaschungen nach. Die Matratzenstücke werden auch aus Röhren zusammengesetzt, die einen halbkreisförmigen oder rechteckigen Querschnitt besitzen, mitunter auch nicht unmittelbar aneinanderstoßen, sondern durch einfache Geflechtstreifen zusammenhängen[3].

An Stelle dieser Matratzen hat Ing. E. Palvis die Verwendung von Drahtschotterkästen (Abb. 134 *b*) vorgeschlagen, welche gewöhnlich etwa 3 m Länge und je 1 m Breite und Höhe besitzen und nach Belieben zu Querbauten, Buhnen und sonstigen Uferschutzbauten zusammengebaut werden, oder auch zur Füllung von Sickerschlitzen Verwendung finden können[212, 213].

Das Drahtgeflecht wird aus feuerverzinktem Flußeisendraht von 2 bis 4,2 mm Stärke hergestellt und zwar empfiehlt es sich, nicht das

Abb. 135. Spornbauten mit Drahtschotterbehältern, Röthgraben, Frauenweißenbach, Salzkammergut.

einfach gewundene Maschinengeflecht nach Abb. 136 *a*, sondern das doppelt gewundene Handgeflecht mit sechseckigen Maschen nach Abb. 136 *b* zu verwenden. Die Maschenweite ist verschieden, sie steigt von 5 × 7 bis auf 8 × 14 cm. Da das Füllmaterial, wenigstens soweit es am Drahtnetze unmittelbar anliegt, größer sein muß als die Maschenweite, erfordern weite Maschen ziemlich große Klaubsteine zur Füllung, die nicht immer leicht zu beschaffen sind. Das Geflecht wird von den Firmen in zusammengelegtem Zustande, und zwar auch für andere als die oben angegebenen Kastenabmessungen und -formen sowie für Platten geliefert. Die Kisten werden dann an Ort und Stelle durch Zusammennähen der Seitenwände mittels Draht gebildet, in leerem Zustande nach der Baulinie aufgestellt und gefüllt, wobei waagrechte Kreuz- und Querbänder aus Draht (Abb. 134, waagrechter Schnitt *a* u. *b*) zwischen den Seitenwänden und ähnlich angeordnete lotrechte Zugbänder zwischen Boden und Deckel angebracht werden. Nach dem Füllen werden die Deckel geschlossen und vernäht. Die einzelnen Kisten werden ebenfalls durch Drähte miteinander verbunden. Um im Innern der Bauten doppelte Drahtwände zu vermeiden, werden auch Netze für Kisten geliefert, denen eine oder zwei Seitenwände fehlen.

Weitere Formen von Drahtschottermatratzen nach Volga zeigt Abb. 137, und zwar *a* eine Matratze mit streifenweiser Drahtabsteppung, *b* eine Matratze mit taschenförmigen Gefäßen, die seitlich offen sind, sich leicht füllen lassen und nach der Füllung durch Vernähen der Deckel geschlossen werden. Auch nahtlose Drahtschotterwalzen in zylindrischer Form (Abb. 137 *c*) mit 0,8 bis 1 m Durchmesser und etwa 3 bis 5 m Länge kommen, ähnlich wie Senkfaschinen, zur Verwendung; sie eignen sich besonders zur Ausfüllung örtlicher Kolke. Alle diese Herstellungen sind patentiert; die Vertretung für Österreich und die Nachfolgestaaten hat die „Unternehmung für Berg- und Wildbachverbauung" in Klagenfurt.

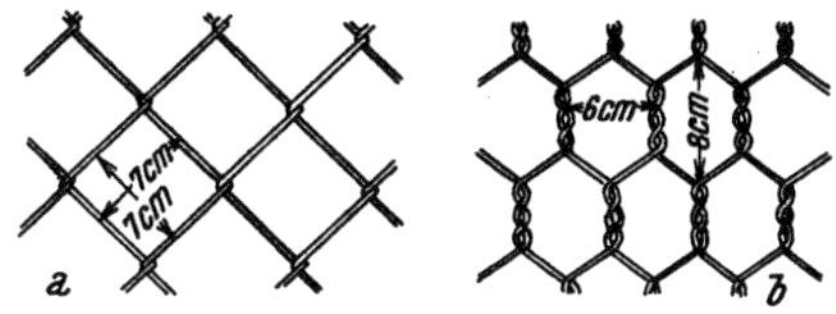

Abb. 136. Drahtgeflecht.

Die aus solchen oder ähnlichen Behältern hergestellten Bauten zeichnen sich durch ihre große Nachgiebigkeit aus; sie können bei Unterwaschungen in die entstehenden Kolke nachsinken, ohne zerstört oder von der Strömung fortgetragen zu werden. Unter der Voraussetzung, daß das Geflecht an Ort und Stelle vorrätig ist, können sie im Notfalle rasch hergestellt und damit gefährliche Kolkungen bei Bachhochwässern eingeschränkt werden. Wegen des geringen Gewichtes des Drahtgeflechtes ist dasselbe leicht bis an entfernte Baustellen zu transportieren.

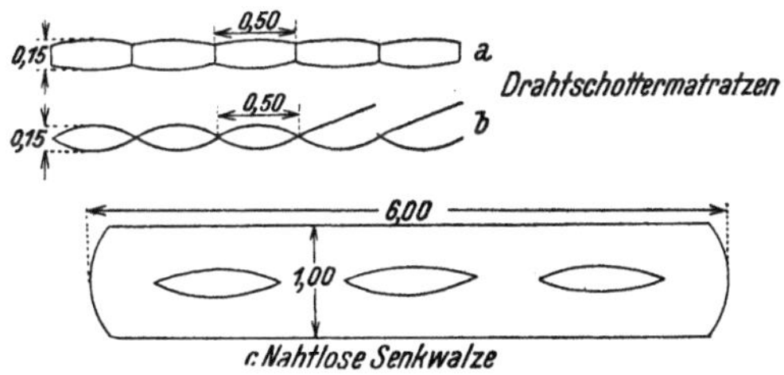

Abb. 137. Drahtschotterbehälter.

Nach vorliegenden Berichten hat diese Bauweise in vielen Ländern Eingang gefunden und wurde mit Vorteil, besonders in Flüssen, angewendet. Die bei Wildbachverbauungen in Österreich gemachten Versuche haben aber nicht durchwegs günstige Erfolge ergeben und es wurde in Bächen mit reißender Strömung und starker Geschiebeführung eine rasche Zerstörung des Geflechtes infolge Abscheuerung der Verzinkung und Durchrostens des Drahtes oder Abquetschen desselben durch Anprallen von Steinen beobachtet. In Bächen mit geringer Wassergeschwindigkeit und Geschiebeführung ist diese Bauweise gewiß unter Umständen mit gutem Erfolg anwendbar, so z. B. in hochgelegenen

Runsen und an schwer zugänglichen Baustellen, wo guter Baustein und Holz schwer zu beschaffen sind, dann auch zur Sicherung von Bauten gegen Unterkolkungen, bei zu befürchtenden Sohlenvertiefungen und zu Wehrarbeiten bei Hochwässern. Auch zur Errichtung von Querbauten in Bächen mit starkem Lehnendruck haben sie sich bewährt. Ihre Herstellung stellt sich aber nicht gerade billig und wo nicht Bedenken gegen andere Bauweisen bestehen, sind diese im allgemeinen vorzuziehen; als Provisorien sind sie gut verwendbar.

Billiger stellt sich die Verwendung gewöhnlichen Drahtgeflechtes, das an Ort und Stelle zu Bauten zusammengesetzt wird.

Achter Abschnitt.

Kulturelle und wirtschaftliche Maßnahmen.

Die kulturellen und wirtschaftlichen Maßnahmen sind äußerst wichtig; sie haben einerseits die Aufgabe, den schon in Abbruch befindlichen Boden zu beruhigen und zu festigen und andrerseits die Wasserabflußverhältnisse zu verbessern und die Erhaltung der Gebirgsgründe zu sichern. Der ersten Aufgabe dient die Begrünung jener Flächen, auf denen die Geschiebebildung stattfindet, also besonders der Bruch- und Rutschflächen, dann auch der Verlandungen u. dgl., während die Lösung der zweiten Aufgabe durch Aufforstung sonstiger Flächen und durch andere wirtschaftliche Maßnahmen angestrebt wird.

A. Begrünung der Ödflächen.

Sie umfaßt Berasungen, Bebuschungen und Aufforstungen, die den Boden rasch binden und befestigen sollen. Voraussetzung ist, daß die zu begrünende Fläche schon vorher durch bauliche Vorkehrungen gesichert wurde. Die Begrünungen bilden eine wichtige Vervollständigung dieser letzteren; kein gefährlicher Wildbach, dessen Bruchflächen noch kahl und gegen oberflächliche Abschwemmungen und Bewegungen nicht durch die Vegetation geschützt sind, kann als vollständig und dauernd beruhigt angesehen werden.

Die Erzielung eines Ertrages auf diesen Ödflächen tritt der Bodenbindung gegenüber weit in den Hintergrund und dies um so mehr, als deren Standortsverhältnisse zumeist sehr ungünstig sind und nur den genügsamsten Pflanzen eine Entwicklungsmöglichkeit bieten.

Unter den die Standortsverhältnisse mitbestimmenden Bodeneigenschaften spielen die chemische und physikalische Beschaffenheit und die Wasserführung die wichtigste Rolle. Sie werden in hervorragendem Maße von der Tätigkeit der Bodenfauna und der Bodenbakterien beeinflußt, welche den Boden lockert und zur Durchmischung seiner

Bestandteile, sowie zur chemischen Aufschließung des Mineralbodens wesentlich beiträgt.

Die Begrünungsarbeiten auf den Bruchflächen haben in dieser Hinsicht häufig mit höchst ungünstigen Verhältnissen zu kämpfen: durch die natürliche und künstliche Abböschung gelangen oft Schichten toten Erdreichs an die Oberfläche, die nur unaufgeschlossene Mineralbestandteile, aber keinen oder nur äußerst wenig Humus enthalten und der Tätigkeit der Bodenfauna und der Bodenbakterien bisher nicht zugänglich waren. Sie setzen der Entwicklung der Vegetation große Schwierigkeiten entgegen und diese kann nur schwer und langsam Fuß fassen.

Es gibt allerdings Bodenarten, auf welche solche Bedenken nur in geringem Maße zutreffen, aber in vielen Fällen bieten derartige Flächen zunächst nur den genügsamsten Pionieren der Pflanzenwelt eine Lebensmöglichkeit und es erfordert einen Zeitraum von mehreren Jahren, bis die Bodenverhältnisse sich gebessert haben. Viele Pflanzen tragen selbst zur Bodenbesserung bei, andere finden erst, wenn diese erfolgt ist, dort Gedeihen. Aus diesem Grunde ist die Erforschung der natürlichen Pflanzensukzessionen für die Begrünung der Ödflächen von größter Wichtigkeit.

Wegen der geschilderten Verhältnisse ist es auch geboten, bei den Abböschungs- und Planierungsarbeiten die auf natürlichem Wege bereits angesiedelten Sträucher, Kräuter, Rasenschöpfe u. dgl. nach Möglichkeit zu schonen. Sie bilden Mittelpunkte für die weitere Entwicklung der Pflanzennarbe, die sich von hier aus verbreiten kann. Auch die Wurzelteller etwa von den Bruchrändern abgerutschter Stämme und Stöcke, die sich im unteren Teile der Lehne wieder festgesetzt haben, ebensolche Sträucher, Rasenstücke u. dgl. bilden willkommene Stützpunkte für die Ausbreitung des Pflanzenlebens. Sie haben bessere Erde und Humus mitgerissen, halten sie auf den kahlen Schotterflächen fest und leisten auch gute Dienste zur Fixierung weiterhin abrutschenden Materials.

Eine wichtige Eigenschaft, welche die zur Bodenbindung verwendeten Pflanzen haben sollen, ist ihre Raschwüchsigkeit und die Entwicklung eines kräftigen weit ausstreichenden Wurzelsystems. Als Pflanzenarten, die geringe Ansprüche an die Bodengüte stellen und sich durch kräftige Bewurzelung auszeichnen, sind zu nennen: für lehmige und tonige Böden der Huflattich *(Tussilago farfara)*, in höheren Lagen der Alpenlattich *(Adenostyles glabra* und *albifrons)*, der Alpendrüsengriffel *(Adenostyles alpina)*, dann der Hafer *(Avena sativa)*, und die schneeige Pestwurz *(Petasites paradoxus)*, ferner auf Schotterböden und Steingeröll das Alpenleimkraut *(Silene alpina)* und der Kalkfarn *(Aspidium Robertsianum)* usw.

Den besten Bodenschutz bildet der Wald. Die Aufforstung ist daher überall anzustreben, wo auf guten Bodenschutz besonderer Wert gelegt wird und die klimatischen Verhältnisse die Entwicklung des Baumwuchses gestatten. Dieser findet bekanntlich in einer gewissen Höhenlage seine natürliche Grenze. Diese wechselt sehr stark, je nach der Lage, der Massenhebung des betreffenden Gebirgsstockes usw. Während der Baumwuchs z. B. an geschützten Stellen der Ötztaler und Ortler Alpen bis auf 2400 m hinaufreicht, findet er am Rande der Alpen bereits in 1800 bis 1900 m seine Grenze und in den mehr isolierten, rauhen Stürmen ausgesetzten Kuppen des Riesengebirges reicht er kaum auf 1200 m empor. Auf eine bedeutend größere Höhe steigen hingegen die niederen Holzgewächse, Kräuter und Gräser hinan; oberhalb der geschlossenen Waldgrenze breiten sich noch die üppigsten Alpenmatten aus. Die mit einer geschlossenen Grasnarbe bedeckten Weideböden lassen die letzten, nur noch kümmerlich vegetierenden Bäume weit hinter sich und einzelne Arten von Kräutern und Gräsern, ja sogar von Sträuchern sind in den Alpen noch in Seehöhen von über 3000 m anzutreffen.

Aber nicht nur nahe der Baumgrenze, sondern auch in den tieferen Lagen entwickeln sich die Forstpflanzen, namentlich die Nadelhölzer, nur langsam und es vergeht eine lange Reihe von Jahren, bevor sich die Aufforstungen geschlossen haben und den Boden zu schützen vermögen; auch die Entwicklung der Wurzeln ist eine langsame. Demgegenüber entwickeln sich die Gräser und Kräuter viel schneller, so daß durch die Berasung der Schutz des Bodens zwar minder vollkommen, doch viel rascher erreicht wird, als durch die Aufforstung. Die Bebuschung steht in der Mitte zwischen beiden. Oberhalb der Waldgrenze hat auch sie schon mit großen Schwierigkeiten zu kämpfen und es fällt hier die Aufgabe der oberflächlichen Bodenbindung hauptsächlich der Berasung zu.

1. Berasungen.

Die Berasung hat die Bildung einer ausdauernden geschlossenen Narbe aus nicht verholzenden Pflanzen, also aus Gräsern und Kräutern zum Ziele. Diese sollen nicht allein den Boden rasch bedecken und oberflächlich schützen, sondern auch — und darauf ist noch mehr Wert zu legen — durch Entwicklung eines kräftigen, weit ausstreichenden Wurzelgeflechtes rasch binden. Auch sollen die betreffenden Pflanzen entweder ausdauernd sein oder sich durch reichliche Samenbildung leicht vermehren.

Bei der Berasung der Bruch- und Rutschflächen ist es keineswegs Aufgabe, hochwertige Futtergräser anzusiedeln und die Flächen vielleicht in Wiesen oder gute Weiden umzuwandeln. Dies kann wohl manchmal als Nebenzweck angestrebt werden, auf den man, soweit es die Standortsverhältnisse gestatten, bei der Pflanzenauswahl Rücksicht nehmen wird. In vielen anderen Fällen ist es aber gar nicht erwünscht, auf den Bruchflächen hochwertige Futterpflanzen zu erzielen, bevor sich der Boden wieder vollständig gefestigt hat, weil es dann noch schwerer wäre, Weidevieh und Wild von diesen Flächen fernzuhalten und eine Beschädigung der noch zarten Pflanzendecke oder auch eine neuerliche Bodenverwundung durch den Tritt des schweren Viehes zu verhüten.

Auch bilden die Berasungen häufig nur ein Hilfsmittel, um die Entwicklung der anzustrebenden Bestockung mit Bäumen oder Sträuchern zu begünstigen, die den Boden noch fester bindet und festigt. Hier wird die Berasung nach dem Erstarken des Baum- oder Strauchwuchses wieder entbehrlich, die Rasendecke verliert mit zunehmender Beschattung ihre Lebensbedingungen und muß schattenertragenden Pflanzen weichen.

Die Berasung kann ausgeführt werden entweder durch Anlegen von Rasenplaggen oder durch Besamung; zur Vervollständigung wird wohl ab und zu auch zur Auspflanzung von Rhyzomen, sowie von Grasbüscheln gegriffen, die unweit der Verwendungsstelle gewonnen werden; so können die großen Büschel mancher Grasarten zerrissen und dann ausgesetzt werden.

Der Rasenbelag ist wegen der hohen Kosten, die der Transport der Plaggen verursacht, nur dort ausführbar, wo geeigneter Rasen in der Nähe der Verwendungsstelle gewonnen werden kann. Dies setzt einen geeigneten Boden voraus; am besten sind stark lehmige Böden geeignet, die den festesten Zusammenhalt geben; auf sandigen Böden gestochene Plaggen zerfallen leicht, auf Schotterboden ist eine Gewinnung nicht möglich. Die 30 bis 40 cm im Quadrate messenden, 7 bis 10 cm starken Plaggen werden in horizontalen Streifen auf den zu berasenden Hängen in vorbereiteten seichten Gräben angelegt und, wenn nötig, mittels kurzer Pflöcke an den Boden angeheftet. Eine vollständige Deckung der ganzen Fläche kommt nur ausnahmsweise und für kleine Flächen in Betracht. Die gegenseitige Entfernung der Streifen wechselt je nach der Steilheit der Lehne, der verfügbaren Menge der Plaggen usw. Als ungefähres Maß des Abstandes kann man 1 bis 3 m annehmen. Die Zwischenräume zwischen den Reihen werden besamt und allenfalls bepflanzt oder mit Stecklingen besetzt.

Mitunter werden die Plaggen auch schachbrettartig so angeordnet, daß die sich kreuzenden Reihen entweder schief oder horizontal und in der Richtung des größten Gefälles angelegt werden. Um die Bildung von Rinnen neben den Plaggen zu verhüten, sollen sich diese um einige Zentimeter übergreifen. Sind die Böschungen durch Flechtzäune befestigt, so werden die Plaggen an diese angelegt. Auf trockenen Böden und, wenn regenlose, warme Tage dem Anlegen der Rasenplaggen folgen, empfiehlt es sich, diese, um ihr Anwachsen zu begünstigen, etwa 10 Tage lang zu begießen. Sind die Rasen einmal angewachsen, so sind sie nicht mehr sehr empfindlich gegen Witterungseinflüsse, breiten sich aus und wirken stauend auf das feine Material, das bei heftigem Regen aus den ungedeckten Zwischenräumen ausgewaschen und abgeschwemmt wird.

Da man bei Anlage solcher Rasendeckungen auf das in der Nähe zu gewinnende Material angewiesen ist, hat man nicht viel Auswahl bezüglich der Pflanzenarten; man soll aber trachten, den Rasen an Stellen zu gewinnen, die ähnliche Standortsverhältnisse aufweisen wie die Verwendungsstellen.

Im Gegensatze hierzu hat man bei Besamungen zwischen verschiedenen Pflanzenarten freie Wahl und kann die Standortsverhältnisse, also Boden, Lage und Klima berücksichtigen. Über die einschlägigen Momente, die Eigenschaften der einzelnen Pflanzenarten und ihre Standortsansprüche, besonders auch über die Ausbildung des Wurzelsystems gibt Stinys Büchlein „Die Berasung und Bebuschung des Ödlandes im Gebirge“ guten Aufschluß[214].

Die Gräser zeichnen sich im allgemeinen durch leichte und rasche Keimung und große Ausbreitungsfähigkeit aus. Sie bilden Kriechtriebe, Wurzelausschläge und dichte Schöpfe und Büschel, die den Boden gut decken. Schmetterlingsblütler sind Stickstoffsammler, verbessern den Boden und sind deshalb für die Begrünung der Bruchflächen sehr wertvoll.

Nach Briot und Boitel kommen für Berasungen in erster Linie in Betracht[3]: das französische Raygras *(Avena elatior)*, der Goldhafer *(Avena flavescens)*, das Knaulgras *(Dactylis glomerata)*, der Wiesenschwingel *(Festuca pratensis)*, das Timotheusgras *(Phleum pratense)*, das englische Raygras *(Lolium perenne)*, das gemeine Rispengras *(Poa trivialis)*, das Wiesenrispengras *(Poa pratensis)*, der Wiesenfuchsschwanz *(Alopecurus pratensis)*, dann die Schmetterlingsblütler: der gemeine Wundklee *(Anthyllis vulneraria)*, die Luzerne *(Medicago sativa)*, die Hopfenluzerne oder der Hopfenklee *(Medicago lupulina)*, die Esparsette *(Onobrychis sativa)*, der Wiesenklee *(Trifolium pratense)*, der Weißklee *(Trifolium repens)*, und der Bastardklee *(Trifolium hybridum)*.

Alle diese Arten zeichnen sich durch Härte gegen Witterungseinflüsse, Anspruchslosigkeit in bezug auf Boden und Klima, Festigkeit, rasche Entwicklung und große Verbreitungsfähigkeit aus. Sie werden mit Vorteil in Mischungen angebaut, weil sich dann ein etwaiger Mißgriff in der Auswahl weniger stark geltend macht und sich die Pflanzen in bezug auf die Deckung und Bindung des Bodens in ihrer Wirkung gegenseitig ergänzen.

Eine für die Berasung besonders wertvolle Art ist die Esparsette, die rasch wächst, sich kräftig entwickelt und lange, weit ausgebreitete Wurzeln treibt. Sie kommt noch auf trockenen, steinigen, felsigen Standorten vor und dient den anderen Pflanzen zum Schutze, ist aber nicht ausdauernd. Wang verweist auch auf die guten Erfahrungen, die man in Österreich mit der veredelten Waldplatterbse (*Lathyrus silvestris*) gemacht hat. Sie entwickelt sich auf sandigen, steinigen Böden, erzeugt reichlich Samen und bildet seilartige Wurzeln, die eine Länge bis zu 10 m erreichen sollen und tief in den Boden eindringen.

Für Rutschflächen auf Kalkunterlagen haben sich nach Weinzierl[215] nachfolgende Samenmischungen bewährt, bei denen gleichzeitig auf den Futterwert Bedacht genommen ist.

Für tiefere Lagen:

Weißklee, *Trifolium repens*	10%	der Reinsaat
Schoten- oder Hornklee, *Lotus corniculatus*	15%	„ „
Schafgarbe, *Achillea millefolium*	5%	„ „
Franz. Raygras, *Avena elatior*	10%	„ „
Rohrglanzgras, *Phalaris arundinacea*	10%	„ „
Wehrlose Trespe, *Bromus inermis*	10%	„ „
Goldhafer, *Avena flavescens*	10%	„ „
Knaulgras, *Dactylis glomerata*	10%	„ „
Wiesenrispengras, *Poa pratensis*	10%	„ „
Wiesenschwingel, *Festuca pratensis*	10%	„ „

In etwas höheren Lagen:

Schotenklee, *Lotus corniculatus*	20%	„ „
Weißklee, *Trifolium repens*	10%	„ „
Hopfenklee, *Medicago lupulina*	10%	„ „
Wehrlose Trespe, *Bromus inermis*	20%	„ „
Rohrglanzgras, *Phalaris arundinacea*	10%	„ „
Franz. Raygras, *Avena elatior*	10%	„ „
Michelsches Lieschgras, *Phleum Michelii*	10%	„ „
Violettes Rispengras, *Poa violacea*	10%	„ „

Für die gewöhnlichsten Samenarten stellt sich nach Weinzierl[215] der Samenbedarf pro Hektar für Einzelsaaten wie folgt:

Rotklee	21 kg	bei	85%	Gebrauchswert
Bastardklee	13 „	„	81%	„
Weißklee	12 „	„	74%	„
Luzerne	31 „	„	85%	„
Hopfenklee	23 „	„	73%	„
Esparsette	196 „	„	69%	„
Schotenklee	15 „	„	58%	„
Englisches Raygras	55 „	„	78%	„
Französisches Raygras	66 „	„	56%	„
Goldhafer	10 „	„	52%	„

Wiesenschwingel	57 kg bei 76%	Gebrauchswert
Schafschwingel	29 „ „ 50%	„
Knaulgras	35 „ „ 64%	„
Timothegras	18 „ „ 87%	„
Honiggras	19 „ „ 52%	„
Wiesenfuchsschwanz	14 „ „ 47%	„
Wiesenrispengras	17 „ „ 51%	„
Gemeines Rispengras	18 „ „ 55%	„
Rohrglanzgras	22 „ „ 63%	„
Aufrechte Trespe	76 „ „ 53%	„
Wehrlose Trespe	71 „ „ 57%	„
Schafgarbe	14 „ „ 51%	„

Hierzu ist bei Mischung von 3 bis 6 Arten ein Zuschlag von 25%, bei mehr Arten ein solcher von 50% der Menge zu machen, der sich bei Mischungen zur Bindung von Rutschflächen auf 100%, unter ungünstigen Verhältnissen sogar noch weiter erhöht.

Stiny[214] hat zur Berasung von Ödflächen unter verschiedenen Standortsbedingungen Samenmischungen empfohlen, von denen nur die folgenden, für ungünstige Verhältnisse bestimmten Mischungen angeführt seien:

1. für arme trockene Kiesböden, in mittelwarmen bis kühlen Lagen:

Hornklee, *Lotus corniculatus*	5%	der Reinsaat
Wundklee, *Anthyllis vulneraria*	10%	„ „
Esparsette, *Onobrychis sativa*	20%	„ „
Schafgarbe, *Achillea millefolium*	10%	„ „
Königskerze, *Verbascum thapsus*	5%	„ „
Gemeine Felsennelke, *Tunica saxifraga*	5%	„ „
Klebriges Kreuzkraut, *Senecio viscosus*	5%	„ „
Deutsche Porstbirtze, *Myricaria germanica*	5%	„ „
Feld-Beifuß, *Artemisia campestris*	5%	„ „
Gemeine Quecke, *Agropyrum repens*	10%	„ „
Kahler Wiesenhafer, *Avenastrum pratense*	5%	„ „
Aufrechte Trespe, *Bromus erectus*	15%	„ „

2. für trockene Sand- und Schotterböden in wärmeren Klimaten:

Besenpfrieme, *Cytisus scoparius*	10%	der Reinsaat
Luzerne, *Medicago sativa*	20%	„ „
Silber-Reitgras, *Calamagrostis argentea*	15%	„ „
Riedgrasartiges Rauhgras, *Lasiagrostis Calamagrostis*	10%	„ „
Gelbe Lupine, *Lupinus luteus*	10%	„ „
Grünes Borstengras, *Setaria viridis*	15%	„ „
Robinie, *Robinia pseudacacia*	20%	„ „

3. für trockene Rutschflächen mit feinerem Korn:

Gemeines Straußgras, *Agrostis vulgaris*	10%	der Reinsaat
Grünerle, *Alnus viridis*	5%	„ „
Weißerle, *Alnus incana*	5%	„ „
Ruchgras, *Anthoxanthum odoratum*	8%	„ „

Gefiederte Zwenke, *Brachypodium pinnatum*	8%	der Reinsaat
Drahtschmiele, *Deschampsia flexuosa*	8%	,, ,,
Weißliche Hainsimse, *Luzula angustifolia*	6%	,, ,,
Violettes Rispengras, *Poa violacea*	10%	,, ,,
Sauerampfer, *Rumex Acetosella*	5%	,, ,,
Felsen-Leimkraut, *Silene rupestris*	10%	,, ,,
Gemeiner Gamander, *Teucrium Chamaedrys*	5%	,, ,,
Weißklee, *Trifolium repens*	10%	,, ,,
Zweizeiliger Goldhafer, *Trisetum distichophyllum*	10%	,, ,,

4. für trockene Bruchflächen in 1700 bis 2000 m Seehöhe:

Hornklee, *Lotus corniculatus* (Alpenform)	10%	der Reinsaat
Feldspitzkiel, *Oxytropis campestris*	5%	,, ,,
Bergspitzkiel, *Oxytropis montana*	5%	,, ,,
Rasiger Klee, *Trifolium Thalii*	10%	,, ,,
Alpen-Wegerich, *Plantago alpina*	6%	,, ,,
Alpen-Leinkraut, *Linaria alpina*	5%	,, ,,
Alpen-Drüsengriffel, *Adenostyles glabra*	4%	,, ,,
Brillenschötchen, *Biscutella laevigata*	2%	,, ,,
Niedrige Glockenblume, *Campanula pusilla*	3%	,, ,,
Wucherblume, *Chrysanthemum Leucanthemum*	3%	,, ,,
Bärenkraut, *Senecio abrotanifolius*	2%	,, ,,
Gemsenschwingel, *Festuca rupicaprina* auf Urgebirge, oder Hallers-Schwingel, *F. Halleri* auf Kalk	2%	,, ,,
Felsen-Windhalm, *Agrostis rupestris*	3%	,, ,,
Alpen-Lieschgras, *Phleum alpinum*	5%	,, ,,
Michelis Lieschgras, *Phleum Michellii*	5%	,, ,,
Gefiederte Zwenke, *Brachypodium pinnatum*	5%	,, ,,
Gelbe Hainsimse, *Luzula lutea* auf Urgebirge oder braune Hainsimse, *L. spadicea* auf Kalk	5%	,, ,,
Ährige Hainsimse, *Luzula spicata*	5%	,, ,,
Vielblütige Hainsimse, *Luzula multiflora*	5%	,, ,,
Steifes Hirschhaar, *Nardus stricta*	5%	,, ,,
Alpen-Goldhafer, *Trisetum alpestre*	5%	,, ,,

5. für Seehöhen von etwa 2000 bis 2300 m:

(Die eingeklammerten Namen gelten für Kalkböden.)

Campanula pusilla	2%	der Reinsaat
Carex sempervirens	3%	,, ,,
Cerastium alpinum	5%	,, ,,
Chrysanthemum alpinum	5%	,, ,,
Crepis pigmaeus (oder *C. terglovienšis*).............	2%	,, ,,
Dianthus glacialis	3%	,, ,,
Doronicum Clusii (oder *D. glaciale* bzw. *Halleri*) ...	2%	,, ,,
Dryas octopetala	3%	,, ,,
Leontodon taraxaci.............................	5%	,, ,,
Agrostis alpina................................	2%	,, ,,
Agrostis rupestris	3%	,, ,,
Poa alpina	10%	,, ,,
Avenastrum alpinum	5%	,, ,,
Avenastrum versicolor	5%	,, ,,
Helianthemum alpestre	2%	,, ,,

Helianthemum obscurum	3%	der Reinsaat
Carex rupestris	2%	„ „
Festuca Halleri (oder *F. rupicaprina*)	5%	„ „
Festuca rubra	5%	„ „
Oxyria digyna (oder *Gypsophila repens*)	5%	„ „
Hedysarum obscurum	20%	„ „
Thlaspi rotundifolium	3%	„ „

Stiny empfiehlt auch, den Samenmischungen außerdem Hafer beizugeben (etwa 100 kg pro Hektar), der in bezug auf die Bodenansprüche sehr genügsam ist und tiefe Wurzeln bildet, aber im zweiten Jahre verschwindet.

Die Samen der vorgenannten sowie anderer für Hochlagen geeigneter Arten sind in Samenhandlungen meist nicht zu erhalten, es empfiehlt sich daher, sie selbst zu sammeln, wobei man auch schon Fingerzeige darüber erhält, welche Arten in der Nachbarschaft der betreffenden Örtlichkeiten am besten gedeihen.

Sehr häufig werden auch „Heublumen“ zur Aussaat verwendet, die in der Nähe des zu berasenden Ödlandes in Heustadeln gesammelt werden. Sie enthalten viel Samen von guten Bodenbindern, die aber wenig Futterwert besitzen. Der Erfolg ihrer Aussaat ist nicht immer befriedigend.

Erfahrungsgemäß ist auf Bruchflächen mit nicht allzu ungünstigen Standortsverhältnissen auch mit der Selbstbesamung von den benachbarten Grundstücken aus zu rechnen. Dieselbe trägt wesentlich dazu bei, daß sich die Lücken der Berasung allmählich selbst schließen, wenn der Boden ruhig bleibt.

Die Saaten werden ausgeführt als Vollsaat, Streifensaat, Plätze- oder Punktsaat. Letztere eignet sich nur für besonders schwere Samen. Bei der Vollsaat wird der Samen breitwürfig ausgestreut. Bei Samenmischungen sind die Sorten verschiedenen Gewichtes gesondert auszusäen, da die Pflanzenverteilung sonst sehr leicht unregelmäßig wird.

Die Saat erfordert eine entsprechende Bodenvorbereitung, die sich bei der Vollsaat auf eine oberflächliche Lockerung der ganzen Fläche, bei Streifen- und Plätzesaat nur auf die Saatstellen selbst erstreckt. Die Punktsaat erfordert eine Bodenvorbereitung nicht, bei ihr wird das einzelne Samenkorn unter die Erde eingestuft.

Die Aussaat erfolgt am besten bei feuchtem Wetter. Es ist vorteilhaft, die Fläche nachher mit Reisig, am besten von Nadelholz, leicht zu überdecken. Dies hat den Zweck, zu starke Besonnung abzuhalten und auf leicht beweglichem Boden den Keimlingen einigen Schutz zu gewähren.

Die Saat auf beweglichen Bruchflächen läßt nur bei den sich rasch entwickelnden Pflanzen ein gutes Gelingen erhoffen; langsam wachsende Keimlinge sind hier vielen Gefahren ausgesetzt und werden leicht vernichtet. Derartige Mißerfolge sind bei den ungünstigen Verhältnissen in den Wildbächen überhaupt nicht selten, dürfen aber nicht abschrecken. Auf trockenen Böden und wenn der Saat regenlose Tage folgen, ist es zweckmäßig, die besamte Fläche zu begießen.

2. Bebuschungen.

Die Bebuschung zielt ab auf die Bodendeckung durch verholzende Pflanzen, die aber meist nur Sträucher bilden. Diese entwickeln sich rascher als die Bäume, sind den Angriffen der Stürme weniger als diese ausgesetzt und belasten den Boden nicht so stark. Eine scharfe Grenze zwischen Bebuschung und Aufforstung ist nicht zu ziehen, da zu ersterer auch Holzarten verwendet werden, die sich zu Bäumen entwickeln können und unter Umständen auch forstmäßig genutzt werden.

Die Bebuschung wird meist durch Pflanzung, und zwar entweder mittels bewurzelter Pflanzen oder mittels Stecklingen, Wurzelbrut u. dgl. ausgeführt.

Zu den Bebuschungen sind zu rechnen die weiter unten zu besprechenden Cordonpflanzungen, die Ausführung lebender Flecht- und Faschinenwerke, die Herstellung sich bewurzelnder Spreitlagen, dann von Berauhwehrungen unter Verwendung lebenden Materials usw.

Von den zur Heckenbildung verwendbaren Holzarten kommen in erster Linie in Betracht die Weiß- und für Hochlagen die Grünerle. Sie stellen geringe Ansprüche an den Boden, bilden ein kräftiges Wurzelsystem und reichliche Wurzelbrut und besitzen gute Ausschlagfähigkeit; sie sind ziemlich raschwüchsig und werden zweckmäßig auch zum Voranbau bei Aufforstungen verwendet. Die Schwarzerle stellt wesentlich höhere Ansprüche an die Tiefgründigkeit, Güte und Feuchtigkeit des Bodens. Die Erlenarten werden meist als Stummelpflanzen versetzt. Sie sind auch durch Saat zu vermehren, doch ist die Keimfähigkeit des Samens meist gering.

Von den Weidenarten sind besonders zu nennen: Die Sahlweide *(Salix Caprea)*, die weißgraue Weide *(S. incana)*, die Purpurweide *(S. purpurea)*, die kaspische Weide *(S. acutifolia)*, die kahle Weide *(S. glabra)*, die keine besonderen Bodenansprüche stellen, dann für Hochlagen die spießblättrige Weide *(S. hastata)*, die gestutztblättrige und die quendelblättrige Weide *(S. retusa* und *serpyllifolia)*, die sich besonders durch die Entwicklung langer und kräftiger Wurzeln auszeichnen, ferner noch die Alpenweiden *(S. pyrenaica, helvetica, glauca* und *myrsinites)*, dann die Gletscherweiden *(S. herbacea* und *reticulata)*.

Für tiefere Lagen und bessere Böden kommen weiter in Betracht die Silberweide *(S. alba)*, die Korbweide *(S. viminalis)*, die Ohrweide *(S. aurita)* und die Bruchweide *(S. fragilis)*.

Von den Pappelarten gehen die Schwarzpappel *(Populus nigra)* und die Aspe *(Populus tremula)* bis auf etwa 1600 bis 1800 m Höhe, während die Weißpappel *(P. alba)* früher zurückbleibt; sie treiben kräftige Wurzeln und reichliche Wurzelbrut; am wenigsten geeignet ist die Aspe, die oft bald wieder eingeht.

Der Sanddorn *(Hippophaë rhamnoides)* entwickelt sich auf mageren Böden, treibt gleichfalls weit ausstreichende Wurzeln und entwickelt reiche Wurzelbrut.

Für wärmere Lagen, die das Verbreitungsgebiet des Weinstockes nicht allzusehr überragen, und besonders für sonnige Lagen ist die Robinie *(Robinia Pseudacacia)* zu empfehlen, die mit den ärmsten und dürrsten Standorten vorliebnimmt und gleichfalls weit ausstreichende Wurzeln treibt. Sie gewährt den unter ihrem lichten Schatten heranwachsenden Pflanzen Schutz und wirkt durch ihre stickstoffspeichernden Wurzelknöllchen bodenbessernd. Zur Bodenbindung ist sie vorzüglich geeignet.

Im Gebirge verwendet man zu Bebuschungen häufig auch die rostfarbige und die behaarte Alpenrose *(Rhododendron ferrugineum* und *hirsutum)*, die bis in beträchtliche Höhen emporsteigen, aber ziemlich große Ansprüche an den Humusgehalt des Bodens stellen. Sie festigen und decken den Boden und wirken günstig auf den Wasserabfluß. Am besten lassen sie sich verpflanzen, wenn es gelingt, ganze Rasenschollen von den Bruchrändern herabzuziehen und auf den Lehnen anzulegen.

Die Bergkiefer *(Pinus montana)* wirkt bodenbefestigend, gedeiht noch ober der Kampfzone des Waldes und ist für Hochlagen zur Bodenbindung gut geeignet.

Als sehr hoch ins Gebirge steigender Strauch ist der Zwergwacholder *(Juniperus nana)* zu nennen, der den Boden gut festigt und schuttstauend wirkt. Auch die Bärentraube *(Arctostaphylus Uva ursi* und *Arct. alpina)*, die sich durch Kriechtriebe weit ausbreiten, wären zu nennen.

Bodenbefestigend wirkt ferner die deutsche Porstbirtze *(Myricaria Germanica)*, die aber an Talböden gebunden ist.

Außer den genannten kann noch eine große Zahl anderer Sträucher zur Bebuschung verwendet werden.

Finden sich auf den zu bebuschenden Flächen Laubholzsträucher vor, so erscheint es zweckmäßig, sie zunächst auf den Stock zu setzen, um einen reichlichen und kräftigen Stockausschlag zu erzeugen. Die sich hierauf entwickelnden langen Triebe kann man umbiegen, in 15 bis 20 cm tiefe Rinnen versenken und befestigen; die Zweigspitzen bleiben frei. Die Triebe bewurzeln sich dann und können später allenfalls vom Mutterstocke abgetrennt werden. Durch eine derartige Absenkerbildung kann die Bebuschung sehr gefördert werden. Besonders geeignet zur Bildung solcher Absenker ist die wilde Rose (*Rosa canina*); auch andere Straucharten, so die Himbeere und Brombeere, die aber humosen Boden beanspruchen, eignen sich hierzu.

Die Bebuschung wird vorwiegend mit Stecklingen ausgeführt, das sind etwa 20 bis 40 cm lange Abschnitte von Zweigen, Ästen und Trieben. Besitzen derartige Abschnitte eine Länge von etwa 2 m, so nennt man sie Setzreiser, bei einer Länge von 3 m und darüber Setzstangen. Zur Vermehrung durch solche Abschnitte sind nur Holzarten verwendbar, die die Fähigkeit besitzen, sich zu bewurzeln; es sind dies hauptsächlich die Weiden- und Pappelarten, aber auch die Erlen und der Sanddorn. Die Stecklinge werden am besten aus zweijährigen Zweigen und Trieben, aber auch aus älteren Ästen schon im Nachwinter oder Vorfrühling geschnitten. Hat der Safttrieb bereits begonnen, so sind sie empfindlicher und leidet ihre Reproduktionskraft. Können Stecklinge erst später als eine Woche nach ihrer Gewinnung verwendet werden, so werden sie in der Zwischenzeit an möglichst kühlen Orten, allenfalls in Kellern, in Sand oder unter Schnee aufbewahrt. In diesem Falle empfiehlt es sich, sie vor der Verwendung in Wasser einzulegen. Vor dem Versetzen sind die Schnittflächen nachzuschneiden.

Die Stecklinge sind entweder in vorgebohrte Löcher zu stecken oder in vorbereitete Bankette einzulegen und mit Erde zu bedecken. Beim Stecken ist auf Schonung der Rinde zu achten und die Erde an die Stecklinge fest anzudrücken. Diese sind so weit in die Erde zu versenken, daß nur etwa 5 cm vorschauen; sie können sich dann leichter bewurzeln und sind der Gefahr des Vertrocknens weniger ausgesetzt.

Setzreiser und Setzstangen verwendet man nur in flacheren Lagen, z. B. zur Bepflanzung von Verlandungen u. dgl. auf frischeren Böden; sie beanspruchen zu kräftigem Gedeihen mehr Bodenfeuchtigkeit.

Die Herstellung von Spreitlagen und Berauhwehrungen geschieht durch Einlegen von Zweigen und Ästen auf vorbereitete Bodenstreifen oder in seichte Gräben, und zwar entweder kreuzweise oder gleichsinnig, derart, daß bei den Spreitlagen die Enden nur wenig über die vorbereiteten Bankette vorragen. Hat man nicht genügend ausschlagfähiges Material zur Verfügung, so verwendet man auch totes Reisig, in das die lebenden Äste und Zweige tunlichst gleichmäßig verteilt werden. Die Überdeckung mit Erde darf bei Berauhwehrungen nur leicht sein.

Die Stecklingskultur zeichnet sich durch ihre Billigkeit aus. Das erforderliche Material ist verhältnismäßig leicht zu beschaffen, nicht sehr empfindlich gegen das Vertrocknen, verträgt daher weite Transporte und längeres Lagern. Die beste Zeit zur Ausführung der Stecklingskultur ist zwar das Frühjahr, doch können solche Kulturen auch zu anderen Zeiten noch mit Erfolg ausgeführt werden. Bei Trocknis und schlechtem Boden muß allerdings mit größeren Eingängen gerechnet werden als bei der Kultur mit bewurzelten Pflanzen, doch ist dieser Nachteil wohl in Kauf zu nehmen, da man bei der Stecklingspflanzung eine weit größere Pflanzenanzahl verwendet als bei jeder anderen Kultur. Die gegenseitige Entfernung der Stecklinge wählt man meist mit 60 bis 80 cm, woraus sich eine Anzahl von ungefähr 28000 bzw. 15000 Stück je Hektar Fläche berechnet.

Die Bebuschung wird vielfach nach den zuerst in Frankreich ausgearbeiteten Methoden der Cordonpflanzung ausgeführt. Demontzey[1, 193] gibt hierfür die beiden nachfolgend beschriebenen Verfahren an:

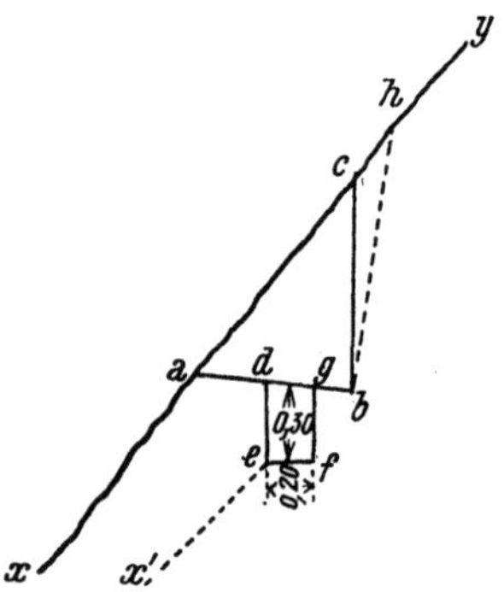

Abb. 138. Bankettherstellung.

Der Heckenanlage geht die Herstellung kleiner Fußsteige, Bankette voraus. Je steiler der Hang, desto geringer ist die Bankettbreite; je mehr der Hang zum Abrutschen geneigt ist, desto enger wird die Heckenanlage. Ist der Boden des Banketts (Abb. 138), welcher gegen die Bergseite etwas geneigt ist, zur Kultur nicht geeignet, so wird ein Teil desselben *d e f g* umgebrochen, die Erde ausgehoben und es werden in die Furche die Pflanzen sehr dicht eingesetzt. Die Böschung *bc* wird nach *bh* ausgeglichen und mit der gewonnenen Erde die Pflanzrinne ausgefüllt. Dieses Verfahren ist jedoch an und für sich auch deshalb kostspielig, weil behufs Verhinderung des Einsturzes der Böschung *bh* diese gewöhnlich durch Flechtwerke gestützt werden muß. Trotzdem haben sich bei ausgiebigen Regen häufig Bodenablösungen nach der Linie *x'e* eingestellt.

Einfacher ist das folgende Verfahren: Es seien auf der steilen Lehne *xy* der Abb. 139 in *H*, *H'* und *H''* lebende Hecken treppenförmig anzulegen. Man beginnt damit, das Bankett bei *H* nach dem Profil *abc* auszuheben, in welchem die Linie *ab* gegen den Uferhang 20 bis 30% geneigt ist, während die Böschung *bc* vertikal gehalten wird, und die Erde in den Runsengrund zu werfen. Ist dies geschehen, so legt ein Pflanzer seine Pflanzen auf die Oberfläche des Banketts derart, daß sie normal zur Grabenrichtung zu liegen kommen. Der Wurzelknoten jeder Pflanze kommt dabei etwa 10 cm nach innen von *a* gegen *b* zu liegen. Hierauf befestigt der Arbeiter die Pflanze vorläufig mit etwas Erde, die er der Böschung *bc* mit einigen Hackenschlägen entnimmt und diese so nach *db* überführt. Ein zweiter, bei *H'* aufgestellter Erdarbeiter hebt das zweite Bankett derart aus, daß ihm der Pflanzer, der die jungen Pflanzen bei *H* verteilt, in seiner Arbeit stets voraus ist. Den erhaltenen Abtrag läßt er langsam zum ersten Bankett hinabrollen. Auf diese Weise werden die auf dem unteren Bankette *abd* verteilten Pflanzen mit Erde bedeckt und das geöffnete Loch vollständig ausgefüllt. In gleicher Weise wird bei *H''* vorgegangen. Es ist auf diese Weise der Vorteil erreicht, daß, wenn man am oberen Rande des Abhanges angelangt ist, die Hecken eingepflanzt sind, ohne daß sich das Profil des Abhanges merklich geändert hat.

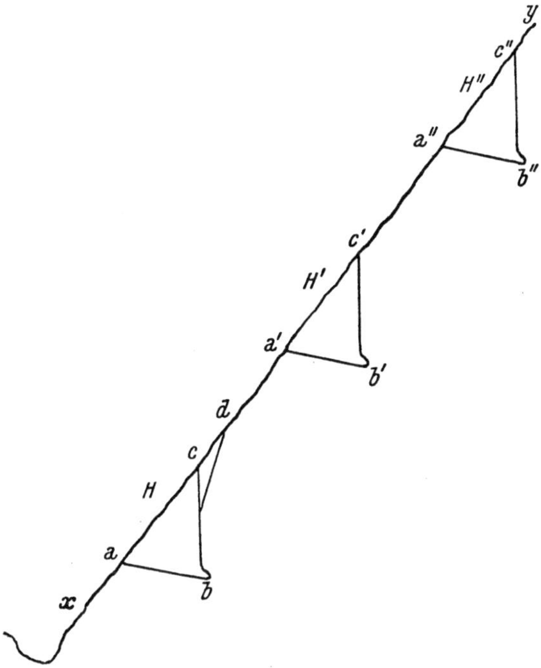

Abb. 139. Bankettherstellung.

Zur Heckenbildung verwendet man hauptsächlich Robinie, Weißdorn, Ulme, Ahorn, Hasel, Weide, Erlen, auch Hagebuttensträucher und die Briançonpflaume *(Prunus brigantiaca)*, die bis auf 2200 m ansteigt. Statt der Pflanzen können auch Stecklinge verwendet werden. Die Böschung wird dann noch besamt. Nach 2 bis 3 Jahren ist der Boden bergseits der Hecke so verwittert, daß dort auch Nadelhölzer angepflanzt werden können und sich die in Abb. 140 versinnbildlichte Entwicklung ergibt.

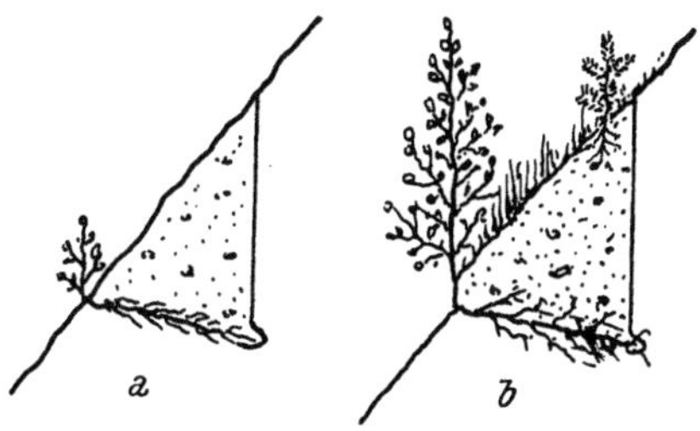

Abb. 140. Cordonpflanzung nach Couturier.

Dieses zuerst von N. Couturier angewandte und nach ihm benannte Verfahren, das auch unter dem Namen der wahren Cordonpflanzung bekannt ist, macht die Verflechtung entbehrlich und liefert sehr gute Ergebnisse.

3. Aufforstungen.

Durch die Aufforstung wird nicht allein die beste oberflächliche Deckung des Bodens erzielt, sondern die Wurzeln der Bäume gewähren ihm auch den ausgiebigsten Halt, da sie viel weiter ausstreichen und tiefer in den Boden eindringen, als die Wurzeln der Gräser und Kräuter und diese auch an Festigkeit und Zähigkeit übertreffen. Es kann zwar nicht erhofft werden, daß die Baumwurzeln der Bewegung einer mächtigen Bodenschichte Widerstand zu leisten vermöchten oder imstande

Abb. 141. Langbathbach, Salzkammergut, verbaute Bachstrecke vor Beruhigung der Bruchflächen (1901).

wären, übersteile Bruchflächen dauernd zu binden, doch kann durch die Aufforstung der Erfolg von baulichen Maßnahmen ausgebaut und gesichert werden und, wenn sich die Kulturen einmal gekräftigt haben, können sie vorher in den Lehnen ausgeführte andere Bodenbindungsarbeiten, wie kleine Stützwerke, Flechtzäune u. dgl. entbehrlich machen.

Hochstämmige Bäume bieten aber den Angriffen der Stürme einen längeren Hebelarm dar als Sträucher und können dadurch zur Lockerung des beweglichen Bodens beitragen. Sie sind der Gefahr von Windwürfen ausgesetzt, die eine Unterbrechung der Bodendecke und eine Bodenverwundung zur Folge haben. Auf beweglichen Böden ist daher keineswegs die Erziehung langschäftigen Holzes anzustreben, sondern vielmehr die Erziehung von Niederwäldern, die weiterhin den Vorteil bieten, daß sich die Bestände nach dem Abtriebe durch rasche

Entwicklung der Ausschläge aus den lebenden Stöcken bald wieder schließen, viel rascher als die Neubegründung von Beständen durch junge Pflanzen möglich ist.

Aus diesem Grunde treten die Nadelhölzer bei der Aufforstung von Bruchflächen gegenüber den Laubhölzern an Bedeutung weit zurück. Die Laubhölzer besitzen vor den Nadelhölzern auch noch den Vorzug des rascheren Wachstums, sie sind ferner widerstandsfähiger gegen Beschädigungen durch Insekten und Schnee und besitzen ein

Abb. 142. Dieselbe Bachstrecke im Jahre 1927.

größeres Reproduktionsvermögen bei Beschädigungen, die auf Bruchflächen durch Steinschlag nicht selten verursacht werden.

Die zur Aufforstung von Ödflächen zu verwendenden Holzarten müssen einerseits genügsam, anderseits tunlichst raschwüchsig sein und ein starkes Wurzelgeflecht bilden; in ihrer Jugend schutzbedürftige Holzarten eignen sich zu diesem Zwecke erst nach dem Anbau von Schutzhölzern.

Unter Hinweis auf das oben bei der Bebuschung Erwähnte sei hier neuerdings auf die besondere Eignung der Erlen und der Robinie für die Aufforstung der Bruchflächen verwiesen. Von Laubhölzern kommen zur Aufforstung von Bruchflächen unter Umständen weiter in Betracht die Birke, die Blumenesche *(Fraxinus ornus)*, die Traubeneiche *(Quercus sessiliflora)*, der Bergahorn *(Acer Pseudoplatanus)*, ferner die Ulme, Eberesche, Traubenkirsche, Hainbuche und die Elsbeere; auch die Buche kann an geschützten Stellen verwendet werden, doch sind die Buche und die Hainbuche langsamwüchsig. Von Nadelhölzern ist wegen ihrer Genügsamkeit und ihrer tiefreichenden Herzwurzeln die Föhre am besten geeignet; auch die Strobe gelangt zur Verwendung. Die Fichte bindet wegen ihrer flachen Wurzeln den Boden nicht gut, die Tanne ist in ihrer Jugend schutzbedürftig und die Lärche gedeiht nur auf durchlüftetem Boden und beansprucht ziemlich große Luftfeuchtigkeit; für Hochlagen kommt auch die Zirbe in Betracht.

Abb. 143. Teilstrecke des Schieflingbaches am Ossiachersee, Kärnten, vor der Aufforstung.

Die Aufforstung von Bruchflächen wird nahezu ausschließlich durch die Pflanzung bewerkstelligt, für die kräftige, gut entwickelte Pflanzen auszuwählen sind. Die aus den Saaten hervorgehenden jungen Keimlinge sind zu großen Gefahren ausgesetzt und gehen leicht zugrunde.

Bei der Pflanzung auf Bruchflächen u. dgl. sind die günstigsten Pflanzstellen auszuwählen, also namentlich solche, wo sich etwas bessere Erde vorfindet oder die durch Steine, Wurzelstöcke u. dgl. einen gewissen Schutz erfahren. Auf trockenen Lehnen ist namentlich die Erhaltung der Feuchtigkeit für die Entwicklung der Pflänzlinge wichtig. Diesem Zwecke dienen eine tiefe Lockerung der Pflanzlöcher und das Umgeben der Pflanzen mit Steinen, die auch die Sonnenstrahlung etwas abhalten

Auf sehr unfruchtbarem Boden wirkt die Beigabe von geringen Mengen besserer Erde in die Pflanzlöcher sehr vorteilhaft, doch ist diese Maßnahme der Kosten halber nur selten und nur in kleinem Maße anwendbar. Ähnliches trifft zu für Ballenpflanzen, deren Transport sehr kostspielig ist und die wohl nur dort verwendet werden können, wo sie in der Nähe der Pflanzstelle entweder in Forstgärten oder aus natürlichem Anfluge in Schlägen u. dgl. gewonnen werden können.

Das Gedeihen ballenloser, aber bewurzelter Pflanzen auf Bruchflächen wird sehr oft beeinträchtigt durch die Verschiedenheiten der Standortsbedingungen des Gewinnungs- und Verwendungsortes. Es ist daher darauf zu achten, daß sowohl die klimatischen Faktoren als auch die Bodenverhältnisse beider Stellen einander möglichst ähnlich sind; aus weit entlegenen Zentralforstgärten bezogene Pflanzen bieten meist keine Gewähr für ein entsprechendes Gedeihen.

Abb. 144. Dieselbe nach der Aufforstung.

Unter Umständen erscheint es zweckmäßig, nicht nur die Hänge, sondern auch die Verlandungen der Sperren zu bepflanzen. Auch hierfür sind Laubhölzer besser geeignet als Nadelhölzer. Die Verlandungen zeigen meist bessere Bodenverhältnisse als Rutschflächen und zeichnen sich durch größere Bodenfeuchtigkeit aus. Außer Erlen, Weiden und Pappeln kommen Esche, Ulme, Ahorn und auch Buche zur Verwendung, wobei die edleren Holzarten an den vor den Wasserangriffen besser geschützten Stellen angepflanzt werden. Ein Schutz gegen Wasserangriffe kann auf breiten Verlandungen dadurch erzielt werden, daß man dem Bache ein bestimmtes Rinnsal anweist, indem man aus diesem die Steine auszieht und an den künftigen Ufern anlegt. Ein solcher Schutz erstreckt sich allerdings nur auf die Mittelwässer, während bei Hochwässern eine Überflutung der Verlandung stattfindet. Um bei solchen Überflutungen die Ablagerung von Schlamm zu begünstigen, verwendet man in Frankreich das unter dem Namen marcottage bekannte Verfahren. Es besteht darin, daß man in 0,2 m breite und 0,1 m tiefe Furchen 1 bis 2 m lange Laubholzpflanzen (Weiden, Erlen, Buchen und dergleichen) derart einlegt und mittelst gabelförmiger Pflöcke befestigt, daß die Wipfel nach Zuschüttung der Gräben hervorragen[3].

Auf die Technik der Aufforstung einschließlich der Pflanzenerziehung soll hier nicht näher eingegangen werden. Sie bildet einen wichtigen Abschnitt des Waldbaues, auf den hiermit verwiesen werden muß.

B. Sonstige kulturelle und wirtschaftliche Maßnahmen.

Vom Standpunkte der Wildbachverbauung aus sind an die Bewirtschaftung der Grundstücke zwei Aufgaben zu stellen, nämlich erstens die Erhaltung und Sicherung der Gebirgsgründe und zweitens die Besserung der Wasserabflußverhältnisse. Beide Aufgaben können zusammen gelöst werden und die zu diesen Zwecken nötigen Maßnahmen stimmen großenteils überein.

1. Aufforstungen im Einzugsgebiete.

Für die Regelung des Wasserabflusses spielt die Verbesserung der Bewaldungsverhältnisse die Hauptrolle. Sie umfaßt sowohl eine Verbesserung der bestehenden Wälder, als auch die Begründung neuer Wälder durch Aufforstungen.

Gegenüber der Wirkung älterer Bestände bleibt jene junger Aufforstungen natürlich wesentlich zurück. In den ersten Jahren macht sich eine solche überhaupt nur insoweit geltend, als durch die Einstellung einer etwa früher geübten landwirtschaftlichen Nutzung auf der Aufforstungsfläche eine stärkere Humusbildung und die Entwicklung tiefer wurzelnder Stauden und Sträucher begünstigt wurde.

Die jungen Kulturen brauchen ziemlich lange Zeit — die Nadelholzaufforstungen mehr als ein Jahrzehnt — bis sich ein Kronenschluß einstellt und noch viel länger, bis die den unterirdischen Wasserablauf begünstigende Änderung der physikalischen und chemischen Bodeneigenschaften eintritt. Nach Prof. Engler[24] und Heß[166] reichen 50 bis 70 Jahre nicht hin, um dem Boden eines auf ehemaliger Weide begründeten Fichtenbestandes jenen Grad von Durchlässigkeit zu verleihen, den ältere gemischte Bestände besitzen, und Burger[136] gibt an, daß sich bei reinen Fichtenbeständen der Einfluß der Aufforstungen noch nach 50 Jahren nur in den obersten Bodenschichten geltend zu machen vermöge. Rascher tritt die Wirkung der Aufforstungen mit Zirben, Lärchen und den meisten Laubhölzern ein.

Eine weitere Verzögerung der Wirkung ergibt sich dadurch, daß, wie Burger in zutreffender Weise begründet hat, der Aufforstung von landwirtschaftlichen Grundstücken und noch mehr von Ödflächen eine Bodenvorbereitung durch Ansiedlung einer Kraut-, Stauden- und Strauchvegetation, bei Flächen, die entwässert wurden, eine Bodenruhe zwecks allmählicher Änderung der Bodeneigenschaften vorausgehen soll, wofür ebenfalls mehrere Jahre erforderlich sind. Ist die Aufforstung gelungen, so haben wir einen ziemlich gleichaltrigen Bestand vor uns, dessen Überführung in die besonders wirksame Form des Plenterwaldes neuerdings eines langen Zeitraumes bedarf. Die angestrebte Wirkung von Neuaufforstungen auf den Wasserablauf stellt sich also erst nach vielen Jahren ein.

Es ist weiter hervorzuheben, und dies wird auch von allen Forstwirten, die sich mit dieser Frage beschäftigen, besonders betont, daß eine Verflachung der Hochwasserwellen durch die Aufforstungen nur dann erhofft werden kann, wenn sich diese auf verhältnismäßig große Flächen der Einzugsgebiete erstrecken.

Den Aufforstungen sind aber verhältnismäßig enge Grenzen gezogen, einerseits durch die Höhenlage vieler Wildbachgebiete, andrerseits durch die notwendige Rücksichtnahme auf die wirtschaftlichen Verhältnisse der Bevölkerung. In ersterem Belange ist darauf zu verweisen, daß von den Wildbächen des Hochgebirges sehr häufig große Flächenanteile oberhalb der natürlichen Waldgrenze gelegen sind und daher für die Waldkultur überhaupt nicht mehr in Betracht kommen.

Aber auch abgesehen davon, ist es in der Regel untunlich, große Flächenanteile der Wildbachgebiete in Wald umzuwandeln, da hierdurch der Betrieb der Landwirtschaft unmöglich gemacht oder mindestens bedeutend erschwert und die Existenzbedingungen für die Gebirgsbevölkerung verschlechtert werden würden, während doch im Gegenteile mit allen Mitteln getrachtet werden muß, letztere auf ihrer Scholle zu erhalten.

Es wird häufig auf die schönen Erfolge verwiesen, die in Frankreich bei der Unschädlichmachung der Wildbäche durch die Hand in Hand mit den Bauherstellungen durchgeführten Aufforstungen erzielt worden sind. Diese Aufforstungen sind sehr großzügig und umfassen ausgedehnte Flächen — betragen doch die von 1860 bis 1909 nur für die Erwerbung der letzteren bewilligten Beträge 47000000 frcs. —, sie hatten aber die Entsiedlung der betreffenden Alpentäler zur Folge, deren Bevölkerung zum großen Teile nach Algier auswanderte. Es wurde deshalb der französischen Staatsforstverwaltung der Vorwurf gemacht, daß sie zum Schaden des Landes ganze Gemeinden in den Alpendepartements zum Verschwinden gebracht habe. Auch die anderwärts durchgeführten Waldneugründungen in Wildbachgebieten, welche die Erwerbung landwirtschaftlich genutzter Flächen, zum Teil auch von ganzen Bauerngütern zur Voraussetzung hatten, wurden als „Bauernlegen" bezeichnet und heftig bekämpft und dies auch dann, wenn es sich nur um minderwertige Grundstücke handelte. Daraus läßt sich schließen, wie groß der Widerstand sein würde, wenn man wirklich ausgedehnte Flächen der Landwirtschaft entziehen und aufforsten wollte, und dieser Widerstand wäre, soferne es sich nicht um Maßnahmen handelt, die im öffentlichen Interesse u n v e r m e i d l i c h sind, vollauf begründet.

A l b i s e t t i bemerkt in seiner Abhandlung „La sistemazione dei torrenti", daß von einer auf die Bewaldung der Rutsch- und Bruchflächen beschränkten Aufforstung eine entsprechende Wirkung auf den Wasserabfluß nicht zu erwarten sei, er fordert daher die Aufforstung großer Flächen, stellt aber zugleich auch die Forderung auf, daß dadurch die wirtschaftlichen Verhältnisse der Bevölkerung nicht beeinträchtigt werden dürfen, daß also für die der Landwirtschaft entzogenen Flächen, namentlich die Weiden, ein Ersatz zu bieten sei. Es wird wohl nur in seltenen Fällen möglich sein, diese beiden Forderungen gleichzeitig zu erfüllen, weil es ja in den Wildbachgräben unserer Alpen nicht allzu viele Ödflächen gibt, die dem Weidebetriebe neu gewonnen werden können, und auch Grundstücke, deren Melioration einen Ersatz für größere Aufforstungsgebiete bieten könnte, nicht leicht zu finden sein werden. Eine solche Melioration von Weideflächen wäre zudem mit einer Intensivierung des Weidebetriebes verbunden und müßte hierdurch, sowie durch das Ausreuten der Stauden und Sträucher die Bodeneigenschaften und damit den Wasserabfluß nachteilig beeinflussen und so den Erfolg der Aufforstung wieder schmälern.

Mit vorstehenden Ausführungen soll der Wert der Aufforstungen für die Besserung der Wasserabflußverhältnisse gewiß nicht bestritten, sondern nur dargetan werden, daß er beschränkt ist und die Aufforstungen nicht als ein Allheilmittel gegen Hochwasserschäden angesehen werden können, sowie daß von ihnen keine ausschlaggebende und namentlich keine rasche Wirkung auf den Wasserabfluß erhofft werden kann.

2. Bewirtschaftung der Wälder.

Die große Bedeutung, die der Wald für den Wasserabfluß und die Befestigung des Bodens besitzt, kommt naturgemäß im Gebirge am meisten zur Geltung, wo die Niederschläge und die Abflußgeschwindigkeit größer sind und wegen der Steilheit des Geländes Bodenbewegungen viel leichter eintreten als im Flachlande.

In ebenen Lagen ist es für die Abflußverhältnisse von geringerer Bedeutung, ob eine Fläche mit Wald bestockt, der landwirtschaftlichen Kultur gewidmet oder allenfalls auch öde ist, hingegen übt die Pflanzendecke auf steilen Hängen einen wesentlichen Einfluß auf die Verzögerung und den Ausgleich des Wasserabflusses aus, sie schützt den Boden vor Abschwemmung und festigt ihn. Es ist daher nicht nur die Ausdehnung, sondern auch die Verteilung des Waldes von großer Wichtigkeit und es ist günstig, daß der Wald im Gebirge im allgemeinen die steilsten, also auch am meisten gefährdeten Hänge einnimmt. Dies ist wohl in erster Linie auf die Schwierigkeit der landwirtschaftlichen Nutzung solcher Flächen oder ihre gänzliche Ungeeignetheit für eine solche zurückzuführen. Ist die Erhaltung und die pflegliche Bewirtschaftung der Wälder vom öffentlichen Standpunkte aus überhaupt geboten, so trifft dies für die Gebirgswälder ganz besonders zu, da diese einer wesentlich höheren Gefährdung ausgesetzt sind als die Forste im Flachlande.

Auch der Umstand, daß diese Wälder vielfach bis in große Höhen emporsteigen, wo sie als Schutz- und Bannwälder besondere Aufgaben zu erfüllen haben, nämlich den des Schutzes gegen Rutschungen, Lawinen, Steinschläge und das Vorrücken der Schuttmassen des Kahlgebirges gegen das Tal, verleiht ihnen eine erhöhte Bedeutung.

Das Ziel der Wirtschaft in diesen Hochlagen muß die Erhaltung und die tunlichste Verbesserung der Bodenkraft sein, die Erzielung eines Ertrages tritt gegen diese Aufgabe auch hier in den Hintergrund.

Maßgebend für die Wirkung, die der Wald auf den Abfluß und die Bodenbindung entfalten kann, sind, wie schon in Abschnitt V ausgeführt, sein Zustand und seine Bewirtschaftung. Unter sonst gleichen Verhältnissen ist die günstigste Wirkung von ungleichaltrigen gemischten Beständen zu erwarten.

Vom Standpunkte der Produktion großer Holzmassen und wertvoller Sortimente sind allerdings gleichaltrige, gut geschlossene Hochwälder vorteilhafter und es ist nicht zu verkennen, daß diese auch anderweitige Vorzüge in bezug auf die Vereinfachung der Wirtschaft, besonders der Kultur und Ernte aufweisen und daß sie auch eine bessere Übersicht gewähren; doch sind gleichaltrige Bestände durch Insekten, Stürme, Lawinen und andere Elementarschäden weit stärker gefährdet. Jedenfalls sind gemischte, ungleichaltrige Bestände für die steileren Abdachungen im Gebirge entschieden vorzuziehen.

Damit ist auch die Frage der Betriebswahl schon insoweit beantwortet, als der Kahlschlagbetrieb nach Möglichkeit ausgeschlossen werden soll; namentlich ausgedehnte Kahlschläge sind zu vermeiden.

Abgesehen von der Gleichaltrigkeit der zu begründenden Bestände haben die Kahlschläge auch sonst große Nachteile, indem durch sie den Schlagflächen jeder Schutz entzogen und der Wasserhaushalt des Bodens empfindlich gestört wird. Durch die Schlägerung und Ablieferung der anfallenden großen Holzmengen wird häufig der Boden verwundet und aufgerissen und die Bildung von Runsen, Wasserrissen und Rutschungen eingeleitet. Die freigelegte Humusschichte wird den Einwirkungen der Sonne ausgesetzt, zersetzt sich rasch und verschwindet in trockenen, sonnigen Lagen, so daß der Mineralboden freigelegt wird. Erst allmählich bildet sich auf diesen Flächen wiederum eine zunächst aus Gräsern, Kräutern und Stauden bestehende Vegetationsdecke. Hierzu kommt, daß die Wiederaufforstung mitunter großen Schwierigkeiten begegnet, so daß es oft jahrzehntelanger mühsamer Kulturarbeit bedarf, um die Schlagflächen wieder in Bestand zu bringen.

Auf Flächen, die zur Verkarstung oder zu sonstiger Verödung neigen oder dem Aufkommen des jungen Waldes voraussichtlich Schwierigkeiten entgegensetzen, ist besondere Vorsicht bei Schlägerungen geboten.

Die Bodenkraft leidet einerseits durch mangelnden Bestandesschluß, andrerseits in feuchten kühlen Lagen durch zu starke Beschattung. Der mangelnde Schluß hat bei Fehlen schützenden Unterholzes eine Aufzehrung der Humusdecke, eine Verarmung und Verhagerung des Bodens zur Folge, während zu dichte Beschattung und mangelnder Luftzutritt zum Boden in Fichten- und Buchenwäldern in feuchten kalten Lagen Anlaß zur Bildung oft mächtiger, für den Wasserabfluß und die Vegetation schädlicher Rohhumuslagen geben. Dieser Gefahr wäre durch entsprechende Bestandesmischung und eine rechtzeitige, mäßige Durchlichtung vorzubeugen.

Nur wenige Schattenholzarten, wie Fichte, Tanne und Buche, bieten in reinen Beständen dem Boden genügenden Schutz; namentlich in höherem Alter stellen sich die reinen Bestände der meisten Holzarten so licht, daß der Boden nicht mehr voll geschützt wird.

Die natürliche Verjüngung erfordert kräftige Samenbäume. In überalterten Beständen ist auf einen sich freudig entwickelnden Nachwuchs kaum mehr zu rechnen und dies um so weniger, wenn die Standortverhältnisse ungünstig sind. So sehr es geboten ist, in Hochlagen die Bestände zu schonen und übermäßige Nutzungen zu vermeiden, ist doch zu bedenken, daß die Produktion keimkräftigen Samens von Bäumen, die selbst schon dem Absterben nahe sind, nicht mehr zu erwarten ist. Es soll daher auf eine rechtzeitige Verjüngung der Bestände, namentlich der schon nahe der Waldgrenze gelegenen, hingewirkt werden. Diese Aufgabe gehört allerdings zu den schwierigsten, die der Forstmann im Hochgebirge zu lösen hat.

Von den schädlichsten Folgen für den Wald begleitet sind übermäßige Nebennutzungen. Dies trifft ganz besonders für die Streunutzung und in etwas geringerem Maße auch für die Waldweide zu.

Im Gebirge, namentlich in den Hochlagen, tritt der Körnerbau ganz in den Hintergrund, während die Viehzucht intensiv betrieben wird. Dies bringt einen großen Bedarf an Streu mit sich, der mit dem geringen Anfalle von Stroh — soweit dieses nicht etwa zur Fütterung verwendet wird — nicht gedeckt werden kann. Der Bergbauer sucht daher den Abgang anderweitig, und zwar in erster Linie aus dem Walde zu decken, in welchem er Laub-, Ast- und Bodenstreu gewinnt.

Die Gewinnung von Laubstreu — insoweit sich diese auf das in Gräben, Mulden, Hohlwegen u. dgl. vom Winde zusammengewehte Laub beschränkt — ist ziemlich unschädlich, kommt aber für das Hochgebirge, woselbst die Laubhölzer den Nadelhölzern gegenüber weit zurücktreten, kaum in Betracht; hingegen spielt hier die Gewinnung von Nadelholz-Aststreu in vielen Tälern eine große Rolle. Sie geschieht sowohl an gefällten als auch, durch Schneitelung, an lebenden Stämmen. Die erstere schädigt zwar den Bestand nicht, wirkt aber auf den Boden insoferne schädlich ein, als ihm die in den Nadeln und Zweigspitzen angereicherten mineralischen Nährstoffe entzogen werden und der Schutz verloren geht, den ihm die im Walde verbleibenden Äste und Zweige sonst bieten würden. Ähnliches trifft zu für die Schneitelung der demnächst zur Fällung gelangenden Stämme.

Außerordentlich schädlich ist hingegen die Gewinnung von Schneitelstreu an Stämmen, welche noch weiter wachsen sollen. Sie ist namentlich im östlichen Teile Tirols, in Salzburg und Oberkärnten stark verbreitet, aber auch hier im Rückgange begriffen. Sie erstreckt sich hauptsächlich auf Fichten und Tannen, die schon von 30 bis 40 Jahren an und dann in 8- bis 10jährigem Turnus bis nahe zum Gipfel entastet werden. Die Schneitelstreugewinnung ist sowohl für den Boden als auch für die Bestände selbst von größtem Schaden, hat nicht nur Zuwachsverluste, sondern auch eine Entwertung des stehenden Holzes zur Folge und beeinflußt auch die Verjüngung und den Bodenzustand in ungünstigster Weise.

Sehr bedenklich ist ferner die Gewinnung von Bodenstreu, wenn sie sich nicht in sehr mäßigen Grenzen hält. Als Bodenstreu kommt außer dem Laub- und Nadelabfall auch die lebende Bodendecke, also der Überzug von Moos, Heidekraut, Heide und Vacciniumarten in Betracht; vielfach wird sogar auch der Humus mit der lebenden Bodendecke geworben und als Streu verwendet. Die Entfernung dieser Bodendecke schädigt den Boden und sein Retentionsvermögen, bewirkt namentlich bei öfterer Wiederholung seine Verarmung und beeinträchtigt den Zuwachs; sie hat eine Verhärtung des Bodens und seinen Abschluß gegen die Luft zur Folge und führt zum Kümmern der Bestände, unter Umständen sogar zu ihrem Absterben. Nach Guttenberg[216] wurden sowohl in Deutschland als in Österreich durch übermäßige Bodenstreunutzung bedeutende Waldstrecken von vorzüglichen Laubholzstandorten zu elenden Kiefernböden herabgebracht. Leiden mithin auch gute Böden durch übermäßige Streuentnahme, so hat auf steilen, sonnigen Hängen und auf von Haus aus armen Böden schon die Gewinnung geringer Streumengen eine rasche Erschöpfung der Bodenkraft zur Folge.

Bei mächtigen Lagen von Rohhumus ist dessen teilweise Entfernung unschädlich, ebenso ist eine mäßige und nicht zu oft wiederholte Entnahme von Mähstreu, als welche Farnkräuter einen großen Wert haben, dann von Ginster, Heidelbeergestrüpp u. dgl. mit einer pfleglichen Waldbehandlung wohl vereinbar.

Besonders schädlich wirkt die gleichzeitige Entnahme von Schneitel- und Bodenstreu auf die Bestände; sie führt rasch zur Verödung.

Zwecks Einschränkung der Waldstreugewinnung ist die Einführung von anderen Streumitteln anzustreben; als solche kommen in Betracht Sägespäne, Holzwolle, allenfalls auch feiner Sand und als wertvollstes die Torfstreu.

In Gebirgswaldungen spielt ferner die Waldweide eine große Rolle. Innerhalb mäßiger Grenzen und unter gewissen Vorsichtsmaßregeln ist sie für den Wald ohne besonderen Nachteil erträglich; sie ist aber schädlich in den in Verjüngung begriffenen Beständen, da sie das Aufkommen des Jungwuchses unmöglich macht oder doch bedeutend erschwert. Besonders trifft dies für den obersten Waldgürtel zu, wo die Waldvegetation mit den ungünstigen klimatischen und Bodenverhältnissen ohnedies schwer zu kämpfen hat. Das Herabdrücken der Waldgrenze im Hochgebirge ist vielfach auf die Weide zurückzuführen, die das Aufkommen des Nachwuchses unmöglich gemacht hat. In steilen Lagen gefährdet der Tritt des Großviehs den Boden und bei nassem Wetter wird namentlich auf weichem Boden auch dessen Struktur ungünstig beeinflußt. Das Kleinvieh, ganz besonders die Ziege, schadet hingegen durch Verbeißen. Sowohl in Südtirol als namentlich in den Mittelmeerländern ist die Entwaldung und Devastierung großer Flächen hauptsächlich auf übermäßige Beweidung zurückzuführen.

In der Kampfzone des Waldes wäre daher vom forstlichen Standpunkte aus die Einstellung der Weide erwünscht; eine solche ist aber unmöglich, da der Gebirgsbauer in den meisten Fällen für sein Vieh auf die Waldweide angewiesen ist. Der Forstmann kann sich daher gegen diese nicht vollständig ablehnend verhalten, er hat vielmehr die Aufgabe, eine entsprechende Regelung des Weidebetriebes und eine tunlichste Einschränkung der Weideschäden im Walde anzustreben. Zu diesem Zwecke empfiehlt sich die Festsetzung bestimmter Höchstzahlen für das Weidevieh, die Bestellung verläßlicher Hirten, ein regelmäßiger Wechsel der Weideflächen, die Ausschließung der in Verjüngung begriffenen Bestände und der Kulturflächen, dann der steilen rutschgefährlichen Hänge von der Beweidung und das Verbot dieser letzteren bei nassem Wetter auf weichem Boden.

Kulturflächen sollen wenn möglich abgezäunt werden; ist das Abhalten des Viehes von den Kulturflächen nicht möglich, so sind die Pflanzen wenigstens durch Verpflockung zu schützen.

In manchen Tälern hat die Gewinnung von Latschenöl aus den Zweigen der Krummholzkiefer, zumal sie einen sehr großen Anfall an solchen voraussetzt, zu ausgedehnten Schlägerungen geführt. Diese wirken auf sonnigen Hängen um so verderblicher, wenn die Krummholzbestände, wie dies sehr oft der Fall ist, Kalkschutthalden bedeckten, die wasserlos sind und nur eine äußerst schwache Humusdecke besitzen, welche nach dem Waldabtriebe in der Sonne verbrennt. Hierdurch wird die Wiederentwicklung einer Pflanzendecke erschwert, ja mitunter für geraume Zeit unmöglich gemacht und die jedes Schutzes beraubten Lehnen können der Zerfurchung und Runsenbildung oft keinen ausreichenden Widerstand mehr leisten.

Den anderen Nebennutzungen kommt eine wesentlich geringere Bedeutung zu. Zu nennen ist noch die Harznutzung, die an Kiefern, namentlich an der Schwarzkiefer, dann auch an Fichten und Lärchen geübt wird. Sie ist ohne Einfluß auf den Boden, eine übermäßige Nutzung und namentlich eine solche an jungen Stämmen aber schädigt diese und damit auch die Bestände und drückt unter Umständen den Wert des Holzes herab.

Der Waldfeldbau, beruhend auf einem Wechsel von Wald- und Ackerbau und Weidewirtschaft (die sogenannte Brandwirtschaft in Steiermark, die Reutholzwirtschaft in manchen Gegenden der Schweiz und der Hackwaldbetrieb im Schwarzwalde), hat gegenwärtig wohl nicht mehr jene Bedeutung, die ihm in früherer Zeit zugekommen ist. Er führt zur Verarmung und zum Abschlusse des Bodens, welche schädlichen Wirkungen sich mitunter erst nach Jahren in vollem Maße geltend machen; auch beeinflußt er den Wasserabfluß in ungünstiger Weise.

Zu den Maßnahmen, welche einen entsprechenden Waldzustand sichern sollen, gehören weiter das Verbot von Rodungen, die Sorge für die Wiederaufforstung kahler Flächen und die Verjüngung gelichteter Bestände, allenfalls der Unterbau von Bodenschutzhölzern u. dgl., die Sorge für eine schonende Ablieferung des geschlagenen Holzes unter tunlichster Vermeidung von Bodenverwundungen, die Versicherung der trotz aller Vorsicht doch entstandenen Verwundungen mittels Flechtzäunen, Ausbuschungen, wenn nötig auch kleinen Schalen, Stützwerken usw. Bringungsanlagen sind so zu erstellen und zu erhalten, daß sie nicht etwa Bodenbewegungen auslösen; es sind daher größere Anschnitte womöglich zu vermeiden, sonst aber zu versichern. Erfolgt die Holzlieferung zu Wasser, so sind die Triftanlagen in entsprechendem Zustande zu erhalten, gefährdete Uferstellen zu schützen. Besonders gefährlich kann die Trift mittels Klauswässern werden. Derartige künstlich hervorgerufene Hochwässer, die noch dazu große Holzmengen mit sich führen, greifen nicht geschützte Ufer leicht an und versetzen sie in Abbruch.

Es soll damit keineswegs die Trift als unter allen Umständen unzulässig oder schädlich bezeichnet werden; es kann im Gegenteile sogar Fälle geben, in denen sie für die Bachverhältnisse eher günstig wirkt. Dies trifft für Bäche zu, denen durch die Verwitterung große

Mengen von Schutt zugeführt werden. Durch eine alljährlich oder periodisch durchgeführte Trift mit Klauswässern wird die mehrjährige Ansammlung von Witterschutt in solchen Gerinnen verhindert und dieser in kleinen Teilmengen und daher unschädlich abgeführt.

Zu den Maßnahmen der Waldpflege gehört ferner der Forstschutz in vollem Umfange, besonders die Abhaltung von Schäden am Bestande. In dieser Hinsicht ist eine der wichtigsten Aufgaben der Schutz gegen Sturmschäden. Er umfaßt nicht allein den Schutz der Bestände vor Windangriffen, sondern auch die Erziehung möglichst sturmfester Bestände. Der letztere Zweck wird angestrebt durch eine entsprechende Auswahl der Holzarten, durch Begründung gemischter Bestände, durch Vermeidung einer zu dichten Bestockung und durch Erziehung von starken Waldmänteln, sowohl gegen das Freiland als auch längs frei zu haltender Wirtschaftsstreifen und Schneisen gegen Nachbarbestände. Dem Schutz gegen Windangriffe dienen eine gegen die gefährliche Windrichtung vorwärts schreitende Schlagführung, vorbereitende Loshiebe und die Schonung von Windmänteln beim Fällungsbetriebe, endlich eine vorsichtige Holzauszeige im Femelschlag- und Plenterwalde. Ein kräftiger Waldmantel, an dem sich der Wind bricht, schützt auch bis zu einem gewissen Grade die Bäume gegen zu starke, auf ständige Winde zurückzuführende Verdunstung.

Begünstigt wird das Auftreten von Windwürfen durch eine starke Vernässung des Bodens, die die Baumwurzeln ihres Haltes beraubt. Dieser Gefahr soll durch Entwässerungsarbeiten vorgebeugt werden.

Es würde zu weit führen, auf die Maßnahmen zum Schutze gegen sonstige Elementarschäden, gegen Insekten- und Pilzschäden, gegen Beschädigungen durch Menschen und Tiere usw. sowie auf die ungünstigen Einflüsse starker Servitutsbelastung, die Schädlichkeit der Waldteilungen und die verderblichen Folgen der Güterschlächterei einzugehen. Es sei aber noch kurz auf die Wichtigkeit einer planmäßigen geregelten Wirtschaft, also bei großen Forsten einer Betriebseinrichtung, bei kleineren wenigstens eines Wirtschaftsplanes, sowie darauf hingewiesen, daß die schonende Behandlung und Pflege der Wälder nicht allein durch gesetzliche Maßnahmen und durch eine ausreichende Beförsterung, sondern auch durch entsprechende Aufklärung und Belehrung sowohl der Waldbesitzer, als auch der Gesamtbevölkerung zu erwirken wäre.

3. Bewirtschaftung landwirtschaftlicher Grundstücke.

Die Erhaltung und Festigung der Gebirgsgründe muß sich auch auf den nicht der Holzzucht gewidmeten Boden erstrecken, sei es, daß dieser oberhalb der natürlichen Waldgrenze gelegen ist, sei es, daß er unterhalb dieser Grenze der Landwirtschaft dient.

Der Ackerbau schützt und festigt den Boden nicht, im Gegenteile wird dieser alljährlich umgebrochen und oberflächlich aufgerissen und die Pflanzendecke dadurch vollständig zerstört. Die zum Anbaue gelangenden Ackergewächse sind zum weitaus überwiegenden Teile einjährig, sie können daher kein so gutes Wurzelgeflecht bilden wie die mehrjährigen Pflanzen der Wiesen und Weiden. Sie decken den Boden auch oberflächlich weit weniger gut und nur bis zur Ernte und sind nicht imstande, oberflächliche Abschwemmungen zu verhindern.

Es ist ja bekannt, daß diese Abschwemmungen den Gebirgsbauern zwingen, alljährlich vor dem Anbaue der steilen Äcker die fruchtbare Erde, die abgeschwemmt wurde und sich am unteren Rande der Äcker angesammelt hat, mit schwerer Mühe wieder zum oberen Rande hinauf zu schaffen und dort auszubreiten, um den Ackerboden zu erhalten.

Außer diesen oberflächlichen Abschwemmungen, die durch gewöhnliche Regenfälle verursacht werden, entstehen bei heftigen Platz- und Sturzregen auch oft Runsen, die die steilen Äcker in der Richtung des stärksten Gefälles durchfurchen und den unaufgeschlossenen Mineralboden bloßlegen.

In manchen Gegenden, wo mangels sanft geneigter Flächen der Ackerbau auch auf steilen Lehnen betrieben werden muß, hilft man dem erwähnten Übelstande durch eine Terrassierung der betreffenden Hänge mittels Mauern wenigstens zum Teil ab.

Die Ackerböden nehmen in der Regel nur oberflächlich, soweit sie durch den Pflug gelockert werden, Wasser auf; der Untergrund ist wegen der dichten Pflugsohle zumeist nicht wasseraufnahmsfähig, so daß der Wasserabfluß vorwiegend oberflächlich stattfindet. Für den Wasserabfluß und die Bodenbindung ist der Ackerbau daher wertlos und seine Ausdehnung auf Kosten anderer Kulturarten auf steilen Lehnen nicht erwünscht. Es ist also anzustreben, daß er auf jene Flächen beschränkt bleibe, woselbst die sanftere Bodenneigung eine oberflächliche Bodenabschwemmung und Runsenbildung verhindert oder wenigstens wesentlich einschränkt, daß also steile und solche Flächen, die zu Bodenbewegungen hinneigen, nicht in Äcker umgewandelt werden.

Die Wiesen und Weideflächen besitzen eine geschlossene Pflanzennarbe, die sich zum überwiegenden Teile aus mehrjährigen Gräsern und Kräutern zusammensetzt (und im Gegensatze zu den Äckern) ständig erhalten bleibt. Infolgedessen schützt diese Pflanzendecke den Boden sowohl durch die sich alljährlich erneuernden oberirdischen Stengel, Blätter und Zweige, als auch durch ein dichtes, ausdauerndes Wurzelgeflecht, das allerdings nicht tief in den Boden eindringt, sondern sich in diesem nur oberflächlich verbreitet. Diese Pflanzendecke besitzt auch ein beträchtliches Retentionsvermögen, das aber nach dem jeweiligen Entwicklungsstande der Vegetation sehr stark schwankt und nach der Heumahd auf ein sehr geringes Maß herabsinkt. Auf den Weideflächen sind die Schwankungen des Retentionsvermögens geringer und wird die Versickerung durch tiefer wurzelnde Sträucher begünstigt.

Der Wiesenbau legt natürlich den größten Wert auf die Produktion hochwertiger Futtergräser und Kräuter. Es werden daher die Wiesen mit Ausnahme der eine lichte Bestockung mit Lärchen aufweisenden „Lärchwiesen", wie sie in manchen Gebirgsgegenden vorkommen, vom Baum- und Strauchwuchs freigehalten und das Aufkommen eines solchen nur an Bachufern, an Besitzgrenzen oder auf bestimmten als Windschutz dienenden Streifen geduldet.

Je üppiger die Vegetation, desto günstiger wirkt sie auf den Wasserablauf; Maßnahmen zur Hebung des Ertrages, wie z. B. die Düngung, sind auch vom Standpunkte der Wildbachverbauung aus daher nur zu begrüßen.

Zu ihrem guten Gedeihen brauchen die Wiesenpflanzen während der Vegetationszeit sehr große Wassermengen, in vielen Gegenden wesentlich mehr als ihnen durch den Regen zugeführt wird. Der Abgang wird durch eine Bewässerung ersetzt, ohne die in warmen, niederschlagsarmen Gegenden der Wiesenbau überhaupt ausgeschlossen wäre. Dieser Bewässerung dient oft ein gut ausgebildetes Bewässerungsnetz, mitunter aber auch nur ein höchst primitiver und nicht in genügender Weise versicherter Graben, ein Holzgerinne u. dgl., die das Wasser eines Baches oder einer Quelle zuleiten. Im Gebirge und an steilen Lehnen sind diese Anlagen häufig der Gefahr von Steinschlägen, Rutschungen usw. ausgesetzt, werden unterbrochen und das an der Bruchstelle austretende Wasser richtet oft bedeutende Schäden an. Sehr häufig ist auch für die geeignete Ableitung des überschüssigen Bewässerungswassers nicht vorgesorgt; dieses Wasser versickert oft an Stellen, wo es den Boden aufweichen und Rutschungen auslösen kann. Ähnliches trifft auch für das Abwasser der Brunnen zu. Auf diese Wasserleitungen und deren tadellose Instandhaltung ist daher ein besonderes Augenmerk zu richten. Nicht minder von Wichtigkeit ist es, daß jedes Übermaß der Bewässerung vermieden werde. Zahlreiche Blattanbrüche auf steilen Wiesenflächen sind nur infolge übermäßiger Bewässerung oder mangelnder Wasserableitung entstanden; die Vermeidung und Abstellung dieser Mißbräuche ist mithin sowohl im Interesse des Grundbesitzers selbst, als in jenem des Bodenschutzes gelegen. Wichtig ist auch die Entwässerung versumpfter Flächen.

Die Gras- und Krautvegetation steigt im Gebirge hoch über die Waldgrenze empor. An die geschlossenen Wälder schließt sich hier zunächst die Kampfzone des Waldes an, in der sich der Wald in Baumgruppen und schließlich in einzelne Bäume auflöst; an die Stelle des Waldes treten Mähder und Weideflächen. Diese Region ist durch eine mit der steigenden Seehöhe immer kürzer werdende Vegetationszeit gekennzeichnet und der Alpwirtschaft gewidmet.

Im Interesse der Bodenbefestigung ist es gelegen, hier die Pflanzennarbe geschlossen zu erhalten, Entblößungen des Bodens nach Möglichkeit zu vermeiden und etwa entstandene sobald als möglich wieder mit Vegetation zu bekleiden.

Auf den Alpflächen kommt dem Windschutz durch Baumgruppen, Waldstreifen u. dgl., ja unter Umständen sogar durch eine richtig verteilte Strauchvegetation große Bedeutung für die Entwicklung der Futtergräser zu. Eine solche örtliche Bestockung gewährt auch dem Vieh Zuflucht bei zu starker Hitze und bei Unwetter. Die Wytweiden der Schweiz sind derartige örtlich bestockte Weiden, auf denen eine zweckentsprechende Verbindung zwischen der Holzzucht und der Almwirtschaft angestrebt wird. Auf ihnen bleibt die Bestockung nicht ständig auf derselben Stelle, sondern sie wandert langsam aber stetig über die ganze Fläche, schließt den Boden auf und verbessert ihn. Das Einwandern von Bäumen in eine verhagerte Weide sollte mit Rücksicht auf die zu erwartende Bodenverbesserung nicht verhindert, sondern vielmehr als natürlicher Kulturwechsel begünstigt werden.

Der Pflanzenbestand der Alpweide setzt sich zum überwiegenden Teile aus Arten zusammen, die sich nicht durch Samen, sondern auf vegetativem Wege fortpflanzen. Durch das Abweiden werden die Pflanzen ihrer Assimilationsorgane beraubt und diese müssen sich aus den Reservestoffen, die in den Wurzeln angesammelt sind, neu bilden. Diese Reservestoffe werden in kurzer Zeit aufgezehrt, wenn den Pflanzen nicht Zeit gelassen wird, sie durch die Tätigkeit der neu gebildeten Triebe und Blätter zu ersetzen. Aus diesem Grunde ist eine übermäßig starke Beweidung äußerst schädlich und empfiehlt es sich, keine größere Anzahl von Weidevieh aufzutreiben, als ausreichende Nahrung finden kann. Es ist auch sehr wichtig, daß der Auftrieb des Viehes erst erfolgt, nachdem die Vegetation schon weit genug entwickelt ist.

Der oben angeführte Grund macht auch einen entsprechenden Weidewechsel und die vorübergehende, abwechselnde Inschonungslegung einzelner Teile der Fläche nötig.

Sehr nachteilig wirkt der Tritt des schweren Viehes auf durch längeren Regen durchweichten Lehmboden. In regenreichen Gegenden kommt es vor, daß durch das Weidevieh nicht nur horizontale Wege quer über die Alpsflächen ausgetreten werden, sondern diese Wege vertiefen sich allmählich zu Gräben, in denen sich das Wasser sammelt und die bei starker Beweidung immer tiefer einschneiden. Es gibt einzelne Alpen, auf denen ein großer Teil der Fläche mit derartigen Furchen durchzogen ist, die mühsam wieder eingeebnet und neu berast werden müssen.

Solche Bodenverwundungen können vermieden werden, wenn das Vieh bei anhaltend schlechtem Wetter in den Alpstallungen gefüttert wird. Zu diesem Zwecke soll auf den Alpen alljährlich im Herbste ein nach der Viehzahl zu bemessender Heuvorrat zurückgelassen werden, der auf den von der Beweidung ausgeschiedenen, gepflegten Alpwiesen gewonnen wurde.

Das Kleinvieh — Schafe und Ziegen — schaden weniger durch den Tritt als durch das Verbeißen etwa aufkommender Holzpflanzen und durch ein Ausrupfen schlecht bewurzelter Pflanzen, also eine wesentliche Schwächung der Pflanzennarbe. Auch diese Schäden machen sich besonders stark geltend, wenn zuviel Vieh aufgetrieben wird.

Die Alpen unserer Gebirgsländer befinden sich großenteils durchaus nicht im besten Zustand. Wenn auch in den letzten Jahrzehnten, ausgehend von der Schweiz, erfolgreiche Bestrebungen zur Besserung dieser Verhältnisse unternommen wurden, so sind doch auch heute noch viele Alpen sehr verwildert, mit Heidel- und Preißelbeer- und Alpenrosensträuchern bestockt, mit Steinen übersät und werfen nur einen geringen Ertrag ab. Dieser Umstand löste das Bestreben der Alpwirte aus, die Weideflächen auf Kosten des Waldes zu vergrößern. Der Zweck, dem Vieh ausreichendes Futter zu bieten, kann aber viel besser als durch eine Vergrößerung der Weideflächen durch eine Verbesserung der Alpen erreicht werden.

Eine solche Verbesserung kann umfassen die Anzucht höherwertiger Gräser und Kräuter, eine entsprechende Düngung, die Bewässerung zu trockener und die Entwässerung vernäßter Stellen, das Abräumen von Schutt, das Sammeln und Zusammenschlichten von Steinen, das Ausreuten von Unkraut, Gestrüpp und nicht nutzbaren Sträuchern usw. Diese letzterwähnte Maßnahme ist allerdings nicht im Interesse der Ausgleichung des Wasserabflusses gelegen, weil, wie schon erwähnt, die tiefer wurzelnden Sträucher die Wasserversickerung in den Untergrund begünstigen.

Sehr im argen liegt auf vielen Alpen die Düngerwirtschaft, deren Verbesserung durch die Herstellung von Jauchegruben und durch die richtige Verteilung des Düngers auf die Weidefläche anzustreben wäre. Unter Umständen ist auch die Verwendung von Kunstdünger zu empfehlen.

Das Gedeihen der Alpwirtschaft steht im engsten Zusammenhange mit der Pflege des Alpwaldes und ist an den Schutz des letzteren gebunden. Beiden dient eine entsprechende Abgrenzung zwischen dem Walde, der bestockten Weide und der reinen Weide, welche daher anzustreben ist.

Die Alpwirtschaft kann ferner gehoben werden durch die Erbauung von entsprechenden Stallungen, die Herstellung von Einfriedungen, von Wasserleitungen und Viehtränken, die Aufschließung des Gebietes durch Wege und die Aufstellung von Wirtschaftsplänen für den Betrieb und, wenn nötig, auch für die Verbesserung der Alpen. Diese Verbesse-

Abb. 145. Verödete Alpsfläche, Oberinntal.

rungen bewirken eine Verdichtung und Festigung der Grasnarbe, sie sind daher im Interesse der Erhaltung der Gebirgsgründe und dem einer geregelten Wasserwirtschaft gelegen, und dies um so mehr, als sie nicht allein dem Bestreben, den Wald auf Kosten der Alpen zurückzudrängen, die Spitze abbrechen, sondern mitunter auch die Möglichkeit bieten, die Weide auf Flächen auszuschließen, die hierfür nicht geeignet sind und diese wieder in Wald umzuwandeln, ja vielleicht auch, die durch Mißbräuche herabgedrückte Waldgrenze allmählich wieder hinaufzurücken.

Im Interesse einer geregelten Wasserwirtschaft ist es natürlich auch gelegen, daß für eine entsprechende Beaufsichtigung der Alpsbetriebe und die Einhaltung der aufgestellten Wirtschaftspläne gesorgt wird, damit die beklagten Übelstände nicht neuerdings einreißen.

Weitere benützte Quellen 217 bis 229.

Neunter Abschnitt.

Die Erhaltung der Verbauungen.

Damit eine Verbauungsanlage dauernd ihrem Zwecke dienen könne, darf sie nach ihrer Vollendung nicht sich selbst überlassen, sondern muß sorgfältig instandgehalten werden. Mangelhaft erhaltene Bauten sind mitunter schlechter als das Fehlen von solchen und bilden unter Umständen eine große Gefahr für die Liegenschaften am unteren Laufe des betreffenden Gewässers. Der Erhaltung der Verbauungen kommt daher eine außerordentlich große Bedeutung zu. Kleine Schäden können sich bei unvermutet eintretenden Hochwässern rasch vergrößern und ausgedehnte Zerstörungen zur Folge haben. Noch so kleine und scheinbar unbedeutende Schäden müssen daher ohne Verzug behoben werden.

Dies hat eine Organisierung des Erhaltungsdienstes und eine sorgfältige Überwachung der Verbauungsanlagen zur Voraussetzung. Diese sollen nicht allein im Frühjahre nach der Schneeschmelze, sondern auch nach jedem Hochwasser und starken Niederschlage eingehend besichtigt werden, um nicht nur etwa entstandene Bauschäden, sondern auch Unregelmäßigkeiten im Wasserlaufe, Bachverwerfungen, Abrutschungen u. dgl. baldigst aufzufinden und allenfalls notwendig gewordene Vorkehrungen ohne Zeitverlust treffen zu können.

Wo es möglich ist, sollen die Wasserläufe auch während des Hochwassers beobachtet werden, namentlich ist das Augenmerk darauf zu richten, daß sich der Bachlauf nicht verlege. Durch Verklausung von Wildholz an Brücken und ähnlichen Objekten können Verwilderungen verursacht und es können diese Bauwerke selbst in Gefahr gebracht werden. Brücken werden bei Hochwasser mitunter durch anprallende Baumstämme gefährdet, allenfalls auch abgeschoben. Um dies zu vermeiden, erweist sich das Beschweren der Fahrbahn hölzerner Brücken mit Schotter und Steinen oder Erde unter Umständen als zweckmäßig.

Die ständige Überwachung der Bauten ist einem geeigneten Aufsichtsorgane zu übertragen, am besten einem Waldaufseher oder Feldhüter, der in dem betreffenden Gebiete beschäftigt ist.

Die Instandhaltung selbst hat zu umfassen: 1. die Erhaltung der Bauten in funktionsfähigem, gutem Bauzustande, 2. die Pflege der Rinnsale, 3. die Pflege der ausgeführten Berasungen, Bebuschungen und Aufforstungen, sowie 4. die Sorge für eine entsprechende Bewirtschaftung der land- und forstwirtschaftlichen Grundstücke und für die Hintanhaltung sonstiger nachteiliger Beeinflussungen.

Bei der Erhaltung der Bauten ist das Augenmerk zu richten auf den Bauzustand der Werke, namentlich ihrer Krone und Fundamente, dann besonders der allenfalls vorhandenen Schalenbauten, Vorfeld- und Sturzbettsicherungen, auch auf etwa auftretende Druckerscheinungen an den Werken und sonstige Beschädigungen derselben, auf das Funktionieren der Entwässerungsanlagen usw.

Ein sorgfältiges Augenmerk ist auch auf die etwaige Bildung von Kolken und Bacheintiefungen zu richten, die die Fundamente der Bauten bloßlegen und ihren Bestand gefährden könnten. Kolke können mitunter durch Ausfüllen mit Steinen oder durch Einbettung stark beschwerter Rauhbäume beseitigt und unschädlich gemacht werden; bei starken Vertiefungen wird man aber zur Einziehung neuer Grundschwellen schreiten müssen.

Bei Steinbauten sind fehlende, zerdrückte oder vermorschte Steine so bald als möglich zu ersetzen. Die Verwitterung setzt in erster Linie an den Kanten der Steine ein, was sich besonders bei Trockenmauerwerk geltend macht. Durch sorgfältiges Verfugen der betreffenden Mauerpartien mit Zementmörtel kann deren Verwitterung verzögert werden.

Durch Lehnendruck entstandene Schäden treten mitunter an Sperren in der ersten Zeit nach ihrer Vollendung auf, ohne sich in der Folge weiter zu vergrößern. Bei geringen Schäden genügt mitunter eine sorgfältige Ausfüllung der entstandenen Sprünge und die Auswechslung etwa zerdrückter Steine. Tritt eine Beruhigung der Lehnen nicht ein und schreiten die Druckbeschädigungen weiter, so ist zu erwägen, ob ihnen durch eine größere Sohlenhebung, durch eine Entwässerung der druckhaften Lehnen oder durch sonstige Arbeiten eine Schranke zu setzen ist oder ob der Neubau des beschädigten Sperrenteiles genügt.

Von großer Wichtigkeit ist auch der Zustand des Holzwerkes bei Quer- und Längsbauten. Sehr häufig sind Stämme, die äußerlich noch gesund erscheinen, im Innern schon stark vermorscht. Durch Anschlagen mit einem Hammer läßt sich nach dem Ton ein Schluß auf den Zustand des Holzes ziehen; im Zweifelsfalle kann man sich durch Anbohren von demselben überzeugen. Stets ganz unter Wasser befindliches Holz vermorscht nicht und ist von sehr langer Dauer. Es erhalten sich deshalb auch die ständig vom Wasser überronnenen Konstruktionshölzer viel länger frisch als solche, bei welchen dies nicht zutrifft. Aus diesem Grunde sind hölzerne Längsbauten, soweit sie über Niederwasser liegen, sehr rasch vergänglich, ebenso die Flügelstämme der Holzsperren.

Um die Holzsperren von Haus aus der Vermorschung soweit als möglich zu entziehen, empfiehlt es sich, die Flügel und die seitlich der Abflußsektion gelegenen Teile der Stirnwand mit Material, am besten Lehm, soweit als möglich zu verschütten.

Die Holzwerke bieten der Erhaltung sehr schwierige Aufgaben, sehr häufig wird nichts anderes übrig bleiben, als den vermorschten Teil abzutragen und neu zu erbauen oder vor dem schadhaften Werke ein neues zu errichten. Hierbei ist es mitunter möglich, den im Verlandungsraume von Sperren angesammelten Kies zur Ausführung von Betonbauten zu verwenden.

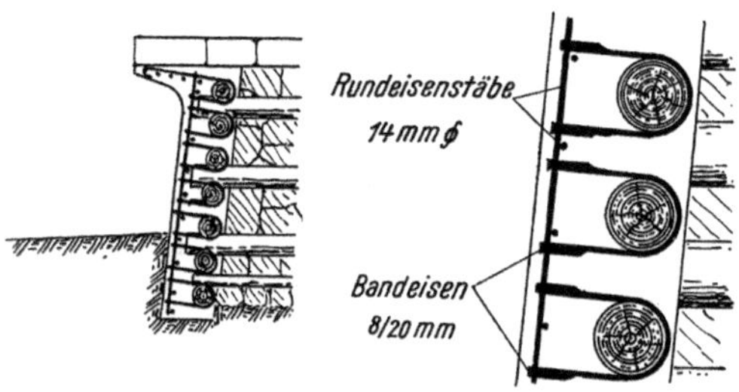

Abb. 146. Verkleidung von Holzsperren mit Eisenbetonwänden.

Bei Holzsperren ist mitunter zu beobachten, daß die mittlere Partie, soweit die Abflußsektion reicht, noch gutes widerstandsfähiges Holz aufweist, während die Flügel und Einbindungen schon stark vermorscht sind. Solche Werke lassen sich bei ausreichender Bachbreite mitunter sichern, wenn man seitlich der Abflußsektion an den noch widerstandsfähigen Teil der Stirnwand anschließend gemauerte oder betonierte talseitige Herdmauern errichtet, sie oberhalb der Sperre trichterförmig an die Berglehne anschließt, sie hinterfüllt und die Sperreneinbindungen vollständig mit Material verschüttet.

Eine andere Art der Sicherung bzw. Erhaltung der Holzsperren ist ihre Verkleidung mit Betonwänden oder mit schwachen Eisenbetonwänden nach Abb. 146. Dies setzt aber voraus, daß die Holzsperren noch soweit intakt sind, um den ganzen Wasser- und Materialdruck aufzunehmen. Da nach der Verkleidung das ganze Holzwerk stets unter Wasser bzw. in feuchter Erde liegt, bleibt das Holz lange Zeit widerstandsfähig. Ober Wasser befindliche Holzflügel sind abzutragen und durch Stein- oder Betonflügel zu ersetzen. Diese Konstruktion setzt eine entsprechende Verbindung zwischen der alten und neuen Sperrenwand, also eine gute Verankerung der letzteren an der ersteren voraus. Die Anker, am besten aus Flacheisen, müssen die Wandbäume umfassen und einbetoniert werden; die talseitige Betonwand wird mit einem quadratischen Gitter aus Rundeisen armiert, die an den Ankern befestigt sind. Die Krone dieser Werke wird mit Steinen abgedeckt und erhält eine Wassernase zum Schutze gegen die Abschleifung der Stirnwand.

Man kann auch auf die Vermorschung der Holzwerke schon beim Bau von Steinkastensperren Rücksicht nehmen und ihnen von Haus aus eine schwache Betonwand vorsetzen, die nach Abb. 147 die Bäume der talseitigen Stirnwand umgreift. Eine andere Art der Versicherung solcher Holzsperren zeigt Abb. 148; sie kam am Langbathbache in Oberösterreich zur Ausführung und besteht im Hinaufziehen des Vorpflasters bis zur Sperrenkrone, so daß das Holzwerk vollständig verkleidet ist und ständig unter Wasser bleibt.

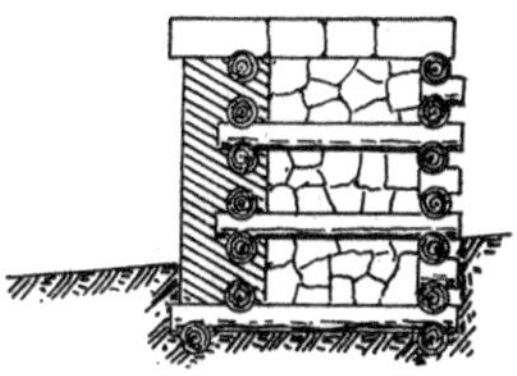

Abb. 147. Holzsperre mit vorgesetzter Betonwand.

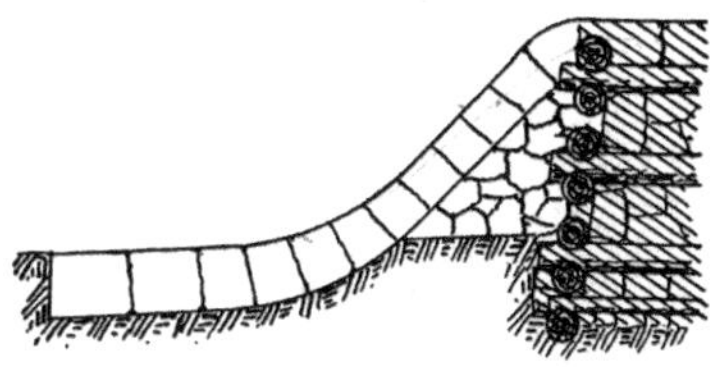

Abb. 148. Verkleidung von Holzsperren mittels Pflasterung.

Abb. 149 zeigt die Sicherung einer 9 m hohen Holzsperre im Steinebache bei Dornbirn. Diese Sperre wurde im Jahre 1888 von der Stadtgemeinde zusammen mit der Firma F. M. Hämmerle erbaut. Der Bau wurde in Trockenmauerwerk begonnen; als dieses eine Höhe von 3 m über der Bachsohle erreicht hatte, ging unmittelbar hinter der Baustelle eine Rutschung ab und es gelangte eine große Materialmenge ins Bachbett, dieses hoch auffüllend. Um diese Geschiebemenge tunlichst rasch zu binden und ihren Abtrieb zu verhindern, wurde auf den Mauersockel der Sperre ein Steinkastenbau von 6 m Höhe aufgesetzt. Dieser Holzbau ist nun im Laufe der Zeit durch Vermorschung und Abschleifung der Hölzer schadhaft und baufällig geworden. Um einen Sperrenbruch, der namentlich mit Rücksicht auf die nahen Industrieanlagen äußerst verhängnisvoll hätte werden müssen, zu verhüten, erwies sich ein Ersatz bzw. eine Sicherung der Sperre als notwendig.

Da die Abtragung des Holzbaues und der Neubau einer Sperre auf dem alten Mauersockel mit Rücksicht auf ein allenfalls eintretendes Hochwasser zu gefährlich erschien, wurde vor die alte Sperre eine neue Stauwand in Eisenbeton vorgesetzt. Diese Wand überträgt den Wasserdruck auf gemauerte Widerlager. Sie verkleidet den Holzaufbau auf seine volle Höhe und ruht auf einem Stampfbetonsockel in der Höhe des alten Mauerwerks.

Die Eisenbetonwand wurde als ein auf zwei Stützen frei aufliegender Träger auf den vollen Wasserdruck bei 1 m Überdruck sektionsweise berechnet. Für den Stampfbetonsockel hingegen wurden nur 10% des Wasserdruckes als wirksam angenommen, weil das alte Mauerwerk sich in gutem Zustande befindet, auch bisher den Wasserdruck aufgenommen hatte und mit dem neuen Mauerwerk in gute Verbindung gebracht werden konnte, zu welchem Zwecke die Stirnwand aufgerauht und die Fugen gut gereinigt wurden. Es kann deshalb der Wasserdruck höchstens auf einen kleineren Teil des neuen Mauerwerks wirksam werden. Außerdem wurden hinter der neuen Stauwand Entwässerungsschlitze eingebaut, die mittels dreier größerer und mehrerer kleinerer Dohlen durch die neue Stauwand ins Freie münden und jedenfalls

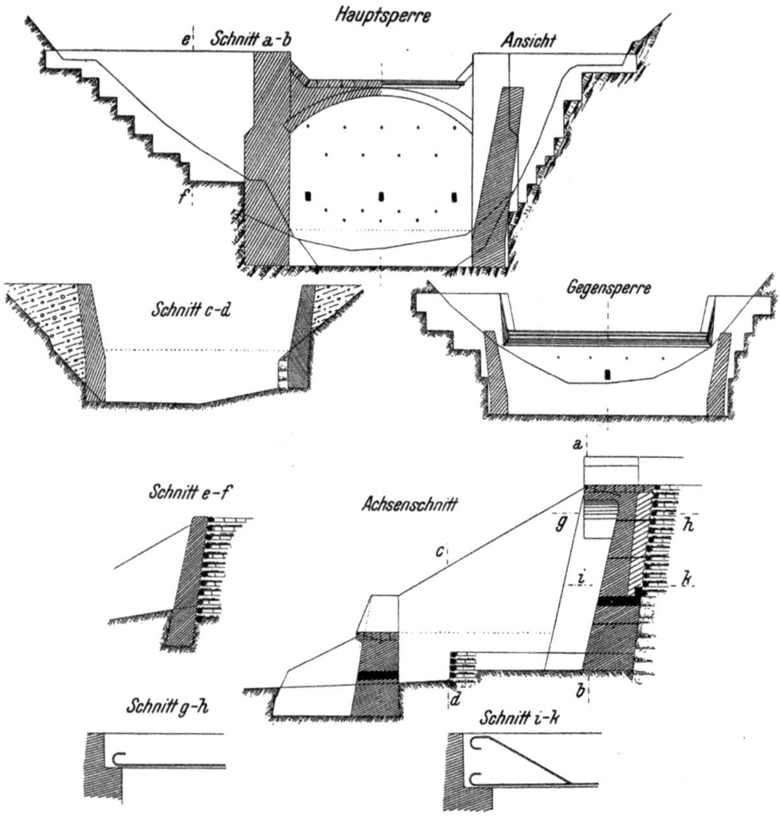

Abb. 149. Umbau der Steinebachsperre bei Dornbirn.

auch eine Herabminderung des Wasserdruckes bewirken. Der Raum zwischen der geraden Eisenbetonwand und der alten gekrümmten Sperrenwand ist mit Füllbeton ausgemauert, was bei der Berechnung unberücksichtigt blieb.

Um die neue Stirnwand vor Abschleifung zu schützen und den Wasserabsturz vom Fuße der Sperre zu entfernen, wurde vor der Krone ein waagrechtes Pflastergerinne angebracht, das von einem zwischen den seitlichen Widerlagern eingespannten Stützgewölbe getragen wird. Zur Sicherung gegen Auskolkung dient eine Gegensperre, deren Krone

Abb. 150. Eisenbetonsperre im Steinebach bei Dornbirn, Vorarlberg.

jene der alten Vorsperre um 1 m überragt. Die Überfallskanten der Haupt- und Gegensperre sind mit gut verankerten alten Eisenbahnschienen armiert.

Die Pflege der Rinnsale umfaßt die Reinhaltung der Gerinne, die Ausräumung der den Wasserlauf verwerfenden Ablagerungen, das Ausziehen von Wildholz und Steinen und deren Anlegung an die Ufer, die Entfernung sturzgefährlicher Randstämme, das Aushacken von Sträuchern, die sich im Bereiche des Bachbettes oder in Pflasterungen ansiedeln, die Reinhaltung der Seitenrunsen, wenn nötig das Ausbuschen derselben.

In trocken gemauerten Schalen und sonstigen Pflasterungen siedeln sich sehr oft Erlen an, die ins Profil hineinragen und den Wasserablauf hindern, beim Erstarken auch die Pflasterungen in Unordnung bringen können. Es ist notwendig, sie zu entfernen und zwar ist das Aushacken in kurzen Zwischenräumen zu wiederholen, um die Wurzel zum Absterben zu bringen.

Es ist auch darauf zu achten, daß bei Steinbruchbetrieben, Straßen-, Eisenbahn- und Stollenbauten und sonstigen Bauausführungen anfallendes Aushubsmaterial nicht ins Bachbett geworfen oder so gelagert werde, daß es leicht in dasselbe gelangen kann und ebenso, daß nicht an hierfür ungeeigneten Stellen des Bachbettes Sand, Schotter oder Steine gewonnen werden.

Berasungen sind nach Bedarf zu mähen, frei von Buschwerk zu halten und nachzubessern. Bebuschungen sollen öfters gestummelt und wo nötig ergänzt werden. Bei nichtberasten, bebuschten, steilen Abbrüchen sind die beim Stummeln anfallenden Äste zur Bodenbindung hinter die Stöcke anzulegen. Aufforstungen sind, wenn nötig, nachzubessern, eventuell zu durchreisern und zu durchforsten.

Ein besonderes Augenmerk ist auf die Instandhaltung der Wasserleitungen zu richten; Wege sind mit den nötigen Auskehren zu versehen und diese instandzuhalten.

Die Aufsicht hat sich auch auf die Wasserbenutzungsanlagen und auf die Bewirtschaftung der Forste und landwirtschaftlichen Grundstücke im Sammelgebiete des Wildbaches und die Hintanhaltung jeder dem Verbauungszwecke und den Abflußverhältnissen abträglichen Benutzung und Bewirtschaftung derselben zu erstrecken.

Als notwendig erkannte Instandhaltungsarbeiten sind stets raschestens durchzuführen. Bei Gefahr im Verzuge muß das Aufsichtsorgan befugt sein, wenigstens die erforderlichen provisorischen Maßnahmen zu treffen, um dem Weitergreifen der Schäden vorzubeugen. Es muß auch von vornherein feststehen, wer die notwendigen Arbeiten, soweit sie den Rahmen der normalen Erhaltung nicht übersteigen, auszuführen hat und es müssen die erforderlichen Mittel für diese Arbeiten sofort verfügbar sein, um mit ihrer Sicherstellung nicht kostbare Zeit zu verlieren. Außerordentliche Arbeiten größeren Umfanges und etwa notwendige Bauergänzungen werden immer einer Vorbereitung bedürfen, die längere Zeit in Anspruch nimmt; sie lassen sich natürlich nicht forcieren.

Je solider die Anlagen erstellt sind und je vollständiger sie sind, desto leichter sind sie zu erhalten; dies ist schon bei der Ausführung zu berücksichtigen. Auch die Wege, welche zwecks Zugänglichmachung der Baustellen, allenfalls auch Baracken, die zur Unterbringung der Arbeiter und des Personales gelegentlich der ersten Verbauung hergestellt werden müssen, sollen so erbaut werden, daß sie für die Erhaltung dienen können.

Die Beaufsichtigung und Erhaltung der Bauten wird wesentlich erleichtert durch genaue Ausführungspläne mit Angaben über die wichtigsten Abmessungen der kleinen und den Auf- und Querrissen der größeren Werke. Solche Pläne sind sowohl den Erhaltungspflichtigen als den mit der Ausführung betrauten Organen auszufolgen und nach Bedarf zu ergänzen; den Aufsehern ist wenigstens ein Lageplan der ganzen Verbauungsanlage und ein Verzeichnis aller Bauten zur Verfügung zu stellen.

Leider läßt die Instandhaltung der Wildbachverbauungen oft viel zu wünschen übrig, wenn diese den Interessenten unmittelbar überbunden ist. Die Interessenten besitzen meist weder das nötige Verständnis, noch die Mittel zur Ausführung.

Wenn die Verbauung unter reichlicher Zuwendung von öffentlichen Mitteln erfolgt, so ist es vollauf gerechtfertigt, solche auch der Erhaltung in ausgiebigem Maße zuzuwenden und, wenn die Wichtigkeit der Verbauung ihre Ausführung durch staatliche Organe begründet, so ist es auch geboten, daß diese Organe den Erhaltungsdienst besorgen, und zwar sollen am besten jene Stellen, denen die Bauherstellung übertragen war, auch die Erhaltung und Überwachung mit Hilfe der oben erwähnten Aufseher übernehmen. Geschieht dies nicht, so liegt die Gefahr nahe, daß kleine Schäden vernachlässigt werden und sich rasch vergrößern und daß dann ihre Behebung einen bedeutenden Aufwand erfordert, der von den nominell Erhaltungspflichtigen unmöglich getragen werden kann, in welchen Fällen der Aufwand doch wieder größtenteils aus öffentlichen Mitteln bestritten werden muß.

Eine entsprechende Organisierung des Erhaltungsdienstes, die Schaffung von Erhaltungsfonden, die zur Ausführung der normalen Erhaltungsarbeiten und zur dringendsten Behebung etwaiger Elementarschäden jederzeit sofort verfügbar sind, sind Maßnahmen, die sich reichlich lohnen und nicht warm genug empfohlen werden können.

Quellennachweis Nr. 230.

Zehnter Abschnitt.

Maßnahmen zur Verhütung von Hochwasserschäden.

Nach allen größeren Hochwasserkatastrophen wird über die entstandenen Schäden Klage geführt und darauf verwiesen, daß sich diese Schäden, wenn auch nicht vermeiden, so doch durch vorbeugende Maßnahmen hätten wenigstens einschränken lassen. Und dies ist auch zutreffend.

Schon im Jahre 1778 hat der Professor an der Innsbrucker Universität, Dr. Franz von Zallinger zum Thurn in seinem Büchlein „Von den Überschwemmungen“ Maßnahmen vorgeschlagen, um solche Schäden in Hinkunft einzuschränken und der Gouverneur von Tirol Wenzel Graf Sauer hat im Jahre 1788 in einem Aufrufe an die Bevölkerung solche Maßnahmen empfohlen. Ähnliche Vorschläge wurden später von technischer Seite in den verschiedensten Ländern wiederholt gemacht, leider ohne durchgreifenden Erfolg.

Die umfangreichen Wasserschäden, die sich häufig wiederholen und nicht nur Menschenleben gefährden und große Werke vernichten, sondern auch die Aufwendung bedeutender Mittel zur Wiederherstellung eines erträglichen Zustandes an den Gewässern erfordern, rechtfertigen es jedenfalls, diesen Vorbeugungsmitteln ein erhöhtes Augenmerk zuzuwenden und eine strenge Wasserpolizei einzuführen. Die bezüglichen Maßnahmen haben sich zu erstrecken sowohl auf die Pflege der Gewässer, als auch auf die Verhütung sonstiger Übelstände und die Abstellung derselben und endlich auf zweckmäßige Wehrarbeiten während der Hochwasserkatastrophen.

Die erste Gruppe von Maßnahmen umfaßt die Erhaltung bestehender Schutzbauten, Wehren, Trift- und sonstiger Wasserbenützungsanlagen, sowie der Brücken in gutem und ihrem Zwecke entsprechenden Zustande, die Abwendung der diesen Objekten etwa drohenden Gefahren und die Sorge dafür, daß allenfalls fortgerissene Teile solcher Bauten nicht anderweitig Schaden verursachen können. Hierher gehört auch die Sorge für eine ausreichende Weite und Höhe der Durchflußprofile von Brücken, Wehren und sonstigen Einbauten, so daß sie keine Stauungen veranlassen können.

Zur Pflege der Gewässer gehört auch die Reinhaltung der Rinnsale von allen den Bach verwerfenden Ansammlungen von Wildholz, Steinen und Schutt, sowie nötigenfalls deren Entfernung, wie dies im vorhergehenden Abschnitte ausgeführt wurde. Das Augenmerk ist auch zu richten auf die Freihaltung der Gerinne von starkem Strauch- und Baumwuchs und anderen Hindernissen für den Wasserabfluß.

In gleicher Weise wie in den verbauten Wildbächen ist auch in den unverbauten Rinnsalen die Gewinnung von Steinen, Schotter und Sand an jenen Stellen hintanzuhalten, wo sie den Wasserlauf ungünstig beeinflussen könnte. Namentlich die Gewinnung von Findlingssteinen in beweglichen, unterwühlungsfähigen Bachbetten ist sehr bedenklich, da sie eine starke Vertiefung des Baches zur Folge haben und Anlaß zu erhöhter Geschiebeführung geben kann.

Die Ablagerung von Holz im Bereiche des Hochwassers oder an Stellen, wo es bei Elementarfällen durch Rutschungen oder Lawinen leicht ins Bachbett gelangen kann, ist unbedingt zu verhindern. Sehr häufig stehen Sägemühlen an den Ufern der Bäche und es sind in deren Nähe oft gewaltige Vorräte von Sagholz derart aufgespeichert, daß sie von unvermutet eintretenden größeren Hochwässern leicht entführt werden können. Es liegt nicht allein im Interesse der betreffenden Besitzer, sondern auch in jenem der Öffentlichkeit, diesen Übelständen vorzubeugen.

Sehr zweckmäßig sind ferner Vorschriften, daß alle Bauführungen an Gewässern von einer behördlichen Bewilligung abhängig gemacht werden, die zu versagen ist, wenn die betreffenden Gebäude den Abfluß des Hochwassers hindern oder durch dieses selbst gefährdet werden könnten. Jede Beschädigung oder Zerstörung solcher Objekte bringt nicht allein dem Besitzer Schaden, sondern kann auch Anderen Schaden verursachen und ist ein Verlust an Volksvermögen, weshalb die Öffentlichkeit daran interessiert ist, daß Bauten an gefährdeten Stellen nicht ausgeführt werden. Unter Umständen empfiehlt es sich, von Hochwasser, Abrutschungen u. dgl. bedrohte Gebiete mit einem Bauverbote zu belegen. Ein solches hätte sich nicht allein auf den Bau von Häusern und sonstigen Gebäuden, sondern auch auf andere Herstellungen, die den Wasserlauf stauen oder ablenken können, wie z. B. Einfriedungsmauern u. dgl. zu erstrecken.

Da derartige Gebäude Ursache von weiteren Wasserschäden und Verwilderungen sein können, ist unter Umständen auch eine Niederlegung solcher Bauten und die Freilegung der Hochwasserprofile gerechtfertigt.

Um eine entsprechende Pflege der Gewässer sicherzustellen, ist eine wasserpolizeiliche Aufsicht notwendig und, wenn nicht schon vorhanden, zu organisieren. Verschärfte forst- und wasserpolizeiliche Vorschriften sind für jene Bäche zu erlassen, die den Charakter von Wildbächen besitzen. Die unter diese Bestimmungen fallenden Wasserläufe sind zu bezeichnen und kundzumachen.

Zum Zwecke einer erleichterten Beaufsichtigung der Gewässer ist auch für die Zugänglichkeit der Ufer nach Bedarf vorzusorgen, wenigstens insoweit, daß die Aufsichtsorgane und eine etwa aufgebotene Hilfsmannschaft jederzeit Zutritt haben.

In die zweite Gruppe der Maßnahmen gehören die Erhaltung und Schonung der Wälder im Einzugsgebiete der Wildbäche sowie an jenen Stellen, wo sie die Entstehung von Wasserrissen, Bodenabschwemmungen und die Geschiebebildung, sowie das Anbrechen von Lawinen hintanhalten sollen. Diese Maßnahmen haben sich zu erstrecken sowohl auf die Einschränkung der Schlägerungen auf ein unschädliches Maß und eine unschädliche Form, als auch auf die sonstige Pflege der Wälder und die Hintanhaltung ihrer Schädigung nach den im Abschnitte VIII dargelegten Grundzügen, ferner auf die Waldverjüngung.

Die Beaufsichtigung hat sich aber nicht allein auf die Forste, sondern auch auf die landwirtschaftlichen Kulturgründe zu erstrecken, wobei namentlich die Umwandlung von Wiesen und Weiden in Ackerland an steilen rutschgefährlichen Hängen zu verhindern ist; eine solche ist auf jene Örtlichkeiten zu beschränken, wo sie ohne Nachteil und Gefahr durchgeführt werden kann. Es ist ferner den Bewässerungsanlagen und ihrer Bedienung und Erhaltung das Augenmerk zuzuwenden und sind vorgefundene Mißbräuche abzustellen.

Zu den vorbeugenden Maßnahmen gehört auch eine vorsichtige Entwässerung jener Stellen, woselbst die fortschreitende Vernässung die Gefahr von Abrutschungen mit sich bringen kann.

Viele Wasserschäden ließen sich verhüten oder mindestens wesentlich einschränken durch rechtzeitig einsetzende Wehrarbeiten. Diese haben zur Voraussetzung, daß sowohl die nötige Mannschaft, als auch die erforderlichen Geräte zur Verfügung stehen. Zu diesem Zwecke empfiehlt sich die Bildung von Wasserwehren in allen durch Wasserschäden bedrohten Gemeinden, wie solche z. B. in mehreren Orten Vorarlbergs bestehen. Diese Wehren könnten nach Art der Feuerwehren organisiert und ausgerüstet und müßten entsprechend geschult werden. In kleineren Orten wird sich die Aufstellung einer eigenen Wasserwehr wohl meist als unnötig erweisen, wenn ihr Dienst der Feuerwehr übertragen werden kann.

Die hier kurz besprochenen Maßnahmen wären jedenfalls geeignet, in vielen Fällen eine wesentliche Einschränkung der Hochwasserschäden herbeizuführen und bedeutende Teile unseres Volksvermögens vor Vernichtung zu bewahren.

Quellennachweis.

Abkürzungen.

MBD.	=	Österr. Monatsschrift für den öffentlichen Baudienst.
WBD.	=	Österr. Wochenschrift für den öffentlichen Baudienst.
ABZ.	=	Allgemeine Bauzeitung. Wien.
SBZ.	=	Schweizerische Bauzeitung.
ZÖIAV.	=	Zeitschrift des österr. Ingenieur- und Architekten-Vereins.
WÖIAV.	=	Wochenschrift des österr. Ingenieur- und Architekten-Vereines.
VZW.	=	Zeitschrift des Verbandes der österr. Wildbachverbauungs-Ingenieure (internes Organ).
WW.	=	Die Wasserwirtschaft. Wien.
DWW.	=	Deutsche Wasserwirtschaft. Berlin.
WK. u. WW.	=	Wasserkraft und Wasserwirtschaft. München.
SWW.	=	Schweizerische Wasserwirtschaft.
CfF.	=	Centralblatt für das gesamte Forstwesen. Wien.
VfF.	=	Österr. Vierteljahrsschrift für Forstwesen.
SZF.	=	Schweizerische Zeitschrift für Forstwesen.
ZDÖAV.	=	Zeitschrift des deutschen und österr. Alpenvereins.
MDÖAV.	=	Mitteilungen des deutschen und österr. Alpenvereins.
ZÖAV.	=	Zeitschrift des österr. Alpenvereins.

1. Seckendorff, A. Freiherr von: Verbauung der Wildbäche, Aufforstung und Berasung der Gebirgsgründe. Wien: W. Frick. 1884. — **2.** Strele, G.: Die Geschiebequellen der Bäche und Flüsse. SBZ., Bd. 100, H. 18 u. 19. 1932. — **3.** Wang, F.: Grundriß der Wildbachverbauung, 2 Teile. Leipzig: S. Hirzel. 1901 u. 1903. — **4.** Landolt, E.: Die Bäche, Schneelawinen und Steinschläge und die Mittel zur Verminderung der Schädigung durch dieselben. Zürich: O. Füßli & Co. 1887. — **5.** Horatiis, A. de: Istituzioni di Idronomia montana. Florenz: M. Ricci. 1930. — **6.** Koch, G. A.: Die Ursachen der Hochwasserkatastrophe in den Südalpen. ZDÖAV. 1883. — **7.** Brandl, L.: Die Wiener Donauhafenfrage. ZÖIAV., H. 50—52. 1923. — **8.** Zur Waldklimafrage. Aus einem Vortrage, gehalten in der Geogr. Gesellschaft zu Zürich von Prof. A. Engler. SZF., H. 2 u. 3. 1900. — **9.** Bleich-Melan: Taschenbuch für Ingenieure. Berlin-Wien: J. Springer. 1926. — **10.** Die Wildbachverbauung und Flußkorrektion in der Schweiz. Herausgegeben vom Eidgenössischen Oberbauinspektorate, H. 3. Bern. 1914. — **11.** Haeuser, J.: Die Niederschlagsverhältnisse in Bayern und in den angrenzenden Staaten. Veröffentl. d. bayr. Landesstelle für Gewässerkunde. München. 1930. — **12.** Haeuser, J.: Kurze, starke Regenfälle in Bayern, ihre Ergiebigkeit, Dauer, Intensität und Ausdehnung. Abhandlungen der bayr. Landesstelle für Gewässerkunde. München. 1919. — **13.** Über die Regenmengen der Schweiz. Gez. r. SBZ., Bd. 72. 1918. — **14.** Haeuser, J.: Ein Wolkenbruch von außergewöhnlicher Stärke über München und Umgebung am 29. VII. 1929. WK. u. WW., H. 18. 1930. — **15.** Lauda, E.: Der Gewitterregen vom 1. August 1896 in Niederösterreich. MBD., H. 9. 1896. — **16.** Pollak, V.: Studien über die Ermittlung der Intensität der größten Niederschläge, ihre Ausbreitung und ihre Beziehung zu den Gewittern. MBD., H. 4. 1896. — **17.** Forchheimer, Ph.: Der Wolkenbruch im Grazer Hügellande am 16. Juli 1913. Sitzungsber. d. Akademie der Wissenschaften, Wien, naturwissenschaftl. Klasse, Bd. 122, 2a. Wien. 1913. — **18.** Forchheimer, Ph.: Über den Höchstwasserdurchfluß im südlichen Teile von Europa. WBD., H. 1. 1916. — **19.** Neue Freie Presse vom 10. Mai 1927, Abendblatt. — **20.** Angabe der Regenmeßstation Traunsteinfuß bei Gmunden. — **21.** Der wolkenbruchartige Regen vom 21. Juli 1902. ZÖIAV. 1902. — **22.** Lauda, E.: Der Wolkenbruch vom 8. und 9. November 1896 in Süddalmatien. MBD., H. 2. 1897. — **23.** Friedrich, W.: Das Märzhochwasser 1930 im südlichen Frankreich. DWW., H. 8. 1932. — **24.** Engler, A.: Untersuchungen über den Einfluß des Waldes auf den Stand der Gewässer. Mittlg. der Schweiz. Centralanstalt für das forstl. Versuchswesen, Bd. XII. Zürich. 1919. — **25.** Albisetti, C.: La sistemazione dei torrenti. Festschrift zum 50jährigen Bestehen der Eidgen. Inspektion für Forstwesen, Jagd und Fischerei, 1876—1926. Bern. 1926. — **26.** Salis, F. von: Das Hochwasser des Jahres 1868. Jahrbuch des Schweiz. Alpenklubs, V. Bd. 1868/69. — **27.** Hydrographisches Centralbüro, Wien: Charakteristische Niederschlagswerte der österr. Flußgebiete. WBD., H. 50. 1913. — **28.** Scheck: Kalender für Straßen-, Wasserbau- und Kulturingenieure. Wiesbaden: I. F. Bergmann. 1902. — **29.** Hydrographisches Centralbüro, Wien: Die Hochwasserkatastrophe vom Juli 1903 in Schlesien. Gez. C. G. WBD., H. 48. 1903. — **30.** Huber, A.: Die Messungsergebnisse betr. das Hochwasser 1897 in Reichenberg. WBD., H. 8. 1900. — **31.** Herbst, A.: Die Ergebnisse der Expertise über die Regulierungsarbeiten an der unteren Traun. ABZ., H. 4. 1900. — **32.** Fankhauser, F.: Wald und Wildbäche, Referat für den landwirtschaftlichen Kongreß, Wien. SZF. 1907. — **33.** Die Hochwasserkatastrophe am Rhein im Nov. u. Dez. 1882 von M. Honsell. Besprechung, gez. Dr. von F. CfF., H. 2. 1884. — **34.** Verhandlungsschrift der Jubiläums-Wanderversammlung des österr. Reichsforstvereins in Aussee, 21. IX. 1902. VfF., H. 4. 1902. — **35.** Sonklar, C. von: Von den Überschwemmungen. Wien: A. Hartleben. 1883. — **36.** Angaben der Regenmeßstation Salzberg-Altaussee. — **37.** Hann, J.: Die meteorologischen Ursachen der letzten Hochwässer auf der Südseite der Alpen. MDÖAV., Nr. 21. 1885. — **38.** Angaben der Regenmeßstation am Vorderen Langbathsee. — **39.** Schlag, W.: Über die Ursachen der Hochwasserkatastrophe vom 1. VI. 1921 in den Bezirken St. Pölten und Lilienfeld in Niederösterreich. CfF. 1921. — **40.** Krapf, Ph.: Die Geschichte des Rheins zwischen Bodensee und Ragaz. Sonderdruck aus den Schriften des Vereins für Geschichte des Bodensees, H. XXX. 1901. — **41.** Hellmann, G.: Die Niederschläge in den norddeutschen Stromgebieten. Berlin: D. Reimer. 1906. — **42.** Schoklitsch, A.: Die Hochwasserkatastrophe in Graz am 16. Juli 1913. ZÖIAV., H. 27. 1914. — **43.** Bartosek, G.: Höchste und mittlere Niederschlagsmaxima im Donaugebiete. WBD., H. 18/19. 1914. — **44.** Melli, E.: Die Dimensionierung der städtischen Kanäle. SBZ., Bd. 84, H. 12. 1924. — **45.** Klunzinger u. Oelwein: Die Regulierung der Abflußverhältnisse des Traunsees bei

Gmunden. ABZ., H. 3. 1900. — **46.** Hofbauer, R.: Eine neue Formel für die Ermittlung der größten Hochwassermenge. WBD., H. 3. 1916. — **47.** Burger, H.: Über den Einfluß des Waldes auf den Wasserabfluß. Vortrag in Chur am 10. I. 1930. — **48.** Wang, F.: Die Ermittlung der Wasserabflußmengen. VfF. 1895. — **49.** Stiny, J.: Technische Geologie, 2. Aufl. Stuttgart: F. Enke. 1922. — **50.** Härtel, O.: Die Wildbach- und Lawinenverbauung. Lorey-Weber: Handbuch der Forstwissenschaft, 4. Aufl., II. Bd. Tübingen: H. Laupp. 1925. — **51.** Förster, G. R.: Das forstliche Transportwesen. Wien: M. Perles. 1885. — **52.** Deuerling, Th.: Erfahrungen auf dem Gebiete der Wildbachverbauung in Bayern. DWW., H. 12. 1928. — **53.** Iszkovski, R.: Beitrag zur Ermittlung der Niedrigst-, Normal- und Höchstwassermengen auf Grund charakteristischer Merkmale des Flußgebietes. ZÖIAV. 1886. — **54.** Lauterburg, R.: Anleitung zur Berechnung der Quell- und Stromabflußmengen aus der Regenmenge, der Größe und Beschaffenheit der Quell- und Flußgebiete. ABZ., H. 2—4. 1887. — **55.** Kürsteiner, L.: Das neue Elektrizitätswerk der Stadt Chur. SBZ., Bd. 69, H. 1. 1917. — **56.** Voit, W.: Größtabflußmengen bei Sturzregen und ihre Abhängigkeit von der Gewitterrichtung. ZÖIAV., H. 21—26. 1931. — **57.** Heim, A.: Handbuch der Gletscherkunde. Stuttgart: Engelhorn. 1885. — **58.** Mayr, F.: Der Gletscherausbruch im Martelltale und der Klausenbau am Zufallboden. MBD. 1895. — **59.** Strele, G.: Die Wildbäche und ihre Verbauung. ZDÖAV. 1899. — **60.** Hydrologische Studien der schweiz. Landeshydrographie im oberen Rhonegebiete. Vortrag des Ing. O. Lütschg im Bern. Ing.- u. Arch.-Verein am 15. II. 1915. SBZ., Bd. 65. 1915. — **61.** Roth, H.: Besprechung der hydrologischen Studien. SBZ., Bd. 68. 1916. — **62.** Finsterwalder, S.: Der Vernagtferner. Wissenschaftliche Ergänzungshefte zur ZDÖAV. 1897. — **63.** Frech, F.: Über Muren. ZDÖAV. 1898. — **64.** Coaz, J.: Die Lauinen der Schweizer Alpen. Bern. 1888. — **65.** Schaubach, A.: Die deutschen Alpen, 2. Aufl., 5 Bände. Jena: F. Frommen. 1865—1871. — **66.** Wallmann, K.: Die Seen der Alpen. ZÖAV. 1868. — **67.** Koch, G. A.: Ein kalbender Gletscher in den Ostalpen. Mitteilungen der Geogr. Gesellschaft Wien, Bd. 35. 1892. — **68.** Zorn, J.: Die Spiegelabsenkung des Kratersees von Kloët. ZÖIAV. 1927. — **69.** Breitenlohner, J.: Wie Murbrüche entstehen, was sie anrichten und wie man sie bändigt. Wien. 1883. — **70.** Mündliche Mitteilungen des Betriebsleiters des Innsbrucker städt. Sillwerkes A. Huber. — **71.** Mühlhofer, L.: Untersuchungen über die Schwebstoff- und Geschiebeführung des Inn nächst Kirchbichl in Tirol. WW., H. 1—6. 1933. — **72.** Heß, H., Die Gletscher. Braunschweig: F. Vieweg & Sohn. 1904. — **73.** Stiny, J.: Die Muren. Innsbruck. 1910. — **74.** Stiny, J.: Versuche über Schwemmkegelbildung. Geolog. Rundschau, Bd. VIII. 1917. — **75.** Haiden, A.: Über Berechnung der Murstromdurchflußmengen. VZW., H. 5. 1917. — **76.** Henrich, J.: Die Verbauung des Schesatobels in Vorarlberg. SZF. 1924. — **77.** Hydrographisches Centralbüro, Wien: Grundsätzliche Bestimmungen für die Durchführung hydrometrischer Erhebungen. WBD., H. 11. 1896. — **78.** Innerebner, K.: Über die neuesten Erfahrungen auf dem Gebiete der Wasserkraftgewinnung vom Standpunkte des Bauingenieurwesens. WK. u. WW., H. 22. 1924. — **79.** Ehrenberger, R.: Eine neue Geschwindigkeitsformel für künstliche Gerinne mit starker Neigung und Berechnung der Selbstbelüftung des Wassers. SWW., H. 28/29. 1930. — **80.** Schoklitsch, A.: Der Wasserbau. Berlin u. Wien: J. Springer. 1930. — **81.** Schoklitsch, A.: Kolkbildung unter Überfallsstrahlen. WW.,

H. 24. 1932. — **82.** Armani, A.: Über die Bewegung des Wassers in gestaffelten Gerinnen. ZÖIAV. 1894. — **83.** Kreuter, F.: Der Flußbau, III. Teil, Bd. 6 des Handbuches der Ingenieur-Wissenschaften. Leipzig: Engelmann. 1921. — **84.** Wang, F.: Die Gesetze der Bewegung des Wassers und des Geschiebes. VfF. 1895, 1896 u. 1897. — **85.** Wang, F.: Ermittlung des Durchflußprofils. VfF. 1898. — **86.** Rehbock, Th.: Brückenstau und Walzenbildung. Untersuchungen im Flußbaulaboratorium der technischen Hochschule in Karlsruhe. Der Bauingenieur. 1921. — **87.** Meyer-Peter, E., Zürich: Neue Berechnungsmethoden aus dem Gebiete der Hydraulik. SBZ., Bd. 84, H. 1/2. 1924. — **88.** Matakiewicz, M.: Eine neue Formel zur Geschwindigkeitsberechnung. ZÖIAV., H. 17/18. 1932. — **89.** Berger: Überfallsformeln. WK. u. WW. 1931. — **90.** Frauenfelder, E.: Strömender oder schießender Abfluß? SBZ., Bd. 84. 1924. — **91.** Gruner, H. E.: Studien über die Wasserbewegung an Wehren. SBZ., Bd. 74, H. 20. 1919. — **92.** Gruner, H. E.: Studien über die Geschiebebewegung in den Gewässern. WW. 1929. —**93.** Jakuschoff, P.: Die Schwebestoffführung der Flüsse in Theorie und Praxis. WW., H. 11. 1932. — **94.** Kozeny, J.: Sind Wasserwalzen Energievernichter? WW., H. 11. 1932. — **95.** Ludin, A.: Sind Wasserwalzen Energieverzehrer? WW., H. 23. 1932. — **96.** Momber: Die zweite Weltkraftkonferenz. WK. u. WW., H. 16—22. 1930. — **97.** Strickler, A.: Beitrag zur Frage der Geschwindigkeitsformeln und Rauhigkeitszahlen für Ströme, Kanäle und geschlossene Leitungen. SBZ., B. 83, H. 23. 1924. — **98.** Soldan: Theoretisches und Praktisches über Geschwindigkeitsformeln für Wasserläufe. WK. u. WW., H. 17. 1930. — **99.** Schoklitsch, A.: Berechnung des Ergusses über ein Wehr. WK. u. WW., H. 8. 1930. — **100.** Schoklitsch, A.: Über Energievernichtung durch Walzen. WW. 1932. — **101.** Wolf: Zusammensetzung und Verlauf der Reibungswiderstände des fließenden Wassers. WK. u. WW., H. 17. 1930. — **102.** Tiefenbacher, L.: Die Ermittlung der Durchflußprofile mit besonderer Berücksichtigung der Gebirgs- und Wildbäche. Wien. 1888. — **103.** Neumayr, M.: Über Bergstürze. ZDÖAV. 1889. — **104.** Richter, A.: Geschichte der Schwankungen der Alpengletscher. ZDÖAV. 1891. — **105.** Coaz, J.: Statistik und Verbau der Lawinen in den Schweizer Alpen. Bern 1910. — **106.** Weber-Ebenhof, A. von: Der Gebirgswasserbau im alpinen Etschbecken. Wien: Spielhagen und Schurich. 1892. — **107.** Heim, A.: Geologie der Schweiz, 2 Bände. Leipzig: Tauchnitz. 1919—1922. — **108.** Die Wildbachverbauung in der Schweiz. Herausgeg. vom Eidgen. Oberbauinspektorate. 2 Hefte. Bern. 1890 u. 1892. — **109.** Die Wildbachverbauung in den Jahren 1883—1894. Herausgeg. vom k. k. Ackerbau-Minist. Wien: Hof- u. Staatsdruckerei. 1895. — **110.** Strele, G.: Die Quellen der Geschiebeführung. Zeitschr. f. Geologie u. Bauwesen. 1932. — **111.** Lorenz, F.: Der südliche Donausteilrand zwischen Fischamend und Deutsch-Altenburg. WBD., H. 48. 1903. — **112.** Berichte und Pläne der forsttechnischen Abteilung für Wildbachverbauung, Sektion Linz. — **113.** Strele, G.: Die Verbauung des Rohrleitengrabens und des Murbruches am Gahberge bei Weyregg am Attersee. WBD., H. 37. 1901. — **114.** Geologisches Gutachten von Prof. Dr. G. A. Koch, sowie Berichte und Pläne der forsttechn. Abt. f. Wildbachverbauung, Sektion Linz. — **115.** Abel, O.: Einige Worte über das Entstehen der Ferschbachmure. Verhandl. der Geolog. Reichsanstalt Wien, H. 11/12. 1899. — **116.** Berichte und Pläne der forsttechn. Abt. f. Wildbachverbauung, Sektion Salzburg. — **117.** Dalla Torre, K. W.: Tirol, Vorarlberg und Liechtenstein. Junks Naturführer.

Berlin: W. Junk. 1913. — **118.** Staffler, J.: Das deutsche Tirol und Vorarlberg. Innsbruck. 1847. — **119.** Stur, D.: Eine Excursion in die Umgebung von St. Cassian. Jahrb. der Geolog. Reichsanstalt Wien. 1868. — **120.** Bote für Tirol und Vorarlberg. 1821. — **121.** Versell u. Schmid: Bericht über die Wildbachverbauungen im bündnerischen Rheingebiete. Chur. 1928. — **122.** Blaas, J.: Über Terrainbewegungen bei Bruck und Imming im vorderen Zillertal. Verhandl. der Geolog. Reichsanstalt Wien, H. 7/8. 1896. — **123.** Tiefenbacher, L.: Der Wald und seine Beziehungen zu Rutschungen. Wien. 1881. — **124.** Tiefenbacher, L.: Die Rutschungen, ihre Ursachen, Wirkungen und Behebungen. Wien. 1880. — **125.** Braun, G.: Über Bodenbewegungen. Jahresber. der Geolog. Gesellschaft in Greifswald. 1907/08. — **126.** Reyer, E.: Bewegungen in losen Massen. Jahrb. der Geolog. Reichsanstalt Wien. 1881. — **127.** Singer, M.: Fließende Hänge, ZÖIAV. 1902. — **128.** Stiny, J.: Technische Gesteinskunde, 2. Aufl. Wien: J. Springer. 1929. — **129.** Stiny, J.: Die geologischen Grundlagen der Verbauung der Geschiebeherde. Wien: J. Springer. 1931. — **130.** Stiny, J.: Die Quellen. Wien: J. Springer. 1932. — **131.** Koch, G. A.: Über Murbrüche in Tirol. Jahrb. der Geolog. Reichsanstalt Wien. 1875. — **132.** Graebe: Bericht über die 5. Jahresversammlung deutscher Forstmänner zu Eisenach. Berlin. 1877. — **133.** Baumann, J.: Die industrielle Auswertung der Tiroler Wasserkräfte. Antrittsvorlesung an der Universität Innsbruck. Innsbrucker Nachrichten vom 13. VII. 1921. — **134.** Lauda, E.: Die Hochwasserkatastrophe des Jahres 1899 im Donaugebiete. Wien. 1900. — **135.** Schaffernak, F.: Neue Anschauungen über den Einfluß des Waldes auf die Wasserstandsverhältnisse der Gewässer. WBD., H. 22. 1912. — **136.** Burger, H.: Physikalische Eigenschaften von Wald- und Freilandböden. Mitteil. der schweiz. Centralanstalt für das forstl. Versuchswesen, Bd. XV, H. 1. Zürich. 1929. — **137.** Hoppe, E.: Regenmessungen unter Baumkronen. Mitteil. aus dem forstl. Versuchswesen Österreichs, H. 21, und CfF., H. 3. 1902. — **138.** Höhnel, Ph.: Über das Wasserbedürfnis der Wälder. CfF., H. 8 u. 9. 1884. — **139.** Briefliche Mitteilungen des Herrn eidgen. Oberbauinspektors A. v. Steiger. — **140.** Burger, H.: Wald und Wasserhaushalt. SZF. 1929. — **141.** Stiny, J.: Die Ursachen der vorjährigen Vermurungen im Zillertal. Mitteil. der Geolog. Gesellschaft, Wien. II. 1909. — **142.** Einfluß der Wälder auf Niederschläge und Luftfeuchtigkeit. Gez. R. K. Carinthia. 1877. — **143.** Breitenlohner, J.: Die meteorologischen Radialstationen zur Lösung der Waldklimafrage. CfF., H. 3. 1893. — **144.** Rittmeyer, R.: Einiges zur Wald- und Wasserfrage. CfF., H. 3. 1893. — **145.** Eckert: C. E. Ney, Der Wald und die Quellen. VfF., H. 1. 1895. — **146.** Henry: Einfluß des Waldes auf den unterirdischen Wasserstand der Ebene und auf die Ergiebigkeit und Nachhaltigkeit der Quellen. Besprechung im VfF., H. 3/4. 1899. — **147.** Über den Einfluß des Waldes auf die Ergiebigkeit und Nachhaltigkeit der Quellen. Gez. E. H. CfF. 1899. — **148.** IV. Versammlung des intern. Verbandes der forstl. Versuchsanstalten in Mariabrunn, 30. Aug.—5. Sept. 1903. CfF., H. 11. 1903. — **149.** Kopezky, R.: Über die nicht meßbaren Niederschläge und die Waldklimafrage. VfF., H. 3/4. 1899. — **150.** Ebermayer, E.: Einfluß der Wälder auf die Luftfeuchtigkeit, auf das Sickerwasser, auf das Grundwasser und auf die Ergiebigkeit der Quellen. Stuttgart: F. Enke. 1900. — **151.** Lorenz, H. von: Die Einwirkung des Waldes auf Klima und Witterung. Besprechung von Dr. P. Schreiber. VfF., H. 2/3. 1900. — **152.** Pollak, V.: Zur Wald- und Wasserfrage. Österr. Forst- u. Jagdzeitung, Nr. 27. 1903. —

153. Kopezky, R.: Wald und Niederschläge. CfF., H. 5/6. 1899. — **154.** Riedel, J.: Die Waldfrage auf dem intern. Schiffahrtskongreß in Mailand. CfF., H. 7. 1908. — **155.** Die Versickerung (Infiltration) von atmosphärischen Niederschlägen in den Untergrund. Gez. Hy. WBD. 1903. — **156.** Guse: Die russischen Untersuchungen über den Einfluß des Waldes auf den Grundwasserstand. CfF., H. 7. 1907. — **157.** V. Versammlung des intern. Verbandes forstl. Versuchsanstalten in Württemberg, 1906. CfF., H. 1—3. 1907. — **158.** Schmerhowsky, H.: Über das Bodenwasser. CfF., H. 11. 1912. — **159.** Hofmann, A.: Neue Anschauungen über den Einfluß des Waldes auf den Abflußvorgang der Wasserläufe. VfF., H. 1. 1913. — **160.** Merz: Der Alpwald. Besprechung in der SZF., H. 12. 1914. — **161.** Wlissidis: Über die Einwirkung des Waldes auf das Klima. CfF., H. 3/4. 1918. — **162.** Francé, R. H.: Ewiger Wald, 6. Aufl. Leipzig: R. Ecksteins Nachf. 1930. — **163.** Hug, J.: Ein Beitrag zur Abklärung der Beziehungen zwischen Waldbestand und Grundwasserbildung. SWW., H. 5. 1923. — **164.** Tschermak, L.: Die Waldstreunutzung in Österreich. Vereinsnachrichten des österr. Reichsforstvereins, H. 8. 1927. — **165.** Burger, H.: Einfluß des Waldes auf den Wasserabfluß bei Landregen. SZF. 1929. — **166.** Heß, E.: Le sol et la forêt. Mitteil. der eidgen. Centralanstalt f. d. forstl. Versuchswesen, Bd. XV, H. 1. 1929. — **167.** Strele, G.: Der Wald und die Verbauung der Wildbäche. CfF., H. 10. 1930. — **168.** Fraenkel, W.: Ein interessantes meteorologisches Phänomen. Die Umschau in Wissenschaft und Technik, H. 49. 1932. — **169.** Die Wohlfahrtswirkungen des Waldes. Vorträge und Aussprache auf der IX. Vollversammlung des Reichsforstwirtschaftsrates am 3. Febr. 1932. Mitteil. des Reichsforstwirtschaftsrates, H. 34. Berlin. 1932. — **170.** Eingabe des schweiz. Wasserwirtschaftsverbandes an das eidgen. Departement des Innern über Staubecken als Hochwasserschutz. SWW., H. 5. 1923. — **171.** Paul: Die Regulierung und Einwölbung des Wienflusses. Deutsche Bauzeitung. 1903. — **172.** Die Staumauer als Hochwasserschutz am Oberlaufe der Albigna. SBZ., Bd. 94, H. 7. 1929. — **173.** Richter, E.: Hilfsmittel gegen Ausbrüche von Eisseen. MDÖAV., Nr. 24. 1889. — **174.** Riedel, J.: Über den Bau der Wasserstube am Agglsboden bei Sterzing in Tirol. Wien. 1881. — **175.** Baretti: Il lago del Rutor. Bollettino del Club Alpino Italiano. 1880. — **176.** Culmann: Untersuchung der schweiz. Wildbäche. Zürich. 1864. — **177.** Ableitung eines Gletschersees. MDÖAV. 1904. — **178.** Breitenlohner, J.: Die horizontalen Sickergräben im Hochgebirge. CfF., H. 2. 1883. — **179.** Breitenlohner, J.: Die Funktion der horizontalen Sickergräben. CfF., H. 3. 1883. — **180.** Anderlind: Ein Beitrag zur Geschichte der Horizontalgräben. Allg. Forst- u. Jagdzeitung. 1902. Besprechung in der WBD. 1903. — **181.** Berenger: Über die Zweckdienlichkeit der Sickergräben. CfF. 1883. — **182.** Güntschl, E.: Kulturtechnische Wasserbauten in Italien auf Grund der Gesetzgebung Mussolinis. Die Umschau in Wissenschaft und Technik. 1933. — **183.** Kraus: Entwässerungsarbeiten in den Kesseltälern von Krain. WÖIAV. 1888. — **184.** Putick, W.: Die Katavotrons von Planina in Krain. WÖIAV. 1889. — **185.** Scala, A.: Karsthydrographie und Vertikalentwässerung mit Anführung einiger besonderer Fälle. WBD. 1914. — **186.** Tamino, B.: Die Tätigkeit auf dem Gebiete des landwirtschaftlichen Wasserbaues in Dalmatien, 1896—1902. WBD. 1903. — **187.** Mazel, E. und Feyrer, W.: Die Senkung des Wasserspiegels des Punkvaflusses und der unterirdischen Gewässer im Gebiete der Macocha (mähr. Karst). WW. 1929. — **188.** Denkschrift über die Ausführung der bautechnischen Arbeiten für die Regulierung der Gewässer in Tirol. Innsbruck: Landes-Commission f. d. Regul. der Gewässer. 1892. — **189.** Toula, F. R.: Über Wildbachverheerungen und die Mittel, ihnen vorzubeugen. Wien: Verein zur Verbreitung naturwissenschaftlicher Kenntnisse 1892. — **190.** Strele, G.: Über Geschiebestausperren. SBZ., Bd. 93. 1929. — **191.** Kreuter, F.: Die Weißlahn bei Brixen. ZÖIAV. 1899. — **192.** Duile, J.: Über Verbauung der Wildbäche in Gebirgsländern. Innsbruck: Wagner. 1826. — **193.** Demontzey, P.: Studien über die Wiederbewaldung und Berasung der Gebirge. Übersetzt von Prof. A. von Seckendorff. Wien: C. Gerolds Sohn. 1880. — **194.** Die Wildbachverbauung in Österreich. Herausgegeben vom k. k. Ackerbau-Ministerium. Wien. 1913. — **195.** Bericht über Kolkerscheinungen an der Wilsonstaumauer am Tennesseeflusse. WK. u. WW., H. 20. 1927. — **196.** Kolkwirkung bei unbefestigter Flußsohle an der Calderwoodsperre. SBZ., Bd. 96, H. 3. 1930. — **197.** Rehbock, Th.: Die Bekämpfung der Sohlenauskolkung durch Zahnschwellen. Karlsruhe. 1925. — **198.** Rehbock, Th.: Die Verhütung schädlicher Kolke bei Sturzbetten. Der Bauingenieur, H. 4/5. 1928. — **199.** Zschokke, R.: Mitteilungen in der SBZ., Bd. 71, H. 16. 1918. — **200.** Eine neuartige Energievernichtungsanlage. WK. u. WW., H. 7. 1927. — **201.** Hofbauer, R.: Ein Mittel zur Bekämpfung der Wirbelbewegung und Kolkbildung unterhalb der Stauwehre. ZÖIAV. 1915. — **202.** Patentbericht: Kolkabwehrtafel von Huber und Lutz, Zürich. ZÖIAV., H. 33/34. 1931. — **203.** Ehrenberger, R.: Kolksicherer Sturzboden von Pfletschinger-Läufer. WW., H. 17. 1930. — **204.** Angerholzer, F.: Grundschwellen in Eisenbeton. WBD., H. 21. 1914. — **205.** Wang, F.: Über die Regulierung von Gebirgswässern. MBD. 1898. — **206.** Schönenberger: Aufforstungen im Gebiete der Nolla. SZF. 1907. — **207.** Omlin, W.: Exkursionsbericht über die forstliche Studienreise vom 14.—19. Juli 1930. SZF., H. 2. 1931. — **208.** Sind die Moore Wasserregulatoren und soll deshalb der Anbau und Abbau der Moore in den Gebirgsländern unterbleiben? Gez. W. WBD., H. 41. 1903. — **209.** Fankhauser, F.: Über Drahtetter. SZF. 1909. — **210.** Andreocci, A.: Besondere Arten von Wildbachverbauungen im Passeyer-Tale des Magistrato alle Acque Italiano. WK. u. WW., H. 4/5. 1931. — **211.** Andreocci, A.: Eisenbetonkästen zu Wildbachverbauungen. WK. u. WW., H. 23. 1931. — **212.** Knepper, R.: Die Drahtschotterbauweise. ZVW., H. 4. 1926. — **213.** Hauska, L.: Die Verwendung von Drahtschotterbehältern zu Flußregulierungs- und Uferschutzbauten. CfF., H. 7/8. 1916. — **214.** Stiny, J.: Berasung und Bebuschung des Ödlandes im Gebirge. Graz: Selbstverlag. 1908. — **215.** Weinzierl, Th.: Die Anbaumengen der wichtigsten Klee- und Grassamen. Wien. 1902. — **216.** Guttenberg, A. von: Über Waldmißhandlung in unseren Alpenländern. ZDÖAV. 1898. — **217.** Jugoviz, R.: Wald und Weide in den Alpen. Wien: W. Frick. 1908. — **218.** Pillichody: Über Erhaltung der Bodenkraft der Wytweiden. SZF. 1907. — **219.** Alpverbesserungen und Wytweiden im Jura. Auszug aus einem Aufsatze von Barbey. SZF. 1907. — **220.** Balsiger: Die landwirtschaftlichen Zwischennutzungen und ihr Einfluß auf den Waldboden. SZF. 1907. — **221.** Dietrich: Die Nebennutzungen. Lorey-Weber: Handbuch der Forstwissenschaft, 4. Aufl., II. Bd. Tübingen: H. Laupp. 1925. — **222.** Künkele, Th.: Der Hochgebirgswald. ZDÖAV. 1910. — **223.** Aichinger, E.: Vegetationskunde der Karawanken. Jena: G. Fischer. 1933. — **224.** Braun-Blanquet: Pflanzensoziologie. Berlin: J. Springer. 1928. — **225.** Ramann, E.: Bodenkunde, 3. Aufl. Berlin: J. Springer.

1911. — **226.** Aichinger, E.: Welche praktische Auswertung bietet die pflanzensoziologische Betätigung für die Forstwirtschaft? Forstwissensch. Centralblatt. 1930. — **227.** Referate zum landwirtschaftl. Kongreß, Wien 1907, u. zw. H. Moos: Mittel zur Verbesserung der Alpenweide. F. von Pantz: Die Ursachen der Aufsaugung der Alpenweiden und die Mittel zu ihrer Abhilfe. K. Goethe: Alpenweide und Alpenwald. K. Posch: Alpenwirtschaftspolitik. — **228.** Muschik, A.: Pflanzen im Dienste der Wildbachverbauung. VZW., H. 9. 1929. — **229.** Erhart, J.: Forstlich-biologische Eigenschaften jener Laubbäume und Sträucher, welche in unserem Verbauungsgebiete vorkommen und dort für die Bodenbildung von Bedeutung sind. VZW., H. 9. 1929. — **230.** Referate zum landwirtsch. Kongreß, Wien 1907, u. zw. A. Pokorny: Die Organisierung des Wildbachverbauungsdienstes und die Frage der Erhaltung ausgeführter Wildbachverbauungen. K. Danzer: Die Organisierung des Wildbachverbauungsdienstes und die Frage der Erhaltung ausgeführter Wildbachverbauungen.

Sachverzeichnis.

GPSR Compliance

The European Union's (EU) General Product Safety Regulation (GPSR) is a set of rules that requires consumer products to be safe and our obligations to ensure this.

If you have any concerns about our products, you can contact us on ProductSafety@springernature.com

In case Publisher is established outside the EU, the EU authorized representative is:

Springer Nature Customer Service Center GmbH
Europaplatz 3
69115 Heidelberg, Germany

Batch number: 10577896

Printed by Printforce, the Netherlands